まえがき

　みなさん，こんにちは。数学の馬場敬之（ばば　けいし）です。キャンパスライフを楽しんでいますか？　でも，中には，希望に胸を膨らませて大学生になったのはいいけれど，大学の数学の講義の難しさに，唖然としている人，落胆している人もいるかもしれないね。また，理工系の学部はもちろんのこと，文系でも経済学部など，微分・積分が必修科目になっているため，見切りをつけたくてもつけられなくて途方にくれている人も多いと思う。でも，ちょっと待ってくれ！

　確かに，大学の数学は，高校や大学受験の数学に比べて，質・量共に深みが増すので，大変感じるのは当然だ。また，大学受験の時のように，キミ達を懇切ていねいに指導してくれる教官が少ないのも事実だ。でも，内容が高度になればなる程，逆にそれを克服していく楽しみは，高校数学の比ではないんだよ。

　数学に切実な悩みを持つ人たちを助け，さらに数学の面白さを伝えるために，ボクはこの『微積ノート』を書き上げた。これは，ボクが持っている"どんな受験生でも合格に導く大学受験用の参考書を作るノウハウ"を，そのまま，大学の微分・積分に応用したものだから，これまでの類書とは比較にならないくらいわかりやすいはずだ。だから，数学に自信をなくしている人も，初めは小説を読むようなつもりで気楽に読んでくれたらいい。でも，内容は本格的だから，読み終わる頃には，大学の試験で悩まされることがないくらい実力がついた自分に気づくはずだよ。楽しみだね。

　微分・積分学は，あらゆる科学的な考察をしていく上で基礎となるものだから，その内容をシッカリおさえておく必要があるんだね。そのために，この『微積ノート』では，大学の微分・積分の内容を19回の講義に分け，1講義あたり大体10ページでまとめているので，1日に

1講義づつ読み進んでも，19日でマスターできる。

また，各講義は，"解説"と"演習問題"そして"実習問題"で構成されている。まず，楽しくてわかりやすい"解説"を読んだあと，"演習問題"にチャレンジしてくれ。

演習問題には詳しい"解答＆解説"をつけているので，スムーズに重要テーマの具体的な解法のテクニックが身につくはずだ。演習問題で自信がついたら，今度は"実習問題"で腕試しをするといい。これは，演習問題の類題で，穴埋め式になっているので，演習問題の解答を参考にしながら，自分で空欄を埋めていくことにより，本物の実践力が磨かれていくはずだ。

この要領で，1回読み終えたら，あとは納得がいくまで反復練習することを勧める。これにより，大学の数学に対する理解がさらに深まって，ますます面白くなっていくからだ。

ボク自身，数学を本当に楽しんでいるんだよ。そして，それは，この本を通じて，キミ達読者にも十分に伝えることができたと自負している。この『微積ノート』で勉強して，キミ達が明るい(?)数学人生の第一歩を踏み出してくれることを，心より祈っている。

最後に，企画・校閲等，この本を作り上げるために，真摯に協力してくださった講談社サイエンティフィクの三浦基広氏に謝意を表したい。また，この本の実際の制作に労を惜しまず頑張ってくださった，久池井茂先生，高杉豊先生，印藤治君，滝本隆君らマセマのメンバーにも心からお礼を申し上げる。

2002年4月
馬場敬之

単位が取れる微積ノート
CONTENTS

PAGE

- 講義 **01** 有理数と無理数 — 6
- 講義 **02** さまざまな関数Ⅰ — 16
- 講義 **03** さまざまな関数Ⅱ — 26
- 講義 **04** 関数の極限 — 38
- 講義 **05** 微分の定義 — 50
- 講義 **06** 微分の計算 — 60
- 講義 **07** ロピタルの定理 — 72
- 講義 **08** テイラー展開とマクローリン展開 — 84
- 講義 **09** 微分法の応用 — 94
- 講義 **10** 不定積分 — 102

			PAGE
講義	11	定積分	114
講義	12	定積分の応用	126
講義	13	空間座標	136
講義	14	偏微分の定義	146
講義	15	偏微分の計算	156
講義	16	接平面と全微分	166
講義	17	極点の決定	176
講義	18	重積分	182
講義	19	重積分と変数変換	196

ブックデザイン──安田あたる

講義 LECTURE 01 有理数と無理数

　さァ，これから，"微分・積分"の講義を始めるよ。微分・積分では数列や関数の極限が頻繁に出てくるわけだけど，このときに取り扱われる実数がどのようなものであるかを，まず最初にシッカリ理解しておく必要があるんだね。さらに，大学の数学の数列の極限では欠かせない$\varepsilon\text{-}N$論法についても，詳しく解説するよ。

●無限集合では「全体は部分より大きい」とは限らない！

　高校でも習ったように，実数は，次のように分類できるんだね。

実数の構成要素

実数 $\begin{cases} \text{有理数} \begin{cases} \text{整数（正の整数を特に自然数と呼ぶ）} \\ \text{分数（有限小数，循環小数）} \end{cases} \\ \text{無理数}\ (\pi, e, \sqrt{2}, \sqrt{3}, \cdots \text{など}) \end{cases}$

　この中で一番なじみの深い数が自然数で，ものの数を数える1つ，2つ，3つ，… に対応した，文字通り自然な数のことなんだね。この集合を一般に N で表す。

　この自然数の集合は，$\{1, 2, 3, \cdots, n, \cdots\}$ と要素が無限に続くので，無限集合と呼ぶ。このような無限集合になると，「全体は部分より大きい」という有限集合では当たり前の概念は通用しなくなるんだよ。たとえば，自然数の中の偶数だけを取り出して，元の自然数の集合と比較してみるといい。すると，

$$\begin{array}{c} \{1,\ 2,\ 3,\ 4,\ \cdots,\ n,\ \cdots\} \\ \updownarrow\ \updownarrow\ \updownarrow\ \updownarrow\ \quad\ \updownarrow \\ \{2,\ 4,\ 6,\ 8,\ \cdots,\ 2n,\ \cdots\} \end{array}$$

となって，1対1の対応関係があるので，偶数全体の集合は，自然数全体の集合と同等の要素をもっていると考えられるんだよ。つまり，「全体と部分が同等の大きさをもっている」といえるんだね。これを，無限集合では，"濃度が等しい"という表現を使う。

●四則演算を考えて，有理数にまで拡張する！

ここで，自然数の集合の中の任意の2つの要素 m, n を取り出すよ。このとき，$m+n$ と $m \times n$ は自然数，つまり

$$m+n \in \mathbf{N}, \ m \times n \in \mathbf{N}$$

（$m+n$ も，$m \times n$ も自然数の集合 $\mathbf{N}$ の要素ということを表している。）

となるので，自然数は，四則演算（$+, -, \times, \div$）のうち，和（$+$）と積（$\times$）に関して閉じているという。

でも，差に対しては，$m-n$ が，0や負の数となることもあるので，差（$-$）に対しても閉じた集合にするためには，自然数の集合を整数の集合 $\{\cdots, -2, -1, 0, 1, 2, \cdots\}$ にまで拡張する必要があるんだね。整数の集合は，一般に $\mathbf{Z}$ で表す。

さらに，商（$\div$）に関しても閉じた集合にするためには，$2 \div 3 = \dfrac{2}{3}$ や $11 \div 5 = \dfrac{11}{5}$ などの分数まで含んだ有理数にまで，拡張しないといけないね。この有理数は $\dfrac{2}{3} = 0.666\cdots$ や，$\dfrac{11}{5} = 2.2$ のように，循環小数や有限小数で表すことができるよ。そして，一般にこの有理数全体の集合は，$\mathbf{Q}$ で表すことも覚えておこう。

●有理数だけで数直線上のすべての点は埋まらない！

有理数まで拡張したら，整数や分数を数直線上の点と対応させて考えると便利だよ。まず，図1-1のように直線を1本引き，その上に基準となる原点0を定める。次に原点の右側に1点をとって，それを数1に対応させる。あとは，0と1の幅と等間隔に，右に2, 3, $\cdots$，左に $-1, -2, \cdots$ と値を記入していけばいい。また，$\dfrac{1}{2}$ は，0と1の間を2等分する点が対応するんだね。

図 1-1 ●数直線

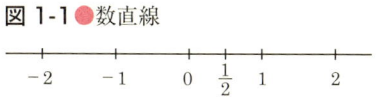

0と1の間を2等分した点が有理数 $\frac{1}{2}$ となり，さらに，$\frac{1}{2}$ と1の中点も有理数 $\frac{3}{4}$，$\frac{3}{4}$ と1の中点も有理数…となって，この要領でいくと，数直線上の点をすきまなく有理数が埋めつくしている感じがするね。

　でも，有理数だけで，数直線上の点がすべて埋めつくされることはないんだよ。そこで，登場するのが無理数なんだ。

　たとえば，次のような漸化式で表される数列を考えてみよう。

$$a_1 = 2, \quad a_{n+1} = \frac{1}{2}\left(a_n + \frac{3}{a_n}\right) \quad (n = 1, 2, \cdots) \quad \cdots\cdots ①$$

$n = 1$ のとき，$a_2 = \frac{1}{2}\left(a_1 + \frac{3}{a_1}\right) = \frac{1}{2}\left(2 + \frac{3}{2}\right) = \frac{7}{4}$

$n = 2$ のとき，$a_3 = \frac{1}{2}\left(a_2 + \frac{3}{a_2}\right) = \frac{1}{2}\left(\frac{7}{4} + \frac{12}{7}\right) = \frac{97}{56}$

$$\vdots$$

と，これは $n = 1, 2, 3, \cdots$ に対して，常に有理数の値を取り続けるわけだけど，これを $n \to \infty$ にしたとき，その極限が有理数になるかどうかについて調べてみるよ。

　$\lim_{n\to\infty} a_n = \alpha$（極限値）をもつとすると，$\lim_{n\to\infty} a_{n+1} = \alpha$ も成り立つから，$n \to \infty$ のとき，①は次のようになる。

$$\alpha = \frac{1}{2}\left(\alpha + \frac{3}{\alpha}\right) \qquad 2\alpha = \alpha + \frac{3}{\alpha}$$

$$\alpha = \frac{3}{\alpha} \qquad \alpha^2 = 3 \qquad \therefore \alpha = \sqrt{3} \quad (\because a_n \geq 0)$$

> 数列 $\{a_n\}$ が極限値 $\sqrt{3}$ をもつことは，厳密には，はさみ打ちの原理を使って証明しないといけないよ。

　この $\sqrt{3}$ という数は，分数で表すことのできない無理数なんだね（これについては，あとの問題で確認するよ）。このように，$a_2 = \frac{7}{4}$，$a_3 = \frac{97}{56}$，…と動かしていったとき，その極限は，有理数ではなく無理数となる。だから，この無理数も考慮に入れなければ，極限などの動きのある問題は扱えないことになるんだね。

このように，有理数と無理数をあわせた実数によって，数直線は埋めつくされているんだよ。ちなみに，実数全体の集合は **R** で表す。

無理数とは，循環しない無限小数でしか表せない数のことで，ボク達が例として挙げられるのは

$$\sqrt{2} = 1.4142\cdots$$
$$\sqrt{3} = 1.7320\cdots$$
$$\pi = 3.1415\cdots$$
$$\vdots$$

など，ごく限られたものしかないね。でも，無理数も有理数と同様に無限集合になっている。しかも，無限集合の濃度で考えると，有理数よりも無理数の方が大きいことがわかっているんだ。有理数でかなりビッシリ数直線が埋まっているという話をしたので，これにはビックリしたかもしれない。だけど，実は数直線は圧倒的に多数の無理数で埋めつくされているんだ。その途中にポツンポツンと有理数が点在している，という感じをつかんでくれたらいいと思う。

以上より，これから扱う実数は次の性質をもっているんだよ。

（Ⅰ）四則演算について閉じている。　　コレを，実数の稠密性という
（Ⅱ）数直線上を連続的に，しかもビッシリと埋めつくしている。
（Ⅲ）大小関係が存在する（数直線上の2つの数をとると，左側にある数は右側の数より小さい）。

● ε-N 論法は論理記号で表せる！

前に数列の極限の話をしたので，ここではさらに数列の収束性の証明法についても述べておくよ。この証明法は ε-N 論法と呼ばれ（イプシロンと読む。），$n \to \infty$ にしていったとき，数列 $\{a_n\}$ がある極限値 α に収束することを証明する際に利用するんだよ。

たとえば，数列 $a_n = \dfrac{2n+1}{n+1}$ $(n=1, 2, 3, \cdots)$ が与えられたとしよう。ここで，$n \to \infty$ にしたとき，数列 $\{a_n\}$ が 2 に収束することは，高校の数学でもたくさん練習したよね。

$$\underbrace{\lim_{n\to\infty} a_n}_{\text{コレ，}n\to\infty\text{にしたときの }a_n\text{ の極限を表す式。}} = \lim_{n\to\infty}\frac{2n+1}{n+1} = \lim_{n\to\infty}\frac{2+\dfrac{1}{n}}{1+\dfrac{1}{n}}$$

（分母・分子は共に n の 1 次式なので，分母・分子を n で割った！）

これから，$\lim_{n\to\infty} a_n = \dfrac{2+0}{1+0} = 2$ に収束することがわかるんだったね。

高校までの数学ならばこれでオシマイなんだけど，a_n が限りなく 2 に収束していくことを厳密に示すには，次のような ε-N 論法を使うことになるんだよ。

ε-N 論法

どんな小さな正の数 ε をとっても，ある自然数 N が存在し，n が $n \geq N$ ならば $|a_n - \alpha| < \varepsilon$ となるとき，
$$\lim_{n\to\infty} a_n = \alpha$$
となる。

エッ，難しい？　みんな最初はビックリするところだから，心配はいらないよ。

この論法は，正の数 ε を 0.00001 のように，どんなに小さくしても，数列 $a_1, a_2, \cdots, a_{N-1}, a_N, a_{N+1}, \cdots$ のうち，ある N 番目以上 (つまり，a_N, $a_{N+1}, \cdots$) については，$a_n - \alpha$ の差 (誤差) が $\pm \varepsilon$ の範囲内に収まる，つまり $|a_n - \alpha| < \varepsilon (n \geq N)$ となるならば，a_n は α に収束するといっているんだね。

　これは，ε を 0.00001 どころか，0.0000…01 にしても，ある自然数 N が存在して，$n \geq N$ ならば $|a_n - \alpha| < \varepsilon$ が成り立つといっているわけだから，間違いなく $\lim_{n \to \infty} a_n = \alpha$ といえるんだね。

　エッ，そんなにいくらでも ε を 0 に近づけられるのかって？　当然できるよ。実数の稠密性が保証されているからね。

　この ε-N 論法は，次のように論理記号で表すこともできる。表現が簡潔でスッキリしているから，ぜひ慣れておこう。

論理記号による ε-N 論法

$$^\forall \varepsilon > 0, \quad ^\exists N \quad \text{s.t.} \quad n \geq N \Rightarrow |a_n - \alpha| < \varepsilon$$

このとき，$\lim_{n \to \infty} a_n = \alpha$ となる。

　$^\forall$ は "すべての (all)"，$^\exists$ は "存在する (exist)" を表し，また，s.t. ~ は，"~のような (such that)" を表す論理記号なんだよ。上の論理式を文字通りに表現すれば，「すべての正の数 ε に対して，$n \geq N$ ならば $|a_n - \alpha| < \varepsilon$ となるような，そんなある自然数 N が存在するとき，$\lim_{n \to \infty} a_n = \alpha$」となるんだね。もっと気持ちをこめれば (??)，「正の数 ε をどんなに小さくしても，…」となるんだね。そして，これが成り立つとき「数列 $\{a_n\}$ は収束して，極限値 α をもつ」といえるんだ。

　ようやく意味はわかったけど，具体的に計算しないとわからないって？　当然だ。演習問題 1-2 をジックリ読んで，そのあとで実習問題 1-2 を自力で解いてみるといいよ。

講義01 ● 有理数と無理数

演習問題 1-1

$\sqrt{3}$ が無理数であることを，背理法によって示せ。

ヒント! $\sqrt{3}$ が有理数であると仮定すると，$\sqrt{3} = \dfrac{n}{m}$（m, n は互いに素な整数）とおける。これから矛盾を導いて，$\sqrt{3}$ が無理数であることを示せばいい。このような証明法を"背理法"というんだったね。

解答 & 解説 $\sqrt{3}$ が有理数であると仮定すると，

$$\sqrt{3} = \dfrac{n}{m} \quad (m, n \text{ は互いに素な整数}) \quad \cdots\cdots ①$$

とおける。　　　　　m, n は1以外に公約数をもたない。

> **背理法**
> "q である" …(*) を示したかったら，"q でない" と仮定して，矛盾を導くんだね。

①を変形して

$$\sqrt{3}\, m = n$$

この両辺を2乗して

$$3m^2 = n^2 \quad \cdots\cdots ②$$

②より，左辺は3の倍数だから，右辺の n^2 も3の倍数である。ゆえに n は3の倍数である。

よって，$n = 3k$（k：整数）　……③　とおける。

③を②に代入して，

$$3m^2 = (3k)^2 \qquad 3m^2 = 9k^2$$
$$m^2 = 3k^2 \quad \cdots\cdots ④$$

> 整数 n に対して，命題：「n^2 が3の倍数ならば，n は3の倍数である」は，その対偶：「n が3の倍数でないならば，n^2 は3の倍数でない」が明らかに成り立つことから，真なのがわかるね。

④より，右辺は3の倍数だから，左辺の m^2 も3の倍数である。

ゆえに，m は3の倍数である。

以上より，m と n は共に3の倍数となって，m と n が互いに素に反する。よって矛盾する。

$$\therefore \sqrt{3} \text{ は無理数である。} \quad \cdots\cdots (終)$$

実習問題 1-1

$\sqrt{5}$ が無理数であることを，背理法によって示せ。

一般に，p が素数（1と自分自身以外に約数をもたない正の整数）のとき，$\sqrt{p}$ が無理数であることを，前問同様の背理法によって，示すことができるんだよ。

解答＆解説

$\sqrt{5}$ が (a)　　　　 であると仮定すると，

$\sqrt{5} = \dfrac{n}{m}$ （m, n は (b)　　　　 な整数） ……①

とおける。　　　　　　　　　　　　　← コレから矛盾を導くのが背理法だ！

①を変形して
$$\sqrt{5}\,m = n$$

この両辺を2乗して
$$5m^2 = n^2 \quad \cdots\cdots ②$$

②より，左辺は5の倍数だから，右辺の n^2 も5の倍数である。

ゆえに，(c)　　　　 である。

よって，$n = 5k$（k：整数）……③ とおける。

③を②に代入して，
$$5m^2 = (5k)^2 \qquad 5m^2 = 25k^2$$
$$m^2 = 5k^2 \quad \cdots\cdots ④$$

④より，右辺は5の倍数だから，左辺の m^2 も5の倍数である。

ゆえに，(d)　　　　 である。

以上より，m と n は共に5の倍数となって，m と n が互いに素に反する。よって矛盾する。

$$\therefore \ \sqrt{5} \text{ は } \boxed{(e)} \text{ である。} \quad \cdots\cdots (終)$$

(a) 有理数　　(b) 互いに素　　(c) n は5の倍数　　(d) m は5の倍数
(e) 無理数

演習問題 1-2

数列 $\{a_n\}$ が $a_n = \dfrac{2n+1}{n+1}$ $(n=1, 2, \cdots)$ で与えられているとき，
$$\lim_{n \to \infty} a_n = 2$$
となることを示せ。

ε-N 論法を使って，どんな小さな正の数 ε に対しても，ある自然数 N が存在して，$n \geq N$ ならば $|a_n - 2| < \varepsilon$ となることを示せばいいんだね。頑張れ！

解答&解説

$$a_n = \dfrac{2n+1}{n+1} \quad (n=1, 2, \cdots)$$

このとき，
$${}^\forall \varepsilon > 0,\ {}^\exists N \quad \text{s.t.} \quad n \geq N \Rightarrow |a_n - 2| < \varepsilon \quad \text{を示せばよい。}$$

> 正の数 ε をどんなに小さくとっても，ある自然数 N が存在し，$n \geq N$ ならば，$|a_n - 2| < \varepsilon$ となることを示す！
> コレは，$n > N$ でもかまわない。

$$a_n - 2 = \dfrac{2n+1}{n+1} - 2 = \dfrac{2n+1-2(n+1)}{n+1} = -\dfrac{1}{n+1}$$

両辺の絶対値をとって，$|a_n - 2| = \left|-\dfrac{1}{n+1}\right| = \dfrac{1}{n+1}$。

ここで，$|a_n - 2| = \dfrac{1}{n+1} < \varepsilon$ となるためには，

$$\dfrac{1}{\varepsilon} < n+1 \quad (\because \varepsilon > 0,\ n+1 > 0) \quad \therefore\ n > \dfrac{1}{\varepsilon} - 1$$

よって，どんな小さな正の数 ε が与えられても，N を $N > \dfrac{1}{\varepsilon} - 1$ となるようにとれば，$n \geq N$ のとき，$|a_n - 2| < \varepsilon$ となる。

$$\therefore\ \lim_{n \to \infty} a_n = 2 \quad \cdots\cdots(終)$$

実習問題 1-2

数列 $\{a_n\}$ が $a_n = \dfrac{3n+5}{n+1}$ $(n = 1, 2, \cdots)$ で与えられているとき、
$$\lim_{n \to \infty} a_n = 3$$
となることを示せ。

今回は、どんな小さな正の数 ε に対しても、ある自然数 N が存在して、$n \geq N$ ならば、$|a_n - 3| < \varepsilon$ となることを示せば、$\lim_{n \to \infty} a_n = 3$ が証明できるんだね。

解答 & 解説

$$a_n = \dfrac{3n+5}{n+1} \quad (n = 1, 2, \cdots)$$

このとき、

(a) _____ を示せばよい。

どんな小さな正の数 ε に対しても、ある自然数 N が存在することを示すためには、N が ε の関数として表現できればいいんだね。コツをつかんでくれ！

$$a_n - 3 = \dfrac{3n+5}{n+1} - 3 = \dfrac{3n+5-3(n+1)}{n+1} = \dfrac{2}{n+1}$$

両辺の絶対値をとって、$|a_n - 3| =$ (b) _____。

ここで、(c) _____ となるためには、

$$\dfrac{2}{\varepsilon} < n+1 \quad (\because \varepsilon > 0, \ n+1 > 0) \qquad \therefore \ n > \dfrac{2}{\varepsilon} - 1$$

よって、どんな小さな正の数 ε が与えられても、N を (d) _____ となるようにとれば、(e) _____ となる。

$$\therefore \ \lim_{n \to \infty} a_n = 3 \quad \cdots\cdots (終)$$

(a) $^\forall \varepsilon > 0, \ ^\exists N$ s.t. $n \geq N \Rightarrow |a_n - 3| < \varepsilon$ 　　(b) $\dfrac{2}{n+1}$ 　　(c) $|a_n - 3| = \dfrac{2}{n+1} < \varepsilon$

(d) $N > \dfrac{2}{\varepsilon} - 1$ 　　(e) $n \geq N$ のとき、$|a_n - 3| < \varepsilon$

講義 LECTURE 02 さまざまな関数 I

微分法の講義に入る前に，これから微分・積分で扱う"有理関数"，"三角関数"，"指数・対数関数"などのさまざまな関数について，詳しく解説する。

これらの関数は，既に高校で一度は習ったものばかりだと思う。だけど，これからさまざまな微分・積分の解説をしていく上で基礎となる知識なので，ここで復習しておこう。

●関数関係の基本はコレだ！

一般に，2つの変数 x と y の間に関係があり，x の値が与えられると，それによって y の値が定まるとき，"y は x の関数 (function)" といい，$y = f(x)$ で表現する。

ここで，x を**独立変数**，y を**従属変数**ということも覚えておこう。また，独立変数 x の取り得る値の範囲を**定義域**，従属変数 y の取り得る値の範囲を**値域**というんだね。

ここで，関数 $y = f(x)$ の一番身近な例として思いつくのが，1次関数 $y = ax + b$ だろうね。これを使って，独立変数と従属変数，定義域と値域の関係をグラフで示すよ。

図 2-1 ●独立変数と従属変数   図 2-2 ●定義域と値域

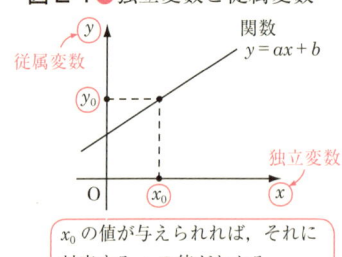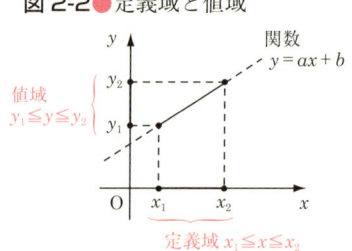

x_0 の値が与えられれば，それに対応する y_0 の値がわかる。

●まず多項式と有理関数から始めよう！

1次関数 $y = ax + b$ 以外にも，2次関数 $y = ax^2 + bx + c$ $(a \neq 0)$，3次関数 $y = ax^3 + bx^2 + cx + d$ $(a \neq 0)$ などを，高校数学で習ったね。一般に，これらは，x の **n 次関数** $y = a_0 x^n + a_1 x^{n-1} + \cdots + a_{n-1} x + a_n$ $(a_0 \neq 0)$ の仲間と考えてもいいよ。これらは，**n 次多項式**または**有理整関数**と呼んだりもする。

ここで，3次関数と4次関数の大体のグラフの形を下に示す。

図 2-3 ● 3次関数（3次の多項式）
$y = ax^3 + bx^2 + cx + d$ $(a \neq 0)$
(ⅰ) $a > 0$ のとき　(ⅱ) $a < 0$ のとき

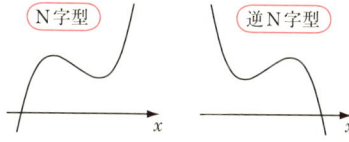

図 2-4 ● 4次関数（4次の多項式）
$y = ax^4 + bx^3 + cx^2 + dx + e$ $(a \neq 0)$
(ⅰ) $a > 0$ のとき　(ⅱ) $a < 0$ のとき

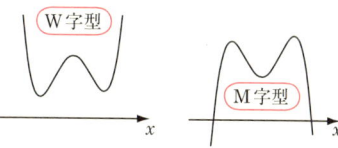

さらに，n 次の多項式が分子・分母にくる
$y = \dfrac{a_0 x^n + a_1 x^{n-1} + \cdots + a_{n-1} x + a_n}{b_0 x^n + b_1 x^{n-1} + \cdots + b_{n-1} x + b_n}$ の形の関数を**有理関数**と呼ぶんだよ。これについても，$y = \dfrac{1}{x}$ と $y = \dfrac{1}{x^2}$ を例として，そのグラフの概形を図 2-5，図 2-6 に示すよ。

図 2-5 ● $y = \dfrac{1}{x}$ のグラフ

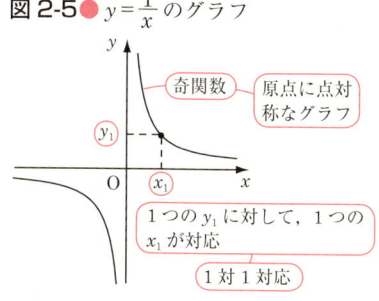

図 2-6 ● $y = \dfrac{1}{x^2}$ のグラフ

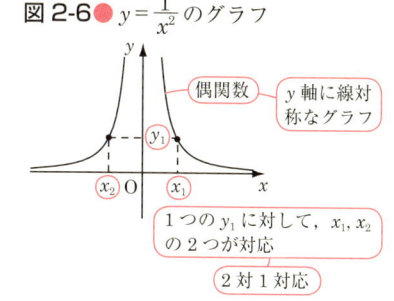

$f(x) = \dfrac{1}{x}$ のように，$f(-x) = \dfrac{1}{-x} = -\dfrac{1}{x} = -f(x)$ となる関数を**奇関数**と呼び，$f(x) = \dfrac{1}{x^2}$ のように，$f(-x) = \dfrac{1}{(-x)^2} = \dfrac{1}{x^2} = f(x)$ をみたす関数を**偶関数**と呼ぶ。

次に奇関数と偶関数の定義と性質をまとめる。

奇関数と偶関数

（Ⅰ） $y=f(x)$ が $f(-x)=-f(x)$ となるとき，これを**奇関数**と呼ぶ。
　　　$y=f(x)$ は原点に関して点対称なグラフになる。
（Ⅱ） $y=f(x)$ が $f(-x)=f(x)$ となるとき，これを**偶関数**と呼ぶ。
　　　$y=f(x)$ は y 軸に関して線対称なグラフになる。

さらに，$y=\dfrac{1}{x}$ のグラフは，1つの y の値に対して，常に1つの x の値が対応しているね。これを**1対1対応**というんだよ。これに対して $y=\dfrac{1}{x^2}$ のグラフは，1つの y の値に対して，2つの x の値が対応しているので，これを2対1対応というのもわかるね。

●三角関数の角の単位はラジアンだ！

これから解説する**三角関数** $\sin\theta$，$\cos\theta$，$\tan\theta$ の角 θ の単位は，度ではなくてラジアンを使うよ。

その換算公式は次の通りだ。

度とラジアンの換算

$$180°=\pi \text{（ラジアン）}$$

一般に，ラジアンでは単位を省略する。

これから，次のようになるね。

$30°=\dfrac{\pi}{6}$　　$45°=\dfrac{\pi}{4}$　　$60°=\dfrac{\pi}{3}$
$90°=\dfrac{\pi}{2}$　　$120°=\dfrac{2}{3}\pi$
$135°=\dfrac{3}{4}\pi$　　$150°=\dfrac{5}{6}\pi$
$210°=\dfrac{7}{6}\pi$　　$225°=\dfrac{5}{4}\pi$
$240°=\dfrac{4}{3}\pi$　　など

また，図2-7に示すように角の向きを定めて
　（ⅰ）　反時計まわりの向きを正
　（ⅱ）　時計まわりの向きを負
とする。

図2-7●角の正・負

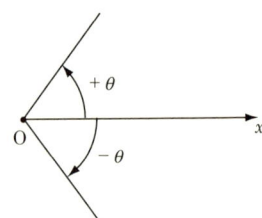

さらに，角 θ に対して，これに 2π，4π，…を足しても（引いても），同じ角を表すので，これを**一般角**として，$\theta+2n\pi$（n：整数）と表すことも覚えておこう。

● **三角関数は円で定義できる！**

三角関数 $\sin\theta, \cos\theta, \tan\theta$ は，半径 r の円周上の点 $P(x, y)$ を使って，次のように定義する。

三角関数の定義 I

(1) $\cos\theta = \dfrac{x}{r}$ ← 余弦関数

(2) $\sin\theta = \dfrac{y}{r}$ ← 正弦関数

(3) $\tan\theta = \dfrac{y}{x}$ ($x \neq 0$) ← 正接関数

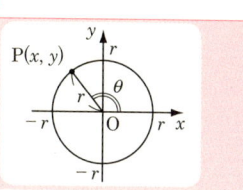

三角関数は，図形の大きさとは無関係なので，半径 r はいくつでもかまわない。よって，$r=1$ として，単位円で定義することもできるんだよ。

三角関数の定義 II

(1) $\cos\theta = x$ ← $\dfrac{x}{1}$

(2) $\sin\theta = y$ ← $\dfrac{y}{1}$

(3) $\tan\theta = \dfrac{y}{x}$ ($x \neq 0$)

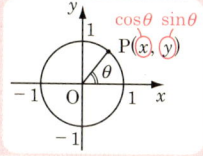

三角関数には，公式がたくさんあるので，次にまとめておく。

三角関数の公式

(I) 基本公式

(1) $\cos^2\theta + \sin^2\theta = 1$ (2) $\tan\theta = \dfrac{\sin\theta}{\cos\theta}$ (3) $1 + \tan^2\theta = \dfrac{1}{\cos^2\theta}$

(II) 加法定理

(1) $\sin(\alpha \pm \beta) = \sin\alpha\cos\beta \pm \cos\alpha\sin\beta$ （複号同順）

(2) $\cos(\alpha \pm \beta) = \cos\alpha\cos\beta \mp \sin\alpha\sin\beta$ （複号同順）

(III) 2倍角の公式

(1) $\sin 2\theta = 2\sin\theta\cos\theta$ (2) $\cos 2\theta = 2\cos^2\theta - 1 = 1 - 2\sin^2\theta$

(IV) 半角の公式

(1) $\sin^2\theta = \dfrac{1 - \cos 2\theta}{2}$ (2) $\cos^2\theta = \dfrac{1 + \cos 2\theta}{2}$

(V) 積→和の公式

$\sin\alpha\cos\beta = \dfrac{1}{2}\{\sin(\alpha+\beta) + \sin(\alpha-\beta)\}$ など

● 三角関数のグラフの概形をおさえよう！

これまでの三角関数の角 θ を x に置き換えて，$y = \sin x$，$y = \cos x$，$y = \tan x$ とおいて，それぞれの三角関数のグラフの概形を示すよ。

図 2-8

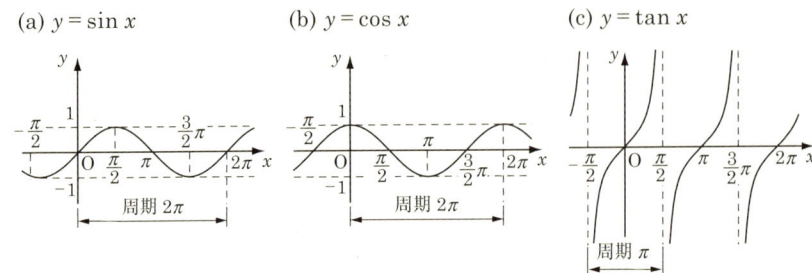

(a) $y = \sin x$　　(b) $y = \cos x$　　(c) $y = \tan x$

$y = \sin x$，$y = \cos x$ は共に周期 2π の**周期関数**で，2π の間隔毎に同じ形のグラフが繰り返し現れるんだね。これに対して，$y = \tan x$ は，周期 π の関数で，$x = \cdots, -\dfrac{\pi}{2}, \dfrac{\pi}{2}, \dfrac{3}{2}\pi, \cdots$ では y の値が定義されていないことも要注意だね。

三角関数は，どれも1つの y の値に対して無数の x の値が対応しているわけだけど，たとえば，$y = \sin x$ について，x の定義域を $-\dfrac{\pi}{2} \leqq x \leqq \dfrac{\pi}{2}$ にすると，図 2-9 に示すように 1 対 1 対応の関数になるんだね。

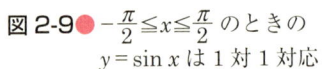

図 2-9 ● $-\dfrac{\pi}{2} \leqq x \leqq \dfrac{\pi}{2}$ のときの $y = \sin x$ は 1 対 1 対応

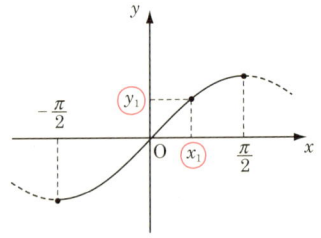

同様に，$y = \cos x$ では $0 \leqq x \leqq \pi$，$y = \tan x$ では $-\dfrac{\pi}{2} < x < \dfrac{\pi}{2}$ を x の定義域にすれば，1 対 1 対応になる。これは次回の講義で扱う逆三角関数 $\sin^{-1} x$，$\cos^{-1} x$，$\tan^{-1} x$ の定義のところでまた出てくるので，忘れないでいよう。

●指数関数の底 e って，不思議な数？

指数関数は，$y=a^x$ ($a>0$ かつ $a \neq 1$) で定義される関数だね。この指数関数で正かつ1ではない定数 a を**指数関数の底**というんだよ。

指数関数は，この底 a の値の範囲によって，次の2通りのグラフに分類できるんだ。

図 2-10 ● $y=a^x$ のグラフ

(ⅰ) $a>1$ のとき，単調に増加
(ⅱ) $0<a<1$ のとき，単調に減少

微分・積分でよく使われる指数関数は，$y=e^x$ だ。この底 e は**ネイピア数**と呼ばれ，具体的には $e=2.7182\cdots$ という無理数なんだよ。何コレ?って思っているかもしれないね。これについては，"関数の極限"や，"微分係数の定義"のところで詳しく解説するけれど，ここでもグラフを使って簡単に触れておくよ。

図 2-11 ● $y=2^x$ と $y=e^x$ と $y=3^x$ のグラフの比較

(a) $y=2^x$　　(b) $y=e^x$　　(c) $y=3^x$

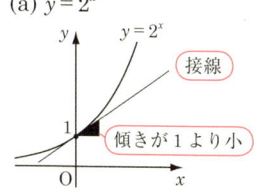
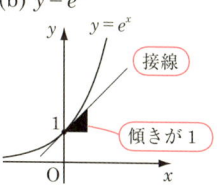
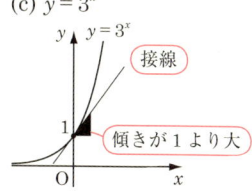

図 2-11 に示したように，(a) の指数関数 $y=2^x$ の $x=0$ における接線の傾きは1より小さいんだけど，(c) の $y=3^x$ の $x=0$ における接線の傾きは1より大きくなるんだよ。ここで，この接線の傾きがちょうど1と等しくなるような指数関数の底が2と3の間に存在するはずで，その底を求めると，ネイピア数 $e=2.7182\cdots$ になるんだ。e は，次の関数の極限として計算できる。

$$\lim_{x \to 0}(1+x)^{\frac{1}{x}}=e \quad \left[\text{または，} \lim_{x \to \pm\infty}\left(1+\frac{1}{x}\right)^x=e\right]$$

エッ，ますますわからなくなったって? 大丈夫。"微分係数の定義"のところで，この e の秘密 (??) がすべてわかるよう，ていねいに解説するからね。もうちょっと我慢してくれ。

● 対数関数は指数関数の逆関数だ！

一般に，$y=f(x)$ が1対1対応の関数のとき，その x と y を交換して，$x=f(y)$ とし，これを $y=f^{-1}(x)$ の形に書き換えたとき，$f^{-1}(x)$ を $f(x)$ の逆関数というんだよ。（エフ・インバース・x と読む。）

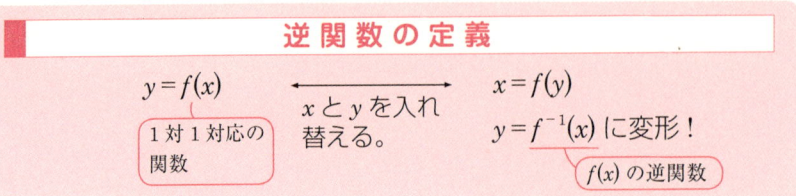

たとえば，有理関数 $y=f(x)=\dfrac{x-2}{x+1}$ について，これは1対1対応の関数だから，この x と y を入れ替えると，

$x=\dfrac{y-2}{y+1}$ $x(y+1)=y-2$ $(x-1)y=-x-2$

$y=-\dfrac{x+2}{x-1}$ ∴ $f(x)$ の逆関数は，$f^{-1}(x)=-\dfrac{x+2}{x-1}$ となる。

ここで，指数関数 $y=a^x (a>0, a \neq 1)$ も1対1対応の関数だから，この逆関数は，x と y を入れ替えて，$x=a^y$。これを変形して対数関数 $y=\log_a x (a>0, a \neq 1, x>0)$ が導けるんだね。

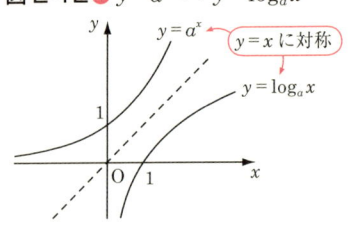

図2-12● $y=a^x \longleftrightarrow y=\log_a x$

図2-12に，$a>1$ のときの $y=a^x$ と $y=\log_a x (a>1, x>0)$ のグラフを示した。このグラフからわかるように，一般に元の関数と逆関数のグラフは，直線 $y=x$ に関して線対称なグラフになるんだね。

したがって，a の値によって，指数関数が2通りあったように，対数関数も，

（i）$a>1$ のとき，単調増加

（ii）$0<a<1$ のとき，単調減少

の2種類のグラフに分類できるんだよ。

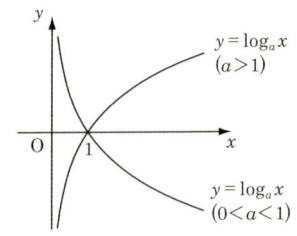

図2-13●対数関数

ここで，微分・積分でよく使われる指数関数 $y=e^x$ の逆関数 $y=\log_e x$（底 e の対数関数）を，特に**自然対数関数**と呼び，表記法も，底 e を省略し，log も ln に書き換えて，$y=\ln x$ と表す。

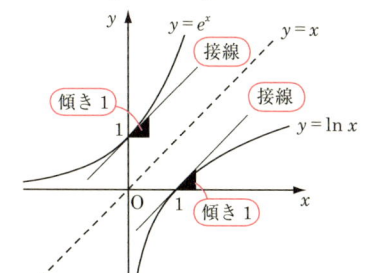

図 2-14 ● $y=e^x \longleftrightarrow y=\ln x$

図 2-14 に示すように，$y=\ln x$ の $x=1$ の点における接線の傾きは，当然 1 となる。

ここで，指数関数や対数関数と関連して必要となる指数計算や対数計算の公式も書いておくよ。これらも，微分・積分の基礎知識として，利用していくことになるからね。

指数計算の公式

(1) $a^0 = 1$　　(2) $a^1 = a$　　(3) $a^p \times a^q = a^{p+q}$

(4) $(a^p)^q = a^{p \times q}$　　(5) $a^{-p} = \dfrac{1}{a^p}$　　(6) $a^{\frac{1}{n}} = \sqrt[n]{a}$

(7) $a^{\frac{m}{n}} = \sqrt[n]{a^m}$　　(8) $(ab)^p = a^p b^p$　　(9) $\left(\dfrac{b}{a}\right)^p = \dfrac{b^p}{a^p}$

（ただし，$a>0$，p, q：有理数，m, n：自然数）

対数計算の公式

(1) $\log_a 1 = 0$　　(2) $\log_a a = 1$

(3) $\log_a xy = \log_a x + \log_a y$　　(4) $\log_a \dfrac{x}{y} = \log_a x - \log_a y$

(5) $\log_a x^p = p \log_a x$　　(6) $\log_a x = \dfrac{\log_b x}{\log_b a}$

（ここで，$a>0$ かつ $a \neq 1$，$b>0$ かつ $b \neq 1$，$x>0$，$y>0$，p：実数）

有理関数，三角関数，指数・対数関数については，既に高校で学習している人も多いはずだけど，次回の講義では，"逆三角関数" や "双曲線関数" など，大学で初めて登場する関数について詳しく解説するから，たのしみにしてくれ。

演習問題 2-1

$f(x) = e^{-x+1} + 2$ のとき，$y = f(x)$ のグラフを図示せよ。次に，逆関数 $f^{-1}(x)$ を求めて，$y = f^{-1}(x)$ のグラフを図示せよ。

$y = f(x) = e^{-(x-1)} + 2$ は，$y = e^{-x}$ を $(1, 2)$ だけ平行移動させた関数だね。$y = f(x)$ は，1対1対応の関数だから，この x と y を入れ替えて，その逆関数 $y = f^{-1}(x)$ を求めるんだ。

解答 & 解説

$y = f(x) = e^{-x+1} + 2$ は，$y - 2 = e^{-(x-1)}$ と変形できる。よって，$y = e^{-x}$ を $(1, 2)$ だけ平行移動させた関数である。

図A● $y = f(x)$ のグラフ

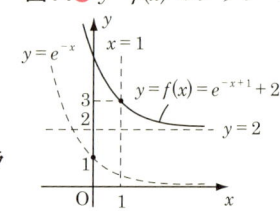

一般に，次の公式が成り立つ。
$y = f(x)$ $\xrightarrow[\text{平行移動}]{(p, q) \text{だけ}}$ $y - q = f(x - p)$

これから，$y = f(x) = e^{-x+1} + 2$ $(y > 2)$ のグラフを図Aに示す。……(答)

次に $y = e^{-x+1} + 2$ は，1対1対応の関数だから，この x と y を入れ替えて，その逆関数を求める。

$$x = e^{-y+1} + 2 \quad (x > 2) \qquad e^{-y+1} = x - 2$$

両辺は正なので，自然対数をとって，

$$\ln e^{-y+1} = \ln(x-2) \qquad -y + 1 = \ln(x-2)$$

∴ 求める $y = f(x)$ の逆関数 $y = f^{-1}(x)$ は，

$y = f^{-1}(x) = -\ln(x-2) + 1 \quad (x > 2)$ ……(答)

図B● $y = f^{-1}(x)$ のグラフ

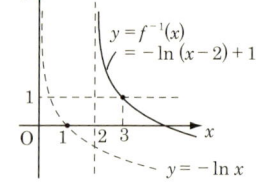

これは，$y = -\ln x$ を $(2, 1)$ だけ平行移動させた関数だね。

よって，$y = f^{-1}(x) = -\ln(x-2) + 1$ のグラフを図Bに示す。……(答)

$y = f(x)$ とその逆関数 $y = f^{-1}(x)$ のグラフは，直線 $y = x$ に関して線対称なグラフになっているんだよ。

実習問題 2-1 $g(x) = \ln(x+1) - 2$ のとき，$y = g(x)$ のグラフを図示せよ。次に，逆関数 $g^{-1}(x)$ を求めて，$y = g^{-1}(x)$ のグラフを図示せよ。

$y = g(x) = \ln(x+1) - 2$ は，$y = \ln x$ を $(-1, -2)$ だけ平行移動させた関数だね。$y = g(x)$ は 1 対 1 対応の関数だから，この x と y を入れ替えて，その逆関数 $g^{-1}(x)$ を求めるといいんだね。

解答 & 解説

$y = g(x) = \ln(x+1) - 2$ は，$y + 2 = \ln(x+1)$ と変形できる。よって，(a)　　　　　　　　　　だけ平行移動させた関数である。

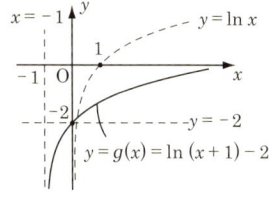

図A● $y = g(x)$ のグラフ

> $y - (-2) = \ln\{x - (-1)\}$ と変形すると，$y = \ln x$ を $(-1, -2)$ だけ平行移動させたことがわかる。

これから，$y = g(x) = \ln(x+1) - 2$ $(x > -1)$ のグラフを図Aに示す。……(答)

次に $y = g(x) = \ln(x+1) - 2$ は，(b)　　　　　　　の関数だから，この x と y を入れ替えて，その逆関数を求める。

$$x = \ln(y+1) - 2 \quad (y > -1) \qquad \ln(y+1) = x+2$$
$$y + 1 = e^{x+2}$$

← $\log_a b = c \rightleftarrows b = a^c$

∴ 求める $y = g(x)$ の逆関数 $y = g^{-1}(x)$ は，

(c)　　　　　　　　　　 $(y > -1)$ ……(答)

図B● $y = g^{-1}(x)$ のグラフ

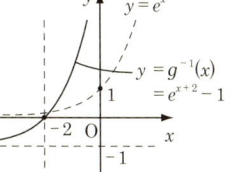

> これは，$y = e^x$ を $(-2, -1)$ だけ平行移動させた関数だね。

よって，(c)　　　　　　　　　　　のグラフを図Bに示す。……(答)

> $y = g(x)$ とその逆関数 $y = g^{-1}(x)$ のグラフは，直線 $y = x$ に関して線対称なグラフになっている。

(a) $y = \ln x$ を $(-1, -2)$　(b) 1 対 1 対応　(c) $y = g^{-1}(x) = e^{x+2} - 1$

講義 LECTURE 03 さまざまな関数Ⅱ

　前回に続き，今回も，微分・積分で扱う主な関数について解説する。まず，"逆三角関数"，"双曲線関数"について紹介しよう。これらは，大学で初めて顔を出す関数なので，特に力を入れて勉強するといい。そのほか"陰関数と陽関数"，それに"媒介変数表示された関数"についても詳しく話すつもりだ。

● **$\sin x$ の逆関数が $\sin^{-1} x$ だ！**

　$y = \sin x$ は，定義域を $-\frac{\pi}{2} \leq x \leq \frac{\pi}{2}$ に定めると，図 3-1 に示すように，値域が $-1 \leq y \leq 1$ で 1 対 1 対応の関数になるんだね。

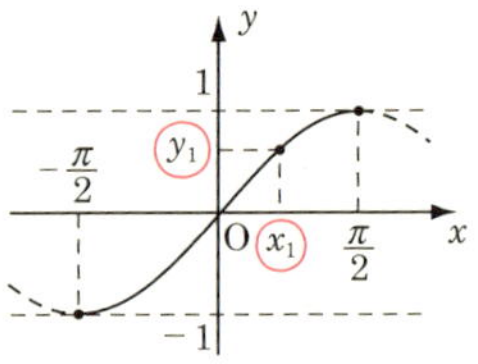

$$y = \sin x \quad \left(-\frac{\pi}{2} \leq x \leq \frac{\pi}{2}, \ -1 \leq y \leq 1\right)$$

図 3-1 ● $y = \sin x \left(-\frac{\pi}{2} \leq x \leq \frac{\pi}{2}\right)$

　このとき，逆関数は，x と y を入れ替えて

$$x = \sin y \quad \left(-\frac{\pi}{2} \leq y \leq \frac{\pi}{2}, \ -1 \leq x \leq 1\right) \ \cdots\cdots ①$$

となり，この①を $y = (x$ の式$)$ に書き換えて，$\sin x$ の**逆三角関数**を

$$y = \underline{\sin^{-1} x} \quad \left(-1 \leq x \leq 1, \ -\frac{\pi}{2} \leq y \leq \frac{\pi}{2}\right) \ \cdots\cdots ②$$

と表す。

　アーク・サイン x と読み，$\arcsin x$ と書くこともあるよ。

　$\sin^{-1} x$ は $\frac{1}{\sin x}$ じゃない！ $\sin^{-1} x = \arcsin x$ だ！

　①と②は同じこと，つまり①の書き換えが②ということだ。

図 3-2 ● $y = \sin^{-1} x$ のグラフ

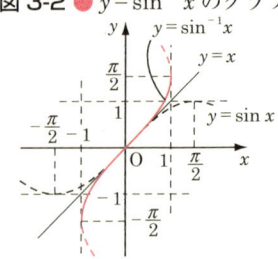

　$y = \sin^{-1} x$ は，$y = \sin x \left(-\frac{\pi}{2} \leq x \leq \frac{\pi}{2}\right)$ の逆関数なので，そのグラフは，図 3-2 に示すように直線 $y = x$ に関して，$y = \sin x$ と線対称なグラフになるんだね。

ここで，$\sin^{-1} x$ に慣れてもらうため，具体的な計算をしてみよう。
$\underline{\sin^{-1} \dfrac{1}{2} = \dfrac{\pi}{6}}$, $\underline{\sin^{-1}(-1) = -\dfrac{\pi}{2}}$, $\underline{\sin^{-1} \dfrac{\sqrt{3}}{2} = \dfrac{\pi}{3}}$ となる。大丈夫?

- $\because \sin \dfrac{\pi}{6} = \dfrac{1}{2}$
- $\because \sin\left(-\dfrac{\pi}{2}\right) = -1$
- $\because \sin \dfrac{\pi}{3} = \dfrac{\sqrt{3}}{2}$

●逆三角関数はすべて三角関数の逆関数!

$y = \cos x \ (0 \leqq x \leqq \pi)$, $y = \tan x \left(-\dfrac{\pi}{2} < x < \dfrac{\pi}{2}\right)$ も，定義域をこのように決めると，みんな 1 対 1 対応の関数となるので，それぞれの逆関数 $x = \cos y \ (0 \leqq y \leqq \pi)$, $x = \tan y \left(-\dfrac{\pi}{2} < y < \dfrac{\pi}{2}\right)$ を書き換えて，

（同じコト）　　　　（同じコト）

$y = \cos^{-1} x \ (0 \leqq y \leqq \pi)$, $y = \tan^{-1} x \left(-\dfrac{\pi}{2} < y < \dfrac{\pi}{2}\right)$ と表す。

（アーク・コサイン x と読む。）　（アーク・タンジェント x と読む。）

$\sin x$, $\cos x$, $\tan x$ の逆三角関数 $\sin^{-1} x$, $\cos^{-1} x$, $\tan^{-1} x$ が，これですべて定義できたね。以上を公式として次に示すよ。

逆三角関数

（Ⅰ）　$y = \sin x$　　$\xrightarrow{\text{逆関数}}$　　$x = \sin y$
$\left(-\dfrac{\pi}{2} \leqq x \leqq \dfrac{\pi}{2},\ -1 \leqq y \leqq 1\right)$　　これを書き換えて
$$y = \sin^{-1} x$$
$$\left(-1 \leqq x \leqq 1,\ -\dfrac{\pi}{2} \leqq y \leqq \dfrac{\pi}{2}\right)$$

（Ⅱ）　$y = \cos x$　　$\xrightarrow{\text{逆関数}}$　　$x = \cos y$
$(0 \leqq x \leqq \pi,\ -1 \leqq y \leqq 1)$　　これを書き換えて
$$y = \cos^{-1} x$$
$$(-1 \leqq x \leqq 1,\ 0 \leqq y \leqq \pi)$$

（Ⅲ）　$y = \tan x$　　$\xrightarrow{\text{逆関数}}$　　$x = \tan y$
$\left(-\dfrac{\pi}{2} < x < \dfrac{\pi}{2},\ -\infty < y < \infty\right)$　　これを書き換えて
$$y = \tan^{-1} x$$
$$\left(-\infty < x < \infty,\ -\dfrac{\pi}{2} < y < \dfrac{\pi}{2}\right)$$

講義03 ●さまざまな関数Ⅱ

$y = \cos^{-1} x \ (-1 \leq x \leq 1)$ と $y = \tan^{-1} x$ $(-\infty < x < \infty)$ のグラフを，それぞれ図 3-3 と図 3-4 に示すので，$y = \sin^{-1} x$ のグラフとあわせて，イメージをシッカリつかんでくれ。

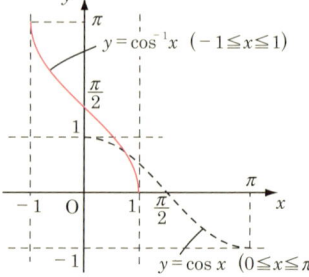

図 3-3● $y = \cos^{-1} x$ のグラフ

それでは，$\cos^{-1} x$, $\tan^{-1} x$ についても，具体的な値を求めることにより，慣れてもらうよ。

$\cos^{-1} 1 = 0$
$\because \cos 0 = 1$

$\cos^{-1} \dfrac{1}{\sqrt{2}} = \dfrac{\pi}{4}$
$\because \cos \dfrac{\pi}{4} = \dfrac{1}{\sqrt{2}}$

$\tan^{-1} 1 = \dfrac{\pi}{4}$
$\because \tan \dfrac{\pi}{4} = 1$

$\tan^{-1} \left(-\dfrac{1}{\sqrt{3}}\right) = -\dfrac{\pi}{6}$
$\because \tan \left(-\dfrac{\pi}{6}\right) = -\dfrac{1}{\sqrt{3}}$

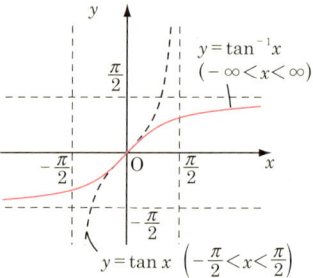

図 3-4● $y = \tan^{-1} x$ のグラフ

逆三角関数 $\sin^{-1} x$, $\cos^{-1} x$, $\tan^{-1} x$ は，$\dfrac{1}{\sin x}$, $\dfrac{1}{\cos x}$, $\dfrac{1}{\tan x}$ ではないことをもう一度肝に銘じておこう。ちなみに，**三角関数の逆数の関数をどう表現するか**というと，

$\dfrac{1}{\sin x} = \text{cosec } x$, $\dfrac{1}{\cos x} = \text{sec } x$, $\dfrac{1}{\tan x} = \text{cot } x$ と表すんだ。

コセカント x と読む。　セカント x と読む。　コタンジェント x と読む。

違いのわかる人になった？

それじゃあ，チョッと難しいけど，逆三角関数のほどよい練習になるので，$\sin^{-1} x + \cos^{-1} x$ の値の求め方について，簡単に触れておくよ。

$\sin^{-1} x = \alpha \ \left(-\dfrac{\pi}{2} \leq \alpha \leq \dfrac{\pi}{2}\right)$, $\cos^{-1} x = \beta \ (0 \leq \beta \leq \pi)$ とおくと，$x = \sin \alpha$, $x = \cos \beta$ となるね。$\sin \alpha$ と $\cos \beta$ は同じ x なので，$\sin \alpha = \cos \beta = \sin \left(\dfrac{\pi}{2} - \beta\right)$ となる。これから α と $\dfrac{\pi}{2} - \beta$ の定義域に気をつけて，$\sin^{-1} x + \cos^{-1} x = \alpha + \beta$ の値を求めるんだよ。この続きは，演習問題 3-1 で詳しく解説する。

●双曲線関数はオイラーの公式と関連している！

数学の数ある公式の中でも，最も美しい公式と呼ばれている**オイラーの公式**を下に示すよ。

$$e^{i\theta} = \cos\theta + i\sin\theta \quad (\text{ただし，} i = \sqrt{-1} : \text{虚数単位}) \quad \cdots\cdots ①$$

指数関数と，三角関数と，虚数 i が，こんなに簡単な形で表せるというんだよ。どうして，こんな公式が導けるのかって？ これについては微分法の"マクローリン展開"のところで解説するつもりだ。

では，なぜここでオイラーの公式をもち出したかというと，これから**双曲線関数**について，説明したいからなんだ。

まず，$\cos(-\theta) = \cos\theta$（偶関数），$\sin(-\theta) = -\sin\theta$（奇関数）はわかるね。ここで，①の θ に $-\theta$ を代入すると

$$e^{i(-\theta)} = \cos(-\theta) + i\sin(-\theta)$$
$$e^{-i\theta} = \cos\theta - i\sin\theta \quad \cdots\cdots ② \quad \text{となる。}$$

よって，

$\dfrac{①+②}{2}$ より $\quad \cos\theta = \dfrac{e^{i\theta} + e^{-i\theta}}{2} \quad \cdots\cdots ③$

$\dfrac{①-②}{2i}$ より $\quad \sin\theta = \dfrac{e^{i\theta} - e^{-i\theta}}{2i} \quad \cdots\cdots ④$

また，$\tan\theta = \dfrac{\sin\theta}{\cos\theta} = \dfrac{e^{i\theta} - e^{-i\theta}}{i(e^{i\theta} + e^{-i\theta})} \quad \cdots\cdots ⑤ \quad$ と表せる。

ここで，これまでの，$e^{i\theta}$ や $e^{-i\theta}$ の代わりに，e^x や e^{-x} を使って，次の双曲線関数が定義されているんだよ。

双曲線関数の定義

(Ⅰ) $\cosh x = \dfrac{e^x + e^{-x}}{2}$ (Ⅱ) $\sinh x = \dfrac{e^x - e^{-x}}{2}$

(Ⅲ) $\tanh x = \dfrac{\sinh x}{\cosh x} = \dfrac{e^x - e^{-x}}{e^x + e^{-x}}$

双曲線関数の記号は三角関数の記号に似ているけど，それは双曲線関数の定義式が三角関数③，④，⑤に似ているというだけで，実は三角関数とは無関係な関数なんだ。

（Ⅰ）　$\cosh x = \dfrac{e^x + e^{-x}}{2}$　は，**懸垂曲線**

（ハイパボリック・コサイン x と読む。）
（カテナリー曲線とも呼ぶ。）

とも呼ばれる関数だ。この $y = \cosh x$ のグラフの描き方を図 3-5(a), (b) に詳しく示しておいた。

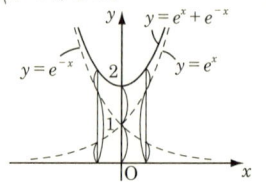

図 3-5(a) ● $y = e^x + e^{-x}$ のグラフ
（これは，$y = e^x$ と $y = e^{-x}$ の和から導ける。）

これは，ネックレスの両端を手でもって，ぶら下げたときにできる曲線と同じなんだよ。

（Ⅱ）　$\sinh x = \dfrac{e^x - e^{-x}}{2}$　のグラフも，y

（ハイパボリック・サイン x と読む。）

$= e^x$ と $y = -e^{-x}$ の和を，2 で割ることによって描けるんだよ。そのグラフを図 3-6 に示す。

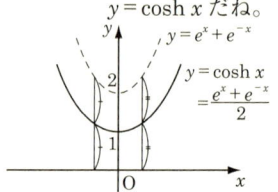

図 3-5(b) ● $y = e^x + e^{-x}$ の y 座標を 2 で割ったものが，$y = \cosh x$ だね。

（Ⅲ）　$\tanh x = \dfrac{\sinh x}{\cosh x} = \dfrac{e^x - e^{-x}}{e^x + e^{-x}}$　のグ

（ハイパボリック・タンジェント x と読む。）

ラフも，図 3-7 に示すよ。このグラフは $\tanh x$ が単調増加で，かつ $\displaystyle\lim_{x \to \infty} \tanh x = 1$，$\displaystyle\lim_{x \to -\infty} \tanh x = -1$ から導けるんだ。

これらの関数については，順を追って解説していくから，今はピンとこなくても大丈夫だよ。

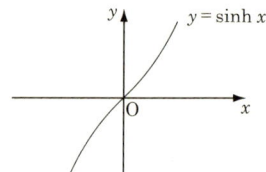

図 3-6 ● $y = \sinh x$ のグラフ

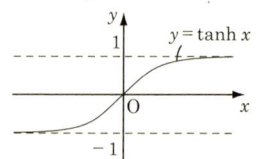

図 3-7 ● $y = \tanh x$ のグラフ

双曲線関数には，三角関数の加法定理と同様の公式がある。

双曲線関数の公式

（Ⅰ）　$\cosh(x \pm y) = \cosh x \cdot \cosh y \pm \sinh x \cdot \sinh y$

（Ⅱ）　$\sinh(x \pm y) = \sinh x \cdot \cosh y \pm \cosh x \cdot \sinh y$

（Ⅲ）　$\tanh(x \pm y) = \dfrac{\tanh x \pm \tanh y}{1 \pm \tanh x \cdot \tanh y}$

（Ⅰ），（Ⅱ）の公式については，演習問題 3-2，実習問題 3-2 で実際に成り立つことを確かめるから，安心してくれ。

● 媒介変数表示された曲線

x と y が共に，媒介変数 θ で表された曲線のことを，"媒介変数表示された曲線"という。この曲線の例を，いくつか下に示しておくよ。

媒介変数表示された曲線

(I) 円：$x^2+y^2=r^2$

$$\begin{cases} x=r\cos\theta \\ y=r\sin\theta \end{cases}$$

(II) だ円：$\dfrac{x^2}{a^2}+\dfrac{y^2}{b^2}=1$

$$\begin{cases} x=a\cos\theta \\ y=b\sin\theta \end{cases}$$

(III) サイクロイド曲線

$$\begin{cases} x=a(\theta-\sin\theta) \\ y=a(1-\cos\theta) \end{cases}$$

(IV) らせん (i)

$$\begin{cases} x=e^{-\theta}\cos\theta \\ y=e^{-\theta}\sin\theta \end{cases}$$

(V) らせん (ii)

$$\begin{cases} x=e^{\theta}\cos\theta \\ y=e^{\theta}\sin\theta \end{cases}$$

(VI) アステロイド曲線

$$\begin{cases} x=a\cos^3\theta \\ y=a\sin^3\theta \end{cases}$$

(ただし，θ：媒介変数，a, b, r：正の定数)

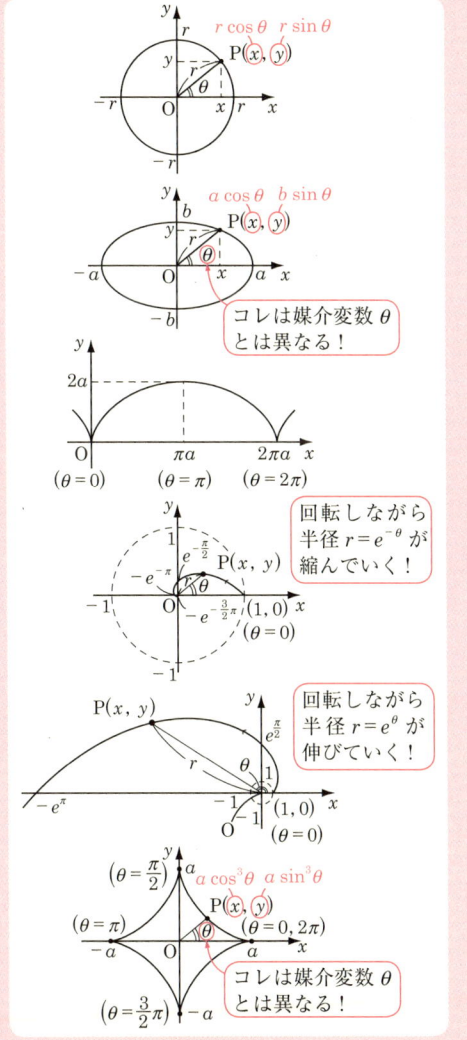

コレは媒介変数 θ とは異なる！

回転しながら半径 $r=e^{-\theta}$ が縮んでいく！

回転しながら半径 $r=e^{\theta}$ が伸びていく！

コレは媒介変数 θ とは異なる！

●陰関数表示の曲線もある！

一般に，$y = f(x)$ の形で表された関数を**陽関数**といい，x と y が入り組んだ形の関数を**陰関数**という。

たとえば，おなじみの円：$x^2 + y^2 = r^2$ や，だ円：$\dfrac{x^2}{a^2} + \dfrac{y^2}{b^2} = 1$ を表す方程式は陰関数なんだよ。また，アステロイド曲線 $x = a\cos^3\theta$，$y = a\sin^3\theta$（a：正の定数，θ：媒介変数）の両辺を $\dfrac{2}{3}$ 乗すると

$$\begin{cases} x^{\frac{2}{3}} = a^{\frac{2}{3}} \cdot \cos^2\theta & \cdots\cdots ① \\ y^{\frac{2}{3}} = a^{\frac{2}{3}} \cdot \sin^2\theta & \cdots\cdots ② \end{cases} \quad \text{となる。}$$

ここで，①+②から $x^{\frac{2}{3}} + y^{\frac{2}{3}} = a^{\frac{2}{3}}$ となって，アステロイド曲線を陰関数で表現することができた。

逆に，円：$x^2 + y^2 = r^2$ を，$y = \pm\sqrt{r^2 - x^2}$ と変形すれば，2つの陽関数 $y = \sqrt{r^2 - x^2}$（上半円），$y = -\sqrt{r^2 - x^2}$（下半円）で表すこともできる。これから，陰関数や陽関数は厳密に区別できるものではないことがわかったと思う。

でも，さすがに，$\cos(x+y) + 2\sin(xy) = 1$ や，$x^3 + 5x^2y^4 + y^5 = 3$ となると，これはもう筋金入り (??) の陰関数だろうね。

●曲線は極座標でも表される！

図 3-8 に，(a) xy 座標系と (b) 極座標系の2つを対比して示すよ。

極座標系では，O を**極**，半直線 OX を**始線**，OP を**動径**，そして，θ を**偏角**と呼ぶ。点 P の座標を，xy 座標系では P(x, y) で表すが，極座標系では始線 OX から偏角 θ をとり，極 O から距離 r を指定して点 P の極座標 P(r, θ) を定める。右に (x, y) と (r, θ) の変換公式を示しておくよ。

図 3-8
(a) xy 座標系　(b) 極座標系

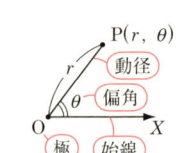

変換公式

(Ⅰ) $\begin{cases} x = r\cos\theta \\ y = r\sin\theta \end{cases}$ (Ⅱ) $\begin{cases} r = \sqrt{x^2 + y^2} \\ \theta = \tan^{-1}\dfrac{y}{x} \end{cases}$

$(x^2 + y^2 = r^2)$

この極座標系は，空間座標に拡張した場合，**円筒座標系**になるんだよ。図3-9に，(a) xyz座標系と，(b) この円筒座標系を対比して示しておいた。

図3-9
(a) xyz座標系　　(b) 円筒座標系

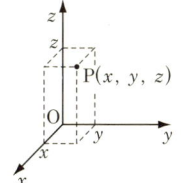
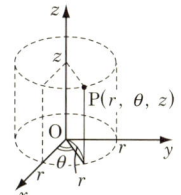

　これは，重積分などを行うときに役に立つ大事な座標系の1つだから，頭に入れておくといいよ。

●主要な極方程式は覚えよう！

　極座標で表される動点$P(r, \theta)$のrとθの関係式を使って，さまざまな曲線が描けるのはわかるよね。このrとθの関係式を**極方程式**と呼ぶ。極方程式で表される主な曲線を下に示すよ。

極方程式で表される曲線

(I) 円：$x^2 + y^2 = r_1^2$

　　　$r = r_1$　　（極Oを中心とする半径r_1の円）

(II) らせん

　　　　(i) $r = e^{-\theta}$　　(ii) $r = e^{\theta}$

　　　　p.31のらせん(i)　　p.31のらせん(ii)
　　　　の極方程式　　　　の極方程式

(III) 2次曲線

　　　$r = \dfrac{k}{1 \pm e\cos\theta}$　　（k：正の定数，e：離心率）

　　(i) $0 < e < 1$ のとき　　だ円
　　(ii) $e = 1$ のとき　　　放物線
　　(iii) $1 < e$ のとき　　　双曲線

たとえば，$k=1, e=1$ のとき
$r = \dfrac{1}{1+\cos\theta}$　　$r(1+\cos\theta) = 1$
$r + r\cos\theta = 1$　　$r = 1 - x$
$r^2 = (1-x)^2$　　$x^2 + y^2 = (1-x)^2$
$x^2 + y^2 = 1 - 2x + x^2$
$x = \dfrac{1}{2}(1-y^2)$　（放物線）となる。

演習問題 3-1

(1) $\sin\left(\cos^{-1}\dfrac{1}{2}\right)$ の値を求めよ。

(2) $\sin^{-1}x + \cos^{-1}x$ の値を求めよ。

(1) $\cos^{-1}\dfrac{1}{2} = \theta$ とおくと，$\cos\theta = \dfrac{1}{2}$ $(0 \leq \theta \leq \pi)$ から θ の値が求まる。(2) も，$\sin^{-1}x = \alpha$，$\cos^{-1}x = \beta$ とおいて，$x = \sin\alpha$，$x = \cos\beta$ とおくと，$\sin\alpha = \cos\beta$ となる。これから $\alpha+\beta$ の値を求める。

解答 & 解説

(1) $\cos^{-1}\dfrac{1}{2} = \theta$ $(0 \leq \theta \leq \pi)$ とおくと，

$\cos\theta = \dfrac{1}{2}$ より，$\theta = \dfrac{\pi}{3}$。

∴ $\sin\left(\cos^{-1}\dfrac{1}{2}\right) = \sin\theta = \sin\dfrac{\pi}{3} = \dfrac{\sqrt{3}}{2}$ ……（答）

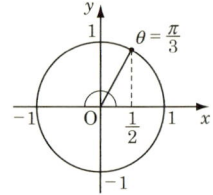

(2) $\sin^{-1}x + \cos^{-1}x$ ……① について

$\sin^{-1}x = \alpha$ $\left(-\dfrac{\pi}{2} \leq \alpha \leq \dfrac{\pi}{2}\right)$，$\cos^{-1}x = \beta$ $(0 \leq \beta \leq \pi)$ とおくと，

$x = \sin\alpha$，$x = \cos\beta$。これから，

$\sin\alpha = \cos\beta$

$\sin\alpha = \sin\left(\dfrac{\pi}{2} - \beta\right)$ ……②

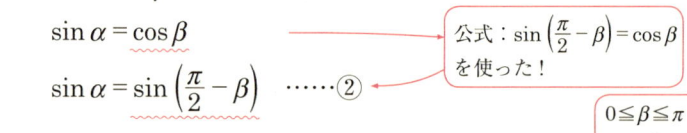

公式：$\sin\left(\dfrac{\pi}{2} - \beta\right) = \cos\beta$ を使った！

ここで，$-\dfrac{\pi}{2} \leq \alpha \leq \dfrac{\pi}{2}$，$-\dfrac{\pi}{2} \leq \dfrac{\pi}{2} - \beta \leq \dfrac{\pi}{2}$

$0 \leq \beta \leq \pi$ より
$-\pi \leq -\beta \leq 0$
$-\dfrac{\pi}{2} \leq \dfrac{\pi}{2} - \beta \leq \dfrac{\pi}{2}$

よって，α と $\dfrac{\pi}{2} - \beta$ は，$\left[-\dfrac{\pi}{2}, \dfrac{\pi}{2}\right]$ の同じ定義域

$\sin\alpha = \sin\left(\dfrac{\pi}{2} - \beta\right)$

中の角より，②から，$\alpha = \dfrac{\pi}{2} - \beta$ ∴ $\alpha + \beta = \dfrac{\pi}{2}$

$\alpha = \dfrac{\pi}{2} - \beta$

∴ ①は，$\sin^{-1}x + \cos^{-1}x = \alpha + \beta = \dfrac{\pi}{2}$ ……（答）

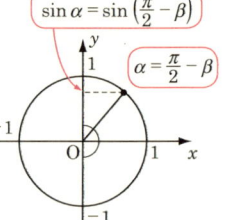

実習問題 3-1

(1) $\tan\left\{\sin^{-1}\left(-\dfrac{1}{2}\right)\right\}$ の値を求めよ。

(2) $\cos^{-1}x + \cos^{-1}(-x)$ の値を求めよ。

ヒント！

(1) $\sin^{-1}\left(-\dfrac{1}{2}\right) = \theta$ とおいて，θ の値を求め，それから $\tan\theta$ の値を求めるんだね。(2) についても，$\cos^{-1}x = \alpha$，$\cos^{-1}(-x) = \beta$ とおき，$x = \cos\alpha$，$-x = \cos\beta$ から，$\alpha + \beta$ の値を求める。逆三角関数の計算もこれで慣れるよ。

解答 & 解説

(1) $\sin^{-1}\left(-\dfrac{1}{2}\right) = \theta$ ((a)　　　　) とおくと，

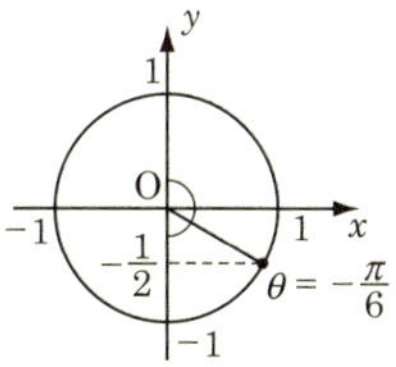

$\sin\theta = -\dfrac{1}{2}$ より，$\theta = -\dfrac{\pi}{6}$

$\therefore \tan\left\{\sin^{-1}\left(-\dfrac{1}{2}\right)\right\} = $ (b)　　　　　…(答)

(2) $\cos^{-1}x + \cos^{-1}(-x)$ ……① について

$\cos^{-1}x = \alpha \ (0 \leq \alpha \leq \pi)$，$\cos^{-1}(-x) = \beta$ ((c)　　　　) とおく。

$x = \cos\alpha$，$-x = \cos\beta$ より，$x = -\cos\beta$　これから，

$\cos\alpha = -\cos\beta$

$\cos\alpha = \cos(\pi - \beta)$ ……②

公式：$\cos(\pi - \beta) = -\cos\beta$ を使った！

ここで，$0 \leq \alpha \leq \pi$，(d)　　　　

よって，α と $\pi - \beta$ は，$[0, \pi]$ の同じ定義域中の角より，②から，$\alpha = \pi - \beta$　$\therefore \alpha + \beta = \pi$

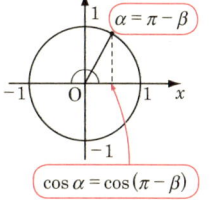

$\therefore$ ①は，(e)　　　　　　　……(答)

(a) $-\dfrac{\pi}{2} \leq \theta \leq \dfrac{\pi}{2}$　(b) $\tan\left(-\dfrac{\pi}{6}\right) = -\dfrac{1}{\sqrt{3}}$　(c) $0 \leq \beta \leq \pi$　(d) $0 \leq \pi - \beta \leq \pi$

(e) $\cos^{-1}x + \cos^{-1}(-x) = \alpha + \beta = \pi$

演習問題 3-2

(1) $\cosh x = 2$ をみたす x の値を求めよ。

(2) 公式 $\cosh(x+y) = \cosh x \cosh y + \sinh x \sinh y$ …①
が成り立つことを示せ。

ヒント!
(1) の方程式は $\dfrac{e^x + e^{-x}}{2} = 2$ より，$e^x = t$ とおいて解けばいい。
(2) の①の公式は，右辺を変形して左辺の $\cosh(x+y)$ を導く。

解答 & 解説

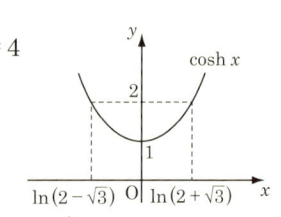

(1) $\cosh x = 2$ より，$\dfrac{e^x + e^{-x}}{2} = 2$　　$e^x + \dfrac{1}{e^x} = 4$

ここで，$e^x = t\ (t>0)$ とおくと，

$t + \dfrac{1}{t} = 4$　　$t^2 - 4t + 1 = 0$

$t = e^x = 2 \pm \sqrt{3}$

$\therefore\ x = \ln(2 \pm \sqrt{3})$　……（答）

$\ln(2-\sqrt{3}) = \ln\dfrac{(2-\sqrt{3})(2+\sqrt{3})}{2+\sqrt{3}} = \ln\dfrac{1}{2+\sqrt{3}} = \ln(2+\sqrt{3})^{-1} = -\ln(2+\sqrt{3})$ としてもいい。

(2) $\cosh(x+y) = \cosh x \cosh y + \sinh x \sinh y$　……①

が成り立つことを示す。

複雑な式を変形して，簡単な式を導く！

①の右辺 $= \cosh x \cdot \cosh y + \sinh x \cdot \sinh y$

$= \dfrac{e^x + e^{-x}}{2} \cdot \dfrac{e^y + e^{-y}}{2} + \dfrac{e^x - e^{-x}}{2} \cdot \dfrac{e^y - e^{-y}}{2}$

$= \dfrac{1}{4}\{(e^x + e^{-x})(e^y + e^{-y}) + (e^x - e^{-x})(e^y - e^{-y})\}$

$= \dfrac{1}{4}(e^{x+y} + e^{x-y} + e^{-x+y} + e^{-x-y} + e^{x+y} - e^{x-y} - e^{-x+y} + e^{-x-y})$

$= \dfrac{1}{4}(2e^{x+y} + 2e^{-(x+y)})$

$= \dfrac{e^{x+y} + e^{-(x+y)}}{2} = \cosh(x+y) = $ ①の左辺

以上より，①は成り立つ。　……（終）

実習問題 3-2

(1) $\sinh x = 2$ をみたす x の値を求めよ。
(2) 公式 $\sinh(x+y) = \sinh x \cosh y + \cosh x \sinh y$ ……②
が成り立つことを示せ。

ヒント! (1)の方程式の解は，$y = \sinh x$ のグラフの形から，ただ1つしか存在しないことがわかるハズだ。(2)の②については，複雑な右辺を変形して，簡単な左辺を導けばいいね。

解答 & 解説

(1) $\sinh x = 2$ より，$\dfrac{e^x - e^{-x}}{2} = 2$　$e^x - \dfrac{1}{e^x} = 4$

ここで，$e^x = t \ (t > 0)$ とおくと，

$t - \dfrac{1}{t} = 4$　$t^2 - 4t - 1 = 0$

$t = e^x = \boxed{\text{(a)}}$　$(\because t > 0)$

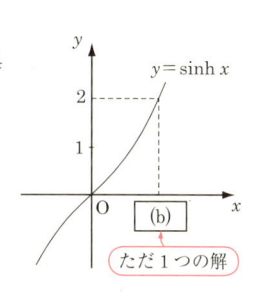

$\therefore \ x = \boxed{\text{(b)}}$ ……(答)

(2) $\sinh(x+y) = \sinh x \cosh y + \cosh x \sinh y$　……②

が成り立つことを示す。

②の右辺 $= \sinh x \cdot \cosh y + \cosh x \cdot \sinh y$

$= \boxed{\text{(c)}}$

$= \dfrac{1}{4}\{(e^x - e^{-x})(e^y + e^{-y}) + (e^x + e^{-x})(e^y - e^{-y})\}$

$= \dfrac{1}{4}(e^{x+y} + e^{x-y} - e^{-x+y} - e^{-x-y} + e^{x+y} - e^{x-y} + e^{-x+y} - e^{-x-y})$

$= \dfrac{1}{4}(\boxed{\text{(d)}})$

$= \dfrac{e^{x+y} - e^{-(x+y)}}{2} = \sinh(x+y) = $ ②の左辺

以上より，②は成り立つ。……(終)

(a) $2 + \sqrt{5}$　(b) $\ln(2 + \sqrt{5})$　(c) $\dfrac{e^x - e^{-x}}{2} \cdot \dfrac{e^y + e^{-y}}{2} + \dfrac{e^x + e^{-x}}{2} \cdot \dfrac{e^y - e^{-y}}{2}$

(d) $2e^{x+y} - 2e^{-(x+y)}$

講義 LECTURE 04 関数の極限

　サァ，これから"関数の極限"について解説するよ。これが終わればいよいよ微分に入るわけだから，そのための準備として，この関数の極限をシッカリおさえておこう。

　ここでは，前に数列のところで解説した"ε-N論法"と似た"ε-δ論法"について詳しく解説するよ。これは，実際の極限の計算に役に立つかというと，そうでもないんだけど，論理的な力を鍛えるという面で有意義なので挑戦してくれ。

● 関数の極限値 $\lim_{x \to a} f(x)$ の意味をおさえよう!

　数直線上を実数 x がビッシリと(稠密に)埋めている話は前にしたよね。また，関数 $f(x)$ についても，これまで具体的な例でたくさん解説した。

　今回は，この実数 x を限りなく，ある a という値に近づけていったときの関数 $f(x)$ の値がどうなるかについて考えよう。このとき，関数 $f(x)$ がただ1つの値 p に限りなく近づくとき，関数 $f(x)$ は p に収束するといい，p を極限値という。

　これを，式で示せば，次のようになる。

$$\lim_{x \to a} f(x) = p$$

　ここで，x が a に近づく際の近づき方は2通りあるんだ。

　すなわち，「(i) x が a より大きい側から a に近づく」，または，「(ii) x が a より小さい側から a に近づく」の2通りだね。

　これを区別して表現するために，(i) は $\lim_{x \to a+0} f(x)$ と表し，(ii) は $\lim_{x \to a-0} f(x)$ と表す。

一般に $\lim_{x \to a} f(x)$ と書いた場合は，$\lim_{x \to a \pm 0} f(x)$ と考えればいい。つまり (i)，(ii) を特に区別しないってことだ。

それでは，1つ例題として，$\lim_{x \to 1} \dfrac{x^2 - 1}{2(x-1)}$ の極限を求めてみるよ。

x を 1 に限りなく近づけるということは，1.00…01 ($x \to 1+0$ のコト)にせよ，0.99…9 ($x \to 1-0$ のコト)にせよ，$\dot{1}$ に近づくけど，$\dot{1}$ ではないんだね。よって，分子：$x^2 - 1 \to 1^2 - 1 = 0$ も，分母：$2(x-1) \to 2(1-1) = 0$ も，共に 0 とは異なる値をとりながら，しかも 0 に近づいていくので，$\dfrac{0}{0}$ の形の極限になるんだね。これは，ある値に収束するか，それとも発散・振動するかが一般にはわからないので $\dfrac{0}{0}$ の**不定形**と呼ばれる。

でも，この例題は次のように計算ができるので，極限値が求まる。

$$\lim_{x \to 1} \dfrac{x^2 - 1}{2(x-1)} = \lim_{x \to 1} \dfrac{(x+1)(x-1)}{2(x-1)} \quad \Leftarrow \boxed{\dfrac{0}{0} \text{の不定形の要素を消す！}}$$

$$= \lim_{x \to 1} \dfrac{\overset{1}{\cancel{x}}+1}{2} = \dfrac{1+1}{2} = 1 \quad \Leftarrow \boxed{\text{イメージとして} \dfrac{0.00\cdots01}{0.00\cdots01}=1 \text{って，ところかな。}}$$

このほかに，**関数の極限**では，$\lim_{x \to \infty} f(x)$ や $\lim_{x \to -\infty} f(x)$ のように x を ∞ や $-\infty$ にしていったときの極限についても扱うよ。

● ε-δ 論法にチャレンジしよう！

$\lim_{x \to 1} \dfrac{x^2 - 1}{2(x-1)} = 1$ となることを例題で示したけど，これをより厳密に示す方法として，これから解説する **ε-δ 論法**があるんだよ。これに，アレルギー症状をもつ人が多いのも事実だけど，"**ε-N 論法**" の実例と合わせて学習すれば，自然に使えるようになると思う。

ε - δ 論法

どんな小さな正の数 ε をとっても，ある正の数 δ が存在し，$0 < |x - a| < \delta$ ならば，$|f(x) - p| < \varepsilon$ をみたすとき，
$$\lim_{x \to a} f(x) = p$$
となる。

これは，$\varepsilon = 0.00\cdots01$ のように，ε がどんなに小さな正の数をとっても，ある正の数 δ が存在し，$\underline{x \neq a}$ だけど，$\underline{a-\delta < x < a+\delta}$ の範囲の x に対

（コレは，$|x-a|>0$ からいえる！）　（コレは，$|x-a|<\delta$ からいえる！）

して，$|f(x)-p|$ を ε より小さな範囲におさえることができるとき，$f(x)$ は p に収束する，すなわち $\lim_{x \to a} f(x) = p$ といえるということだね。

以上のことを，論理記号で書くと，次のようにスッキリと表現できる。

論理記号による ε-δ 論法

$^\forall \varepsilon > 0, \ ^\exists \delta > 0 \quad \text{s.t.} \quad 0 < |x-a| < \delta \Rightarrow |f(x)-p| < \varepsilon$

このとき，$\lim_{x \to a} f(x) = p$ となる。

$^\forall$ は "すべての"，$^\exists$ は "存在する"，s.t. は "～のような" を表すので，気持ちをこめて表現すると，「正の数 ε をどんなに小さくとっても，$0 < |x-a| < \delta$ ならば $|f(x)-p| < \varepsilon$ が成り立つような，そんな正の数 δ が存在するとき，$\lim_{x \to a} f(x) = p$」といってるんだね。

それでは，先程の例題 $\lim_{x \to 1} \dfrac{x^2-1}{2(x-1)} = 1$ を厳密に証明してみるよ。以下のような，論理記号の式が成り立てばいいんだね。

$^\forall \varepsilon > 0, \ ^\exists \delta > 0 \quad \text{s.t.} \quad 0 < |x-1| < \delta \Rightarrow \left| \dfrac{x^2-1}{2(x-1)} - 1 \right| < \varepsilon \quad \cdots\cdots ①$

$0 < |x-1| < \delta$ のとき

$x^2 - 2x + 1 = (x-1)^2$

$\left| \dfrac{x^2-1}{2(x-1)} - 1 \right| = \left| \dfrac{x^2-1-2(x-1)}{2(x-1)} \right| = \left| \dfrac{(x-1)^2}{2(x-1)} \right|$

$= \left| \dfrac{x-1}{2} \right| = \dfrac{|x-1|}{2} < \dfrac{\delta}{2}$

（ここで $\left| \dfrac{x^2-1}{2(x-1)} - 1 \right| < \dfrac{\delta}{2} < \varepsilon$ となればいいんだね。）

よって，どんなに小さな ε を与えても，$\delta < 2\varepsilon \ \left(\because \dfrac{\delta}{2} < \varepsilon \right)$ をみたす正の数 δ をとれば，①の論理式が成り立つ。

$\therefore \lim_{x \to 1} \dfrac{x^2-1}{2(x-1)} = 1 \quad \cdots\cdots (終)$

この ε-δ 論法が実際の関数の極限を求める上で必要となることは，ほとんどないんだ。だけど，試験問題に "厳密に" とか，"ε-δ 論法を用いて" とか要求されていたら，この論法で答えなければいけないんだよ。

●関数の連続性

関数の極限の考え方を使って，関数 $y=f(x)$ の連続性を次のように示すことができるんだよ。

> ### 関数の連続性
>
> $x=a$ の点と，その近くで定義されている関数 $y=f(x)$ が $\lim_{x \to a} f(x) = f(a)$ をみたすとき，$f(x)$ は $x=a$ で連続である。

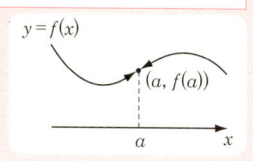

関数の極限のところで使った $f(x) = \dfrac{x^2-1}{2(x-1)}$ を例にすると，

(i) $x \neq 1$ のとき $f(x) = \dfrac{(x+1)(x-1)}{2(x-1)}$ ← $x-1 \neq 0$ だから，分母・分子が $(x-1)$ で割れる！
$= \dfrac{1}{2}x + \dfrac{1}{2}$ ← 分母が 0 となるから

(ii) $x=1$ のとき $f(x)$ は定義できない。

図 4-1 ● 関数 $y=f(x) = \dfrac{x^2-1}{2(x-1)}$ のグラフ

よって，図 4-1 に示すように，$y=f(x)$ は，$x=1$ で不連続な関数になるんだね。

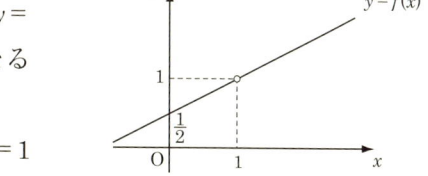

でも，ここで，この関数に，$f(1)=1$ と，$x=1$ のときを定義してやると，さっき計算したように，$\lim_{x \to 1} f(x) = \boxed{f(1)}^{1}$ となって $x=1$ のときも連続な関数になるんだね。

もちろん $f(1)=2$ と定義すると，$\lim_{x \to 1} f(x) = 1 \neq \boxed{f(1)}^{2}$ となって，$x=1$ で不連続になる。

この関数の連続性も，"厳密に" 示せといわれたら，ε-δ 論法を使って，次の手順で証明するんだよ。意味はもうわかるよね。

> ### $\varepsilon - \delta$ 論法による関数の連続性の証明
>
> $^{\forall}\varepsilon > 0$, $^{\exists}\delta > 0$ s.t. $0 < |x-a| < \delta \Rightarrow |f(x)-f(a)| < \varepsilon$
> このとき，関数 $f(x)$ は $x=a$ で連続である。

●関数の極限の具体的な計算に慣れよう！

サァ，それでは，これから関数の極限の実践的な解説に入るよ。まず，関数の極限の4つの性質を頭に入れておこう。

関数の極限の4つの性質

$\lim_{x \to a} f(x) = p$, $\lim_{x \to a} g(x) = q$ のとき

(1) $\lim_{x \to a} kf(x) = kp$ 　　　　(2) $\lim_{x \to a} \{f(x) \pm g(x)\} = p \pm q$

(3) $\lim_{x \to a} f(x) \cdot g(x) = p \cdot q$ 　　(4) $\lim_{x \to a} \dfrac{f(x)}{g(x)} = \dfrac{p}{q}$

次に，具体的な計算によく使われる次の公式も覚えておくといいよ。

関数の極限の公式

(1) $\lim_{x \to 0} \dfrac{\sin x}{x} = 1$ 　　　　(2) $\lim_{x \to 0} \dfrac{\tan x}{x} = 1$

(3) $\lim_{x \to 0} \dfrac{1 - \cos x}{x^2} = \dfrac{1}{2}$ 　　(4) $\lim_{x \to 0} \dfrac{e^x - 1}{x} = 1$

(5) $\lim_{x \to 0} \dfrac{\ln(1 + x)}{x} = 1$ 　　(6) $\lim_{x \to 0} (1 + x)^{\frac{1}{x}} = e$

実は，この6つの公式は，前半の3つと，後半の3つの2つのグループに分けられる。つまり，(1)が証明できれば，これから(2),(3)は自動的に導けるし，また，(4)から(5),(6)も自然に出てくるんだよ。

まず，(1) $\lim_{x \to 0} \dfrac{\sin x}{x} = 1$ が成り立つとすると，

(2)は，$\lim_{x \to 0} \dfrac{\tan x}{x} = \lim_{x \to 0} \dfrac{1}{\cos x} \cdot \dfrac{\sin x}{x} = \dfrac{1}{1} \times 1 = 1$ 　と導けるし，

(3)も，$\lim_{x \to 0} \dfrac{1 - \cos x}{x^2} = \lim_{x \to 0} \dfrac{(1 - \cos x)(1 + \cos x)}{x^2 \cdot (1 + \cos x)} = \lim_{x \to 0} \left(\dfrac{\sin x}{x}\right)^2 \cdot \dfrac{1}{1 + \cos x}$

$= 1^2 \times \dfrac{1}{1 + 1} = \dfrac{1}{2}$ 　となるんだね。

● $\lim_{x \to 0} \frac{\sin x}{x} = 1$ は図形的に証明できる！

それでは，(1) $\lim_{x \to 0} \frac{\sin x}{x} = 1$ の証明をやっておくよ。図4-2に示すように，半径1，角度 $x \left(0 < x < \frac{\pi}{2}\right)$ の扇形と，2つの三角形の面積の大小関係から，次の不等式が導ける。

図 4-2 ● $\lim_{x \to 0} \frac{\sin x}{x} = 1$ の証明

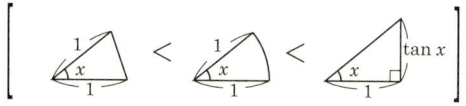

$$\frac{1}{2} \cdot 1 \cdot 1 \cdot \sin x < \frac{1}{2} \cdot 1^2 \cdot x < \frac{1}{2} \cdot 1 \cdot \tan x$$

よって，$\underbrace{\sin x < x}_{(\mathrm{i})} < \underbrace{\frac{\sin x}{\cos x}}_{(\mathrm{ii})}$

(i)　$x > 0$ より　　$\frac{\sin x}{x} < 1$　　∴ $\frac{\sin x}{x} \leqq 1$

(ii)　$\cos x > 0$, $x > 0$ より　　$\cos x < \frac{\sin x}{x}$　　∴ $\cos x \leqq \frac{\sin x}{x}$

∴ $\cos x \leqq \frac{\sin x}{x} \leqq 1$

> $x < 0$ のとき，$-x > 0$ より，$\cos(-x) \leqq \frac{\sin(-x)}{-x} \leqq 1$ で，$\cos x \leqq \frac{\sin x}{x} \leqq 1$ と同じ不等式が導ける。（∵ $\sin(-x) = -\sin x$, $\cos(-x) = \cos x$）

ここで，$x \to 0$ のとき，$\cos x \to 1$ より，"はさみ打ちの原理" から，

(1) $\lim_{x \to 0} \frac{\sin x}{x} = 1$ が証明される。

> $g(x) \leqq f(x) \leqq h(x)$ で，$x \to a$ のとき，$g(x) \to p$, $h(x) \to p$ ならば，$\lim_{x \to a} f(x) = p$ といえる！

(4) については，$\lim_{x \to 0} \frac{a^x - 1}{x} = 1$ をみたす正の数 a を e とおくと決めるので，この式をネイピア数 e の定義式と見ることができるんだよ。これについては，(5), (6) との関連も含めて，次回の講義で詳しく解説するつもりだ。今の時点ではこれらを公式として，実際に使ってみることに専念するといいよ。

演習問題 4-1

関数 $f(x)=x^2$ が $x=1$ で連続であることを，ε-δ 論法を用いて証明せよ。

ヒント！ $\lim_{x\to 1} f(x)=f(1)$，すなわち $\lim_{x\to 1} x^2 = 1$ を ε-δ 論法を使って示すんだね。すなわち，${}^{\forall}\varepsilon>0,\ {}^{\exists}\delta>0$ s.t. $0<|x-1|<\delta \Rightarrow |x^2-1|<\varepsilon$ を示すんだよ。実際に計算することによって慣れるはずだ。

解答 & 解説 $f(x)=x^2$ が，$x=1$ で連続であること，すなわち，$\lim_{x\to 1} f(x)=f(1)$ となることを示すには，

$${}^{\forall}\varepsilon>0,\ {}^{\exists}\delta>0\quad \text{s.t.}\quad 0<|x-1|<\delta \Rightarrow |f(x)-f(1)|<\varepsilon$$

を示せばよい。

> 正の数 ε をどんなに小さくとっても，ある正の数 δ が存在し，$0<|x-1|<\delta$ ならば，$|\underbrace{f(x)}_{x^2}-\underbrace{f(1)}_{1}|<\varepsilon$ となることを示す。

$0<|x-1|<\delta$ のとき，

$$|f(x)-f(1)|=|x^2-1|=|(x-1)(x+1)|$$
$$=|(x-1)\{(x-1)+2\}|$$
$$\leq |x-1|^2+2|x-1|$$
$$<\delta^2+2\delta$$

> $|f(x)-f(1)|<\boxed{\delta^2+2\delta<\varepsilon}$ となればよいので，これから $\delta^2+2\delta-\varepsilon<0$ をみたす δ の範囲を調べる。

よって，どんなに小さな正の数 ε が与えられても，$\delta^2+2\delta-\varepsilon<0$ をみたすような，正の数 δ が存在することを示せばよい。この不等式を解いて，

$$-1-\sqrt{1+\varepsilon}<\delta<-1+\sqrt{1+\varepsilon}$$

(コレは負の数。) (コレは正の数。)

> δ の 2 次方程式 $\delta^2+2\delta-\varepsilon=0$ の解は，$\delta=-1\pm\sqrt{1+\varepsilon}$

ゆえに，与えられた ε に対して，$\delta<-1+\sqrt{1+\varepsilon}$ をみたす正の数 δ は存在するので，$\lim_{x\to 1} f(x)=f(1)$ といえる。

$$\therefore f(x)=x^2 \text{ は，} x=1 \text{ で連続である。} \quad \cdots\cdots(\text{終})$$

> $\lim_{x\to 1} x^2=1$ なんて，フツウに考えると当たり前なんだけど，ε-δ 論法で証明するのは意外と手ゴワかったと思う。でも，頭の体操としては面白いので，よく練習しておくといいよ。

実習問題 4-1 関数 $f(x)=x^2$ が $x=2$ で連続であることを，$\varepsilon\text{-}\delta$ 論法を用いて証明せよ。

ヒント！ 前問とソックリな問題なので，${}^\forall \varepsilon>0$, ${}^\exists \delta>0$ s.t. $0<|x-2|<\delta$ $\Rightarrow |x^2-4|<\varepsilon$ を示せばよいことがわかるはずだ。$x=1$ と $x=2$ で連続性を示すとき δ の条件が変わることも要注意！

解答 & 解説 $f(x)=x^2$ が $x=2$ で連続であること，すなわち，$\lim_{x\to 2} f(x)=f(2)$ となることを示すには，

${}^\forall \varepsilon>0$, ${}^\exists \delta>0$ s.t. (a) を示せばよい。

> 正の数 ε をどんなに小さくとっても，ある正の数 δ が存在し，$0<|x-2|<\delta$ ならば，$|\underbrace{f(x)}_{x^2}-\underbrace{f(2)}_{4}|<\varepsilon$ となることを示すんだね。

$0<|x-2|<\delta$ のとき，

$$|f(x)-f(2)|=|x^2-4|=|(x-2)(x+2)|$$
$$=|(x-2)\{(x-2)+4\}|$$
$$\leq \boxed{\text{(b)}}$$
$$<\delta^2+4\delta$$

よって，どんなに小さな正の数 ε が与えられても，(c) をみたすような，正の数 δ が存在することを示せばよい。この不等式を解いて，

$$\underline{-2-\sqrt{4+\varepsilon}}<\delta<\underline{-2+\sqrt{4+\varepsilon}}$$

（コレは負の数。）（コレは正の数。）

> δ の 2 次方程式 $\delta^2+4\delta-\varepsilon=0$ の解は，$\delta=-2\pm\sqrt{4+\varepsilon}$

ゆえに，与えられた ε に対して，(d) をみたす正の数 δ は存在するので，$\lim_{x\to 2} f(x)=f(2)$ といえる。

∴ $f(x)=x^2$ は，$x=2$ で連続である。……(終)

> 同じ関数 $f(x)=x^2$ でも，$x=1, 2$ それぞれで連続性を示すための δ の条件が異なっていることがわかった？ でも，これで $\varepsilon\text{-}\delta$ 論法に慣れたよね？

(a) $0<|x-2|<\delta \Rightarrow |f(x)-f(2)|<\varepsilon$ (b) $|x-2|^2+4|x-2|$ (c) $\delta^2+4\delta-\varepsilon<0$
(d) $\delta<-2+\sqrt{4+\varepsilon}$

演習問題 4-2 次の関数の極限値を求めよ。

(1) $\displaystyle\lim_{x \to \pi} \frac{\sin 2x}{\pi - x}$

(2) $\displaystyle\lim_{x \to 0} \frac{x \tan x}{1 - \cos x}$

(3) $\displaystyle\lim_{x \to \infty} x\{\ln(x+3) - \ln x\}$

(4) $\displaystyle\lim_{x \to 0} \frac{e^{2x} - 1}{\sin x}$

ヒント！ (1)では，$\pi - x = t$ とおくといい。(2)は，$\displaystyle\lim_{x \to 0} \frac{1 - \cos x}{x^2} = \frac{1}{2}$ と，$\displaystyle\lim_{x \to 0} \frac{\tan x}{x} = 1$ が組みあわされているね。(3)は，$\displaystyle\lim_{x \to 0}(1+x)^{\frac{1}{x}} = e$ を使うよ。

解答 & 解説

(1) $\pi - x = t$ とおくと，$x \to \pi$ のとき $t \to 0$。

また，$\sin 2x = \sin 2(\pi - t) = \sin(2\pi - 2t) = \sin(-2t) = -\sin 2t$。

∴ 与式 $= \displaystyle\lim_{t \to 0} \frac{-\sin 2t}{t} = \lim_{\substack{t \to 0 \\ (\theta \to 0)}}\left(-\frac{\sin 2t}{2t} \times 2\right) = -1 \times 2 = -2$ ……(答)

公式：$\displaystyle\lim_{\theta \to 0}\frac{\sin \theta}{\theta} = 1$ を使った！

(2) $\displaystyle\lim_{x \to 0} \frac{x \tan x}{1 - \cos x} = \lim_{x \to 0} \frac{x^2}{1 - \cos x} \cdot \frac{\tan x}{x}$

$= 2 \times 1 = 2$ ……(答)

公式：$\displaystyle\lim_{x \to 0} \frac{1 - \cos x}{x^2} = \frac{1}{2}$ より

$\displaystyle\lim_{x \to 0} \frac{x^2}{1 - \cos x} = \lim_{x \to 0} \frac{1}{\frac{1 - \cos x}{x^2}} = 2$

となる。

(3) $\displaystyle\lim_{x \to \infty} x\{\ln(x+3) - \ln x\} = \lim_{x \to \infty} x \cdot \ln\left(\frac{x+3}{x}\right)$

$= \displaystyle\lim_{x \to \infty} \ln\left(1 + \frac{3}{x}\right)^x = \lim_{\substack{x \to \infty \\ (t \to 0)}} \ln\left\{\left(1 + \frac{3}{x}\right)^{\frac{x}{3}}\right\}^3$

$= \ln e^3 = 3$ ……(答)

公式：$\displaystyle\lim_{t \to 0}(1+t)^{\frac{1}{t}} = e$ を使った！

(4) $\displaystyle\lim_{x \to 0} \frac{e^{2x} - 1}{\sin x} = \lim_{\substack{x \to 0 \\ (t \to 0)}} \frac{e^{2x} - 1}{2x} \cdot \frac{x}{\sin x} \cdot 2$

$= 1 \times 1 \times 2 = 2$ ……(答)

公式：$\displaystyle\lim_{t \to 0}\frac{e^t - 1}{t} = 1$，$\displaystyle\lim_{x \to 0}\frac{x}{\sin x} = 1$ を使った！

実習問題 4-2

次の関数の極限値を求めよ。

(1) $\displaystyle\lim_{x \to \frac{\pi}{2}} \frac{2x - \pi}{\cos x}$

(2) $\displaystyle\lim_{x \to 0} \frac{x \cdot \ln(1+x)}{\tan^2 x}$

(3) $\displaystyle\lim_{x \to 0} (2x+1)^{\frac{1}{x}}$

(4) $\displaystyle\lim_{x \to 0} \frac{1 - \cos x}{x(1 - e^{3x})}$

ヒント! とにかく，関数の極限の公式をフルに使って解いていけばいいね。(1) のみは，$x - \frac{\pi}{2} = t$ と置き換える必要があるんだ。ほかはほぼ，公式通りだよ。

解答 & 解説

(1) $x - \frac{\pi}{2} = t$ とおくと，$x \to \frac{\pi}{2}$ のとき $t \to 0$。

また，$\cos x = \cos\left(\boxed{(a)}\right) = -\sin t$。

∴ 与式 $= \displaystyle\lim_{t \to 0} \frac{2t}{-\sin t} = \lim_{t \to 0}\left(-2 \cdot \boxed{\frac{t}{\sin t}}^{1}\right) = -2 \times 1 = -2$ ……(答)

(2) $\displaystyle\lim_{x \to 0} \frac{x \cdot \ln(1+x)}{\tan^2 x} = \lim_{x \to 0} \left(\frac{x}{\tan x}\right)^2 \cdot \boxed{(b)}$

$= 1^2 \cdot 1 = 1$ ……(答)

(3) $\displaystyle\lim_{x \to 0}(2x+1)^{\frac{1}{x}} = \lim_{\substack{x \to 0 \\ (2x \to 0)}} \left\{\boxed{(c)}\right\}^2 = e^2$ ……(答)

(4) $\displaystyle\lim_{x \to 0} \frac{1 - \cos x}{x \cdot (1 - e^{3x})} = \lim_{\substack{x \to 0 \\ (t \to 0)}} \frac{1 - \cos x}{x^2} \cdot \frac{3x}{1 - e^{3x}} \cdot \frac{1}{3}$

$= \displaystyle\lim_{\substack{x \to 0 \\ (t \to 0)}} \frac{1 - \cos x}{x^2} \cdot \left(-\frac{\overset{t}{3x}}{\underset{t}{e^{3x} - 1}}\right) \cdot \frac{1}{3}$

$= \boxed{(d)}$ ……(答)

(a) $t + \frac{\pi}{2}$　(b) $\dfrac{\ln(1+x)}{x}$　(c) $(1+2x)^{\frac{1}{2x}}$　(d) $\dfrac{1}{2} \cdot (-1) \cdot \dfrac{1}{3} = -\dfrac{1}{6}$

演習問題 4-3

次の関数の極限値を求めよ。

(1) $\lim_{x \to \infty} \tanh x$ 　　　(2) $\lim_{x \to 0} \dfrac{e^x \sinh x}{x}$

(3) $\lim_{x \to 0} \dfrac{2x}{\sin^{-1} x}$

ヒント!

(1), (2) は共に双曲線関数の極限で，$\tanh x$, $\sinh x$ 共に，e^x, e^{-x} の式で表すと，話が見えてくるよ。(3) の逆三角関数では，$\sin^{-1} x = t$ と置換するといい。

解答 & 解説

(1) $\tanh x = \dfrac{e^x - e^{-x}}{e^x + e^{-x}}$ より，求める極限は

$$\lim_{x \to \infty} \tanh x = \lim_{x \to \infty} \dfrac{e^x - e^{-x}}{e^x + e^{-x}}$$

（$\dfrac{\infty}{\infty}$ の不定形だけど，分母・分子が e^x で割れるね。）

$$= \lim_{x \to \infty} \dfrac{1 - e^{-2x}}{1 + e^{-2x}} = \dfrac{1 - 0}{1 - 0} = 1 \quad \cdots\cdots(答)$$

(2) $\lim_{x \to 0} \dfrac{e^x \cdot \sinh x}{x} = \lim_{x \to 0} \dfrac{e^x \cdot (e^x - e^{-x})}{2x}$

（$\sinh x = \dfrac{e^x - e^{-x}}{2}$ だったね。）

$$= \lim_{\substack{x \to 0 \\ (t \to 0)}} \dfrac{e^{2x} - 1}{2x} = 1 \quad \cdots\cdots(答)$$

（公式：$\lim_{t \to 0} \dfrac{e^t - 1}{t} = 1$ を使った！）

(3) $\sin^{-1} x = t \left(-\dfrac{\pi}{2} \leq t \leq \dfrac{\pi}{2} \right)$ とおくと，$x = \sin t$。

また，$x \to 0$ のとき $t \to 0$。

よって，

$$\lim_{x \to 0} \dfrac{2x}{\sin^{-1} x} = \lim_{t \to 0} \dfrac{2 \sin t}{t} = \lim_{t \to 0} 2 \cdot \underbrace{\dfrac{\sin t}{t}}_{1}$$

$$= 2 \times 1 = 2 \quad \cdots\cdots(答)$$

実習問題 4-3

次の関数の極限値を求めよ。

(1) $\lim_{x \to -\infty} \tanh x$ 　　(2) $\lim_{x \to 0} \dfrac{e^x \tanh x}{2x}$

(3) $\lim_{x \to 1} \dfrac{1-x}{(\cos^{-1} x)^2}$

ヒント！ (1)では $x \to -\infty$ だから，$-x=t$ と置換するといい。(2)は $\tanh x$ を e^x と e^{-x} の式で表すと，見通しがよくなる。(3)では，$\cos^{-1} x = t$ とおくと $x = \cos t$ となって解けるよ。

解答＆解説

(1) $-x = t$ とおくと $x = -t$。また，$x \to -\infty$ のとき，$t \to \infty$。以上より，

$$\lim_{x \to -\infty} \tanh x = \lim_{x \to -\infty} \frac{e^x - e^{-x}}{e^x + e^{-x}} = \lim_{t \to \infty} \boxed{\text{(a)}}$$

$$= \lim_{t \to \infty} \frac{\overbrace{e^{-2t}}^{0} - 1}{\underbrace{e^{-2t}}_{0} + 1} = \frac{0-1}{0+1} = -1 \quad \cdots\cdots (答)$$

(2) $\lim_{x \to 0} \dfrac{e^x \cdot \tanh x}{2x} = \lim_{x \to 0} \boxed{\text{(b)}}$ 　← $\tanh x = \dfrac{e^x - e^{-x}}{e^x + e^{-x}}$ だね。

$$= \lim_{\substack{x \to 0 \\ (t \to 0)}} \underbrace{\frac{e^{2x} - 1}{2x}}_{t \to 1 / t} \cdot \frac{1}{\underbrace{e^x}_{1} + \underbrace{e^{-x}}_{1}} = \boxed{\text{(c)}} \quad \cdots\cdots (答)$$

(3) $\cos^{-1} x = t$ ($\boxed{\text{(d)}}$) とおくと，$x = \cos t$。

また，$x \to 1$ のとき $t \to 0$。

よって，$\lim_{x \to 1} \dfrac{1-x}{(\cos^{-1} x)^2} = \boxed{\text{(e)}}$ 　　$\cdots\cdots (答)$

双曲線関数や逆三角関数の極限を求めたけど，わかったかな？
こうして，実際に使うことによって，慣れてくるんだ。頑張ろうね。

(a) $\dfrac{e^{-t} - e^t}{e^{-t} + e^t}$ 　(b) $\dfrac{e^x(e^x - e^{-x})}{2x(e^x + e^{-x})}$ 　(c) $1 \times \dfrac{1}{1+1} = \dfrac{1}{2}$ 　(d) $0 \leq t \leq \pi$

(e) $\lim_{t \to 0} \dfrac{1 - \cos t}{t^2} = \dfrac{1}{2}$

講義 LECTURE 05 微分の定義

さァ、いよいよ"微分法"の講義に入るよ。これまで、関数や関数の極限の勉強をしたのは、微分法に入るための基礎になるからなんだ。

この微分により、関数 $y=f(x)$ のグラフの接線の傾きや、増減などが具体的に計算できるようになるんだよ。だから、微分と関数の極限を組みあわせれば、グラフの概形も描けるようになるんだ。

● **微分係数の定義は、グラフでおさえよう！**

まず、微分係数の定義式は、次の通りだ。

微分係数の定義式

$$f'(a) = \lim_{h \to 0} \frac{f(a+h)-f(a)}{h} = \lim_{b \to a} \frac{f(b)-f(a)}{b-a}$$

$a+h=b$ とおくと、$h=b-a$。また、$h \to 0$ のとき、$b \to a$ だから、第1式から第2式は導ける！

定義式 $f'(a) = \lim\limits_{h \to 0} \dfrac{f(a+h)-f(a)}{h}$ を図を使って解説する。

図5-1のように、曲線 $y=f(x)$ 上に2点 $A(a, f(a))$ と $B(a+h, f(a+h))$ をとり、直線 AB の傾きを求めると、$\dfrac{f(a+h)-f(a)}{h}$ となるね。これを、**平均変化率**と呼ぶ。ここで、$h \to 0$ にすると、$\lim\limits_{h \to 0} \dfrac{f(a+\boxed{h})-f(a)}{\boxed{h}}$ は、$\dfrac{0}{0}$ の不定形となるので、これが極限値をもつとは限らない。

図5-1 ● 直線 AB の傾き（平均変化率）

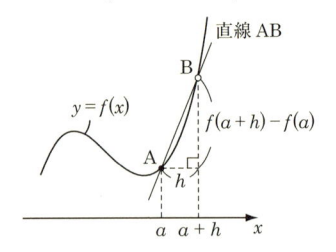

でも，これが極限値をもつとき，その極限値を微分係数 $f'(a)$ と定義する。

よって，$f'(a) = \lim_{h \to 0} \dfrac{f(a+h) - f(a)}{h}$ となる。

$f'(a)$ はグラフで見ると，よくわかるはずだ。図 5-2 のように，$h \to 0$ のとき，点 B は点 A に限りなく近づくので，直線 AB の傾きは，最終的には $y = f(x)$ 上の点 $A(a, f(a))$ における接線の傾きに近づくことになる。

ただし，この $f'(a)$ が存在するためには，その点の近くで曲線がなめらかでないといけないことが，グラフからわかるだろう？つまり，$f'(a)$ が存在するには，$x = a$ で不連続になったり，とんがったりしていないことが必要なんだね。

それでは，準備がすべて整ったので，ネイピア数 e について，その全体像を示すことにしよう。

図 5-4 のように，指数関数 $y = f(x) = a^x$ $(a > 1)$ が与えられたとする。a^x の $x = 0$ の点における接線の傾きは，微分係数の定義式より

$f'(0) = \lim_{h \to 0} \dfrac{\boxed{f(0+h)}^{a^{0+h}} - \boxed{f(0)}^{a^0}}{h} = \lim_{h \to 0} \dfrac{a^h - 1}{h}$

となる。ここで，$f'(0) = 1$ となるような定数 a を e とおくと，

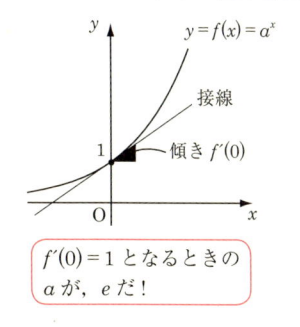

$f'(0) = \lim_{h \to 0} \dfrac{e^h - 1}{h} = 1$ となる。ここで，文字 h を x に置き換えても同じことだから，$\boxed{\text{公式 (1)} \lim_{x \to 0} \dfrac{e^x - 1}{x} = 1}$ が導けるね。

図 5-2 ● $h \to 0$ のときのイメージ

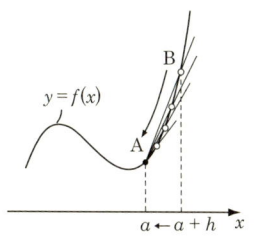

図 5-3 ● $h \to 0$ のとき，$f'(a)$ は，点 $(a, f(a))$ における接線の傾きになる！

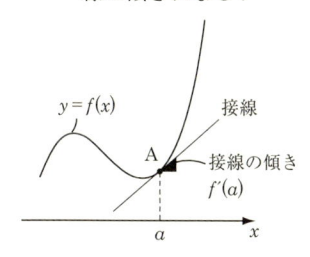

図 5-4 ● 指数関数 $y = f(x) = a^x$ の $x = 0$ における微分係数

$f'(0) = 1$ となるときの a が，e だ！

次に，$e^x - 1 = t$ とおくと，$e^x = 1 + t$ より，両辺の対数をとれば $x = \ln(1+t)$ となる。また，$x \to 0$ のとき $t \to 0$ となるので，

$$\lim_{x \to 0} \frac{e^x - 1}{x} = \lim_{t \to 0} \frac{t}{\ln(1+t)} = \lim_{t \to 0} \frac{1}{\frac{\ln(1+t)}{t}} = 1$$

（$e^x - 1 \overset{t}{=}$，$x = \ln(1+t)$，$\frac{\ln(1+t)}{t} \to 1$）

よって，$\displaystyle\lim_{t \to 0} \frac{\ln(1+t)}{t} = 1$。ここで，文字 t を x に置き換えてもいいので，公式(2) $\displaystyle\lim_{x \to 0} \frac{\ln(1+x)}{x} = 1$ も導ける。

さらに，(2) から，$\displaystyle\lim_{x \to 0} \frac{1}{x} \ln(1+x) = \lim_{x \to 0} \ln(1+x)^{\frac{1}{x}} = \ln e$
（1のコト）

これから，公式(3) $\displaystyle\lim_{x \to 0} (1+x)^{\frac{1}{x}} = e$ も出てくるよ。

また，公式(3)の x に $\frac{1}{t}$ を代入すると，$x \to 0$ のとき $t \to \pm\infty$ より

公式(4) $\displaystyle\lim_{t \to \pm\infty} \left(1 + \frac{1}{t}\right)^t = e$ も導けるね。 ← コレもまた t を x に置き換えてもいい。

これで，ネイピア数 e に関連した極限の公式がすべて導けたんだ。以上を，まとめて次に示すよ。

---

e に関連した極限公式

(1) $\displaystyle\lim_{x \to 0} \frac{e^x - 1}{x} = 1$　　(2) $\displaystyle\lim_{x \to 0} \frac{\ln(1+x)}{x} = 1$

(3) $\displaystyle\lim_{x \to 0} (1+x)^{\frac{1}{x}} = e$　　(4) $\displaystyle\lim_{x \to \pm\infty} \left(1 + \frac{1}{x}\right)^x = e$

どう？ 今まで，ぼやけていたネイピア数の意味がシッカリつかめるようになったはずだ。

それでは，また，微分法の話に戻るよ。次は，導関数 $f'(x)$ の定義式について解説する。

●導関数の定義式をマスターしよう！

導関数 $f'(x)$ の定義式は，前にやった微分係数の定義式 $f'(a)$ の定数 a を，変数 x に置き換えただけなんだよ。

> **導関数の定義式**
>
> $$f'(x) = \lim_{h \to 0} \frac{f(x+h) - f(x)}{h}$$

右辺の極限は，$\frac{0}{0}$ の不定形の形をしているので，これが収束するかどうかはわからないのだけれど，もし，この極限がある x の関数に収束する場合，それを導関数 $f'(x)$ と呼ぶ。そして，ある区間で $f'(x)$ が存在するとき，$f(x)$ は微分可能な関数というんだ。

この導関数の定義式で，$h = \Delta x$，$f(x+h) - f(x) = \Delta y$ とおいて，

$\lim_{\Delta x \to 0} \frac{\Delta y}{\Delta x} = \lim_{\Delta x \to 0} \frac{f(x+\Delta x) - f(x)}{\Delta x}$ などと表すこともある。また，この極限の導関数は，$f'(x)$，y'，$\frac{dy}{dx}$，$\frac{d}{dx}f(x)$ など，さまざまな形で表されるけれど，みんな同じ導関数 $f'(x)$ を表しているんだよ。

それでは，具体的に次の例題 (1) $f(x) = e^x$ と (2) $g(x) = \ln x$ の導関数 $f'(x)$ と $g'(x)$ を求めてみよう。

(1) $f(x) = e^x$ のとき

$$f'(x) = \lim_{h \to 0} \frac{f(x+h) - f(x)}{h} = \lim_{h \to 0} \frac{\overbrace{e^{x+h}}^{e^x \cdot e^h} - e^x}{h}$$

$$= \lim_{h \to 0} e^x \cdot \underbrace{\frac{e^h - 1}{h}}_{1} \quad \Leftarrow \text{公式：} \lim_{x \to 0} \frac{e^x - 1}{x} = 1 \text{ を使った！}$$

$$= e^x$$

∴ $(e^x)' = e^x$ が導けた。

講義05●微分の定義

(2) $g(x) = \ln x$ $(x>0)$ のとき，

$$g'(x) = \lim_{h \to 0} \frac{g(x+h) - g(x)}{h} = \lim_{h \to 0} \frac{\ln(x+h) - \ln x}{h}$$

$$= \lim_{h \to 0} \frac{1}{h} \ln\left(\frac{x+h}{x}\right) = \lim_{h \to 0} \frac{1}{h} \ln\left(1 + \frac{h}{x}\right)$$

$$= \lim_{h \to 0} \frac{1}{x} \cdot \boxed{\frac{x}{h}} \ln\left(1 + \frac{h}{x}\right) \quad \leftarrow \boxed{\frac{h}{x} = t \text{ とおいて考える。}}$$

$$= \lim_{\substack{h \to 0 \\ (t \to 0)}} \frac{1}{x} \ln \underbrace{\left(1 + \frac{h}{x}\right)^{\frac{x}{h}}}_{e} \quad \leftarrow \boxed{\text{公式}: \lim_{t \to 0}(1+t)^{\frac{1}{t}} = e \text{ を使った！}}$$

$$= \frac{1}{x} \cdot \underbrace{\ln e}_{1} = \frac{1}{x} \quad \therefore (\ln x)' = \frac{1}{x} \text{ となる。}$$

●導関数の公式を証明してみよう！

以上より，$(e^x)' = e^x$，$(\ln x)' = \frac{1}{x}$ がわかった。試験などでは，導関数を定義式から導くのではなく，次の微分公式から求めることの方が多いんだ。だから，きちんと覚えておこう。

微分公式

(1) $(x^\alpha)' = \alpha \cdot x^{\alpha-1}$ (α：実数定数) (2) $(\sin x)' = \cos x$

(3) $(\cos x)' = -\sin x$ (4) $(\tan x)' = \sec^2 x \left(= \frac{1}{\cos^2 x}\right)$

(5) $(e^x)' = e^x$ (6) $(a^x)' = a^x \cdot \ln a$ (a：正の定数)

(7) $(\ln x)' = \frac{1}{x}$ $(x>0)$ (8) $(\log_a x)' = \frac{1}{x \cdot \ln a}$

(9) $\{\ln f(x)\}' = \frac{f'(x)}{f(x)}$ $(f(x)>0)$

(10) $(\sin^{-1} x)' = \frac{1}{\sqrt{1-x^2}}$ $(-1<x<1)$

(11) $(\cos^{-1} x)' = -\frac{1}{\sqrt{1-x^2}}$ $(-1<x<1)$

(12) $(\tan^{-1} x)' = \frac{1}{1+x^2}$

これらの公式のうち (4) と (12) については，微分計算の練習として，導関数の定義式から導いてみせるよ。

$y = \tan x$ のとき，

$$y' = (\tan x)' = \lim_{h \to 0} \frac{\tan(x+h) - \tan x}{h}$$

公式：$\tan(\alpha - \beta) = \dfrac{\tan \alpha - \tan \beta}{1 + \tan \alpha \tan \beta}$ より，
$\tan \alpha - \tan \beta = \tan(\alpha - \beta)(1 + \tan \alpha \tan \beta)$
と変形した！

$$= \lim_{h \to 0} \frac{1}{h} \cdot \tan h \cdot \{1 + \tan(x+h) \cdot \tan x\}$$

$$= \lim_{h \to 0} \frac{\tan h}{h} \{1 + \tan(x+h) \cdot \tan x\}$$

$$= 1 + \tan^2 x = \frac{1}{\cos^2 x} = \sec^2 x$$

公式：$1 + \tan^2 x = \dfrac{1}{\cos^2 x}$ だね。

よって，(4) の公式：$(\tan x)' = \sec^2 x$ は成り立つ。

次に，$y = \tan^{-1} x$ のとき，$(\tan^{-1} x)'$ を求めるよ。

$$y = \tan^{-1} x \text{ より，} x = \tan y \quad \cdots\cdots ①$$

①は，x が y の関数の形をしているので，まず，$\dfrac{dx}{dy}$ を求める。

x を y で微分

$$\frac{dx}{dy} = (\tan y)' = \frac{1}{\cos^2 y} \quad \cdots\cdots ②$$

公式：$(\tan x)' = \dfrac{1}{\cos^2 x}$ を使った。

ここで，$1 + \tan^2 y = \dfrac{1}{\cos^2 y}$ より，これを②に代入して，

$$\frac{dx}{dy} = 1 + \tan^2 y = 1 + x^2$$

$\therefore \dfrac{dy}{dx} = \dfrac{1}{1 + x^2}$ となるので，(12) の公式：

$\dfrac{dy}{dx} = \lim_{\Delta x \to 0} \dfrac{\Delta y}{\Delta x}$
$= \lim_{\Delta y \to 0} \dfrac{1}{\frac{\Delta x}{\Delta y}} = \dfrac{1}{\frac{dx}{dy}}$ となる。

$(\tan^{-1} x)' = \dfrac{1}{1 + x^2}$ が導けた。

(10) の公式：$(\sin^{-1} x)' = \dfrac{1}{\sqrt{1 - x^2}}$，(11) の公式：$(\cos^{-1} x)' = -\dfrac{1}{\sqrt{1 - x^2}}$

については，演習問題 5-2 と実習問題 5-2 で証明するよ。

演習問題 5-1

すべての実数 x, y について，
$$f(x+y) = f(x) + f(y) \quad \cdots\cdots ①$$ が成り立つ。

(1) $f(0)$ の値を求めよ。
(2) $f'(0) = 2$ のとき，$f'(x) = 2$ となることを示せ。

ヒント! すべての実数 x, y について①は成り立つといっているわけだから，(1)は，$x = y = 0$ を代入するといいね。(2)では，$y = h$ とおいて，導関数の定義式をつくると，微分係数の定義式も出てくる。

解答&解説 (1) ①に，$x = 0$，$y = 0$ を代入すると，
$$\cancel{f(0)} = \cancel{f(0)} + f(0) \quad \therefore \quad f(0) = 0 \quad \cdots\cdots(答)$$

(2) ①の y に h ($h \neq 0$) を代入すると，
$$f(x+h) = f(x) + f(h)$$
$$f(x+h) - f(x) = f(h)$$

$h \neq 0$ なので，両辺を h で割って，
$$\frac{f(x+h) - f(x)}{h} = \frac{f(h)}{h} \quad \cdots\cdots②$$

> 導関数の定義式
> $\displaystyle\lim_{h \to 0} \frac{f(x+h) - f(x)}{h}$
> の形にもちこむ。

$f(h) = f(0+h)$，また $f(0) = 0$ より，②は，
$$\frac{f(x+h) - f(x)}{h} = \frac{f(0+h) - f(0)}{h}$$ と変形できる。

> 導関数の定義式をつくっていく過程で，微分係数の定義式の形も自動的に出てくるんだね。

ここで，$h \to 0$ の極限をとれば
$$\lim_{h \to 0} \frac{f(x+h) - f(x)}{h} = \lim_{h \to 0} \frac{f(0+h) - f(0)}{h}$$

> コレは，両辺とも $\frac{0}{0}$ の不定形!

$f'(0) = \displaystyle\lim_{h \to 0} \frac{f(0+h) - f(0)}{h} = 2$ という条件から，この右辺の極限値は 2。
よって，左辺も 2 に収束する。

$$\therefore \quad f'(x) = 2 \quad \cdots\cdots(終)$$

> **実習問題 5-1**
>
> すべての実数 x, y について，
> $$f(y-x) = f(y) - f(x) \quad \cdots\cdots ①$$ が成り立つ。
> (1) $f(0)$ の値を求めよ。
> (2) $f'(0) = 2$ のとき，$f'(x) = 2$ となることを示せ。

ヒント! ①の x, y に，共に a を代入することにより，$f(0) = 0$ が求まる。
(2) では，$y = x + h$ ($h \neq 0$) とおいて，導関数の定義式を導けば，自動的に微分係数の定義式も出てくる。

解答＆解説 (1) ①に，$x = a$, $y = a$ を代入すると，
$$f(a-a) = f(a) - f(a) \quad \therefore \boxed{\text{(a)}} \quad \cdots\cdots(答)$$

(2) ①の y に $x + h$ ($h \neq 0$) を代入すると，
$$f(x+h-x) = f(x+h) - f(x)$$
$$f(h) = f(x+h) - f(x)$$

$h \neq 0$ なので，両辺を h で割って，
$$\boxed{\text{(b)}} = \frac{f(x+h) - f(x)}{h} \quad \cdots\cdots ②$$

$f(h) = f(0+h)$，また $f(0) = 0$ より②は，
$$\frac{f(x+h) - f(x)}{h} = \boxed{\text{(c)}} \quad \text{と変形できる。}$$

ここで，$h \to 0$ の極限をとれば
$$\lim_{h \to 0} \frac{f(x+h) - f(x)}{h} = \lim_{h \to 0} \boxed{\text{(c)}}$$

$f'(0) = 2$ という条件から，この右辺の極限値は 2。よって，左辺も 2 に収束する。

$$\therefore f'(x) = 2 \quad \cdots\cdots(終)$$

(a) $f(0) = 0$ (b) $\dfrac{f(h)}{h}$ (c) $\dfrac{f(0+h) - f(0)}{h}$

演習問題 5-2

導関数の定義式を用いて(1)を示し，その結果から(2)を示せ。

(1) $(\sin x)' = \cos x$ (2) $(\sin^{-1} x)' = \dfrac{1}{\sqrt{1-x^2}}$ $(-1 < x < 1)$

ヒント! (1)は定義式 $\lim\limits_{h \to 0} \dfrac{\sin(x+h) - \sin x}{h}$ から，これが $\cos x$ に収束することを示す。(2)は $y = \sin^{-1} x$ から $x = \sin y$ とおき，まず，x を y で微分するんだね。

解答 & 解説

(1) $(\sin x)' = \lim\limits_{h \to 0} \dfrac{\sin(\overset{A}{\overline{x+h}}) - \sin \overset{B}{\overline{x}}}{h}$

$= \lim\limits_{h \to 0} \dfrac{2\cos\left(\overset{\frac{A+B}{2}}{\overline{x + \frac{h}{2}}}\right) \cdot \sin\left(\overset{\frac{A-B}{2}}{\overline{\frac{h}{2}}}\right)}{h}$

差→積の公式：
$\sin A - \sin B$
$= 2\cos\dfrac{A+B}{2}\sin\dfrac{A-B}{2}$
を使った！

$= \lim\limits_{h \to 0} \cos\left(x + \overset{0}{\overline{\dfrac{h}{2}}}\right) \cdot \overset{1}{\overline{\dfrac{\sin\frac{h}{2}}{\frac{h}{2}}}} = \cos x$ ……(終)

(2) $y = \sin^{-1} x$ $(-1 < x < 1)$ とおくと，$x = \sin y$ $\left(-\dfrac{\pi}{2} < y < \dfrac{\pi}{2}\right)$。

よって，$\dfrac{dx}{dy} = (\sin y)' = \cos y$ $\left(-\dfrac{\pi}{2} < y < \dfrac{\pi}{2}\right)$ $\therefore \dfrac{dy}{dx} = \dfrac{1}{\cos y}$

あとは，コレを x の式で表せばいい！ $\dfrac{dx}{dy}$

ここで，$-\dfrac{\pi}{2} < y < \dfrac{\pi}{2}$ なので，$\cos y > 0$。

よって，$\cos^2 y + \overset{x}{\overline{\sin^2 y}} = 1$ から

$$\cos y = \sqrt{1 - \sin^2 y} = \sqrt{1 - x^2}$$

以上より，$\dfrac{dy}{dx} = \dfrac{1}{\sqrt{1-x^2}}$ $\therefore (\sin^{-1} x)' = \dfrac{1}{\sqrt{1-x^2}}$ ……(終)

実習問題 5-2

導関数の定義式を用いて (1) を示し，その結果から (2) を示せ．

(1) $(\cos x)' = -\sin x$ (2) $(\cos^{-1} x)' = -\dfrac{1}{\sqrt{1-x^2}}$ $(-1 < x < 1)$

ヒント！ (1) は定義式 $\lim\limits_{h \to 0} \dfrac{\cos(x+h) - \cos x}{h}$ から，この極限が $-\sin x$ になることを示す．(2) は $y = \cos^{-1} x$ から $x = \cos y$ より，x をまず y で微分しよう！

解答＆解説

(1) $(\cos x)' = \lim\limits_{h \to 0}$ (a)

差→積の公式：
$\cos A - \cos B = -2\sin\dfrac{A+B}{2}\sin\dfrac{A-B}{2}$
を使った！

$A+B$ の $\dfrac{A+B}{2}$ は $x + \dfrac{h}{2}$，$\dfrac{A-B}{2}$ は $\dfrac{h}{2}$

$= \lim\limits_{h \to 0} \dfrac{-2\sin\left(x + \dfrac{h}{2}\right) \cdot \sin\dfrac{h}{2}}{h}$

$= \lim\limits_{h \to 0} \left\{ -\sin\left(x + \dfrac{h}{2}\right) \cdot \text{(b)} \right\} = -\sin x$ ……（終）

(2) $y = \cos^{-1} x$ $(-1 < x < 1)$ とおくと，$x = \cos y$ $(0 < y < \pi)$．

よって，$\dfrac{dx}{dy} = (\cos y)' =$ (c) $(0 < y < \pi)$

∴ $\dfrac{dy}{dx} = \dfrac{1}{-\sin y} = -\dfrac{1}{\sin y}$

ここで，$0 < y < \pi$ なので $\sin y > 0$．よって，$\cos^2 y + \sin^2 y = 1$ から

$\sin y = \sqrt{1 - \cos^2 y} = \sqrt{1 - x^2}$

以上より，$\dfrac{dy}{dx} =$ (d) ∴ $(\cos^{-1} x)' = -\dfrac{1}{\sqrt{1-x^2}}$ ……（終）

(a) $\dfrac{\cos(x+h) - \cos x}{h}$ (b) $\dfrac{\sin\dfrac{h}{2}}{\dfrac{h}{2}}$ (c) $-\sin y$ (d) $-\dfrac{1}{\sqrt{1-x^2}}$

講義 LECTURE 06 微分の計算

　前回で微分の定義の解説が終わったので，今回はさまざまな関数の具体的な微分計算に入る。そのためには，2つの関数の積や商の微分公式，それに合成関数の微分公式などが威力を発揮するんだよ。
　試験で狙われるかもしれないから，まず，これらの公式を証明する。また，公式を積極的に利用して，さまざまな関数を実際に微分するよ。
　さらに，高階微分についても解説する。今回も盛りだくさんだけど，だんだん面白くなってくるから，楽しみにしてくれ。

●まず，微分公式を覚えよう！

実際によく利用する微分の性質や公式を下に列挙しておくよ。

微分公式

$f(x), g(x)$ が共に微分可能なとき，次の公式が成り立つ。

(1) $\{kf(x)\}' = k \cdot f'(x)$ 　（k：定数）

(2) $\{f(x) \pm g(x)\}' = f'(x) \pm g'(x)$ 　（複号同順）

(3) $\{f(x) \cdot g(x)\}' = f'(x) \cdot g(x) + f(x) \cdot g'(x)$

(4) $\left\{\dfrac{f(x)}{g(x)}\right\}' = \dfrac{f'(x) \cdot g(x) - f(x) \cdot g'(x)}{\{g(x)\}^2}$ 　$\left(\dfrac{分子}{分母}\right)' = \dfrac{(分子)' \cdot 分母 - 分子 \cdot (分母)'}{(分母)^2}$ と，口ずさみながら覚えよう！

　これらの公式は，理系の人なら，高校の授業でも習ったと思う。特に，(1), (2) については，微分の定義から明らかに成り立つよね。
　でも，(3), (4) の証明になると，ムム…となる人が多いんじゃないかな。ここで，証明を入れておくから，再確認するといいよ。

(3) の証明

$$\{f(x) \cdot g(x)\}' = \lim_{h \to 0} \frac{f(x+h) \cdot g(x+h) - f(x) \cdot g(x)}{h}$$

同じものを引いて足す！

$$= \lim_{h \to 0} \frac{\{f(x+h)g(x+h) \color{red}{- f(x+h)g(x)}\} + \color{red}{\{f(x+h)g(x)} - f(x)g(x)\}}{h}$$

$$= \lim_{h \to 0} \frac{f(x+h)\{g(x+h) - g(x)\} + g(x)\{f(x+h) - f(x)\}}{h}$$

$$= \lim_{h \to 0} \left\{ f(x+\underset{0}{\boxed{h}}) \cdot \underset{g'(x)}{\boxed{\frac{g(x+h) - g(x)}{h}}} + g(x) \cdot \underset{f'(x)}{\boxed{\frac{f(x+h) - f(x)}{h}}} \right\}$$

$$= f(x) \cdot g'(x) + f'(x) \cdot g(x) \quad \cdots\cdots(終)$$

(4) の証明

$$\left\{\frac{f(x)}{g(x)}\right\}' = \lim_{h \to 0} \frac{\frac{f(x+h)}{g(x+h)} - \frac{f(x)}{g(x)}}{h} = \lim_{h \to 0} \frac{f(x+h)g(x) - f(x) \cdot g(x+h)}{h \cdot g(x+h)g(x)}$$

同じものを引いて足す！

$$= \lim_{h \to 0} \frac{1}{g(x+h)g(x)} \cdot \frac{\{f(x+h)g(x) \color{red}{- f(x)g(x)}\} + \color{red}{\{f(x)g(x)} - f(x)g(x+h)\}}{h}$$

$$= \lim_{h \to 0} \frac{1}{g(x+\underset{0}{\boxed{h}})g(x)} \left\{ g(x) \cdot \underset{f'(x)}{\boxed{\frac{f(x+h) - f(x)}{h}}} - f(x) \cdot \underset{g'(x)}{\boxed{\frac{g(x+h) - g(x)}{h}}} \right\}$$

$$= \frac{f'(x) \cdot g(x) - f(x) \cdot g'(x)}{\{g(x)\}^2} \quad \cdots\cdots(終)$$

証明の内容は理解できた？ どちらも，「同じものを引いて足す」ことがコツだったんだね。それでは例題で実際にこの公式を使ってみよう。

(1) $(e^x \cdot \sin x)' = (e^x)' \cdot \sin x + e^x \cdot (\sin x)'$ ← 公式：$(f \cdot g)' = f'g + fg'$ を使った。

$$= e^x \cdot \sin x + e^x \cdot \cos x = e^x(\sin x + \cos x)$$

(2) $\left(\dfrac{\sin^{-1}x}{x}\right)' = \dfrac{(\sin^{-1}x)' \cdot x - \sin^{-1}x \cdot x'}{x^2} = \dfrac{\dfrac{x}{\sqrt{1-x^2}} - \sin^{-1}x}{x^2}$

$$= \frac{x - \sqrt{1-x^2} \cdot \sin^{-1}x}{x^2 \cdot \sqrt{1-x^2}}$$

公式：$\left(\dfrac{f}{g}\right)' = \dfrac{f'g - fg'}{g^2}$ を使った！

●合成関数の微分公式は最重要公式だ！

合成関数の微分公式は，複雑な形の関数の微分に威力を発揮する公式なんだね。まず，この公式を下に示す。

> ### 合成関数の微分公式
> $y=f(t)$, $t=g(x)$ が共に微分可能のとき，
> 合成関数 $y=f(g(x))=f\circ g(x)$ も微分可能であり，
> 公式 $\dfrac{dy}{dx}=\dfrac{dy}{dt}\cdot\dfrac{dt}{dx}$ が成り立つ。
> （見かけ上，dt で割った分，dt をかけているヨ。）

最初に，この公式の証明をする。
$y=f(t)$, $t=g(x)$ より，$y=f(g(x))$ だね。これを x で微分すると，

$$\dfrac{dy}{dx}=\lim_{h\to 0}\dfrac{f(\underbrace{g(x+h)}_{g(x)+k})-f(g(x))}{h}$$

（この分子の第1項目の $f(g(x+h))$ の $g(x+h)$ を，$g(x+h)=g(x)+k$ とおいて，導関数の定義式を利用する。
($h\to 0$ のとき，$k\to 0$ となるのもいいね。)）

ここで $g(x+h)=g(x)+k$ とおくと，
$$k=g(x+h)-g(x)$$

よって，$\displaystyle\lim_{h\to 0}k=\lim_{h\to 0}\{g(x+\underset{0}{h})-g(x)\}=g(x)-g(x)=0$

なので，$h\to 0$ のとき，$k\to 0$ となる。

以上より，

$$\dfrac{dy}{dx}=\lim_{h\to 0}\dfrac{f(g(x)+k)-f(g(x))}{h}$$

$$=\lim_{h\to 0}\dfrac{f(\underbrace{g(x)}_{t}+k)-f(\underbrace{g(x)}_{t})}{k}\cdot\dfrac{k}{h}$$

（k で割った分，k をかけた！ $g(x+h)-g(x)$ とおける。）
（ここに，1つ導関数の定義式　　もう1つの導関数の定義式）

$$=\lim_{\substack{h\to 0\\(k\to 0)}}\underbrace{\dfrac{f(t+k)-f(t)}{k}}_{f'(t)=\frac{dy}{dt}}\cdot\underbrace{\dfrac{g(x+h)-g(x)}{h}}_{g'(x)=\frac{dt}{dx}}$$

$$=\dfrac{dy}{dt}\cdot\dfrac{dt}{dx} \quad\cdots\cdots(終)$$

証明は結構難しかったけど，結果は単純な形をしているから，早速この公式を使って，具体的に微分計算をしてみよう。

(1)　$y = e^{-x^2}$ を微分する。$t = -x^2$ とおくと，$y = e^t$，$t = -x^2$ より

$$y' = \frac{dy}{dx} = \frac{dy}{dt} \cdot \frac{dt}{dx} = \frac{d(e^t)}{dt} \cdot \frac{d(-x^2)}{dx}$$

（合成関数の微分の公式）

$$= e^t \cdot (-2x) = -2x \cdot e^{-x^2} \text{ となる。}$$

(2)　$y = \cos(\sin^{-1} x)$ を微分する。$t = \sin^{-1} x$　（すなわち，$x = \sin t$）とおくと，$y = \cos t$，$t = \sin^{-1} x$ より

$$y' = \frac{dy}{dx} = \frac{dy}{dt} \cdot \frac{dt}{dx} = \frac{d(\cos t)}{dt} \cdot \frac{d(\sin^{-1} x)}{dx}$$

$$= -\sin t \cdot \frac{1}{\sqrt{1-x^2}} = -\frac{x}{\sqrt{1-x^2}}$$

(3)　$y = \cosh x = \frac{1}{2}(e^x + e^{-x})$ を微分する。

$$y' = \frac{1}{2}(e^x + e^{-x})' = \frac{1}{2}\{(e^x)' + (e^{-x})'\}$$

（合成関数の微分）
$(e^t)' \cdot (-x)' = e^{-x} \cdot (-1) = -e^{-x}$

$$= \frac{1}{2}(e^x - e^{-x}) = \sinh x$$

∴　$(\cosh x)' = \sinh x$ となる。

（同様に，$(\sinh x)' = \cosh x$ もいえる。）

(4)　$y = x^{\sin 2x}$　$(x > 0)$ を微分する。この両辺は正より，この両辺の自然対数をとって，

$$\ln y = \ln x^{\sin 2x} = \sin 2x \cdot \ln x$$

この両辺を x で微分して，

$$\frac{d(\ln y)}{dx} = (\sin 2x)' \cdot \ln x + \sin 2x \cdot (\ln x)'$$

$\cos t \cdot (2x)' = 2 \cdot \cos 2x$　（合成関数の微分）
t とおく
$\frac{1}{x}$

$$\frac{d(\ln y)}{dy} \cdot \frac{dy}{dx} = \frac{1}{y} \cdot \frac{dy}{dx}$$　（合成関数の微分）

一般に，$y = (x \text{ の式})^{(x \text{ の式})}$ の微分では，両辺が正のとき，両辺の自然対数をとって，$\ln y = \ln(x \text{ の式})^{(x \text{ の式})}$ の形にして，微分する。これを対数微分法という。

$$\frac{1}{y} \cdot \boxed{\frac{dy}{dx}} = 2 \cdot \cos 2x \cdot \ln x + \frac{1}{x} \sin 2x$$

（↑ y'）

$$\therefore \ y' = y\left(2\cos 2x \cdot \ln x + \frac{\sin 2x}{x}\right) = x^{\sin 2x}\left(2\cos 2x \cdot \ln x + \frac{\sin 2x}{x}\right) \ となる。$$

●高階微分にもチャレンジしよう！

一般に，関数 $y = f(x)$ を x で n 回微分した関数を $f(x)$ の **n 階導関数**と呼び，次のように表す。

＜これから，$f'(x) = f^{(1)}(x)$ と表してもいい。＞

$$f^{(n)}(x) = y^{(n)} = \frac{d^n y}{dx^n} \quad (n = 1, 2, 3, \cdots)$$

$n \geqq 2$ のとき，これを**高階微分**，または**高階導関数**という。

(1) $f(x) = e^x$ のとき，これは，n 回微分しても e^x のまま変化しないので，$f^{(n)}(x) = e^x$ となる。

(2) $f(x) = x^n$ のとき，
$$f'(x) = f^{(1)}(x) = n \cdot x^{n-1}, \quad f''(x) = f^{(2)}(x) = n \cdot (n-1) x^{n-2}$$
より，これを順次繰り返すと，
$$f^{(n)}(x) = n(n-1)(n-2) \cdot \cdots \cdot 3 \cdot 2 \cdot 1 = n! \ となる。$$

(3) $f(x) = \sin x$ のとき，
$$f^{(1)}(x) = \cos x = \sin\left(x + \frac{\pi}{2}\right)$$

＜$\cos\theta = \sin\left(\theta + \frac{\pi}{2}\right)$ を使った！　以下同様＞

$$f^{(2)}(x) = \left\{\sin\underbrace{\left(x + \frac{\pi}{2}\right)}_{t}\right\}' = \cos\underbrace{\left(x + \frac{\pi}{2}\right)}_{t} \cdot \left(x + \frac{\pi}{2}\right)'$$

＜合成関数の微分＞

$$= \cos\underbrace{\left(x + \frac{\pi}{2}\right)}_{\theta} = \sin\left(\underbrace{x + \frac{\pi}{2}}_{\theta} + \frac{\pi}{2}\right) = \sin\left(x + \frac{2\pi}{2}\right)$$

$$f^{(3)}(x) = \left\{\sin\left(x + \frac{2\pi}{2}\right)\right\}' = \cos\left(x + \frac{2\pi}{2}\right) \cdot \left(x + \frac{2\pi}{2}\right)'$$

$$= \cos\underbrace{\left(x + \frac{2\pi}{2}\right)}_{\theta} = \sin\left(\underbrace{x + \frac{2\pi}{2}}_{\theta} + \frac{\pi}{2}\right) = \sin\left(x + \frac{3}{2}\pi\right)$$

以下同様に計算すると，
$$f^{(n)}(x) = (\sin x)^{(n)} = \sin\left(x + \frac{n}{2}\pi\right) \ (n = 1, 2, \cdots) \ と表せる。$$

●ライプニッツの微分公式もマスターしよう！

関数 $f(x)$ と $g(x)$ をそれぞれ，f, g と略記すると，2つの関数の積 $f \cdot g$ の微分は，次のようになる。

$(f \cdot g)' \ = (f \cdot g)^{(1)} = f' \cdot g + f \cdot g'$

$(f \cdot g)^{(2)} = (f' \cdot g + f \cdot g')' = (f' \cdot g)' + (f \cdot g')'$

$\qquad = f'' \cdot g + f' \cdot g' + f' \cdot g' + f \cdot g''$

$\qquad = f'' \cdot g + 2f' \cdot g' + f \cdot g''$ ← $(a+b)^2 = a^2 + 2ab + b^2$ と似ている！

$(f \cdot g)^{(3)} = (f'' \cdot g + 2f' \cdot g' + f \cdot g'')'$

$\qquad = (f'' \cdot g)' + 2(f' \cdot g')' + (f \cdot g'')'$

$\qquad = f''' \cdot g + f'' \cdot g' + 2(f'' \cdot g' + f' \cdot g'') + f' \cdot g'' + f \cdot g'''$

$\qquad = f''' \cdot g + 3f'' \cdot g' + 3f' \cdot g'' + f \cdot g'''$ ← $(a+b)^3 = a^3 + 3a^2b + 3ab^2 + b^3$ と似ている！

これを一般化した公式(n 回微分した公式)が**ライプニッツの微分公式**と呼ばれる公式で，それを以下に示すよ。

ライプニッツの微分公式

$f \cdot g$ の n 階導関数は
$$(f \cdot g)^{(n)} = {}_nC_0 f^{(n)} g + {}_nC_1 f^{(n-1)} \cdot g^{(1)} + {}_nC_2 f^{(n-2)} \cdot g^{(2)} + \cdots$$
$$\cdots + {}_nC_{n-1} f^{(1)} \cdot g^{(n-1)} + {}_nC_n f \cdot g^{(n)}$$

これは，二項定理とよく似ているので覚えやすいはずだ。

$y = x^3 \cdot e^x$ の 3 階導関数は，ライプニッツの微分公式より

$y^{(3)} = (x^3)''' \cdot e^x + 3 \cdot (x^3)'' \cdot (e^x)' + 3 \cdot (x^3)' \cdot (e^x)'' + x^3 \cdot (e^x)'''$

公式：$(f \cdot g)^{(3)} = f^{(3)} \cdot g + 3f^{(2)} \cdot g^{(1)} + 3f^{(1)} \cdot g^{(2)} + f \cdot g^{(3)}$ を使った！

$\qquad = 3 \cdot 2 \cdot 1 \cdot e^x + 3 \cdot 3 \cdot 2 \cdot x \cdot e^x + 3 \cdot 3 \cdot x^2 \cdot e^x + x^3 \cdot e^x$

$\qquad = (x^3 + 9x^2 + 18x + 6)e^x$ となる。

演習問題 6-1

次の関数を微分せよ。

(1) $y = \dfrac{1-x}{1+x}$　　(2) $y = \sqrt{1+x^2}$

(3) $y = \sin^2 x \cdot \cos x$　　(4) $y = \sin^3(2x-1)$

ヒント! (1) は $\left(\dfrac{f}{g}\right)'$ の形の微分計算だね。(2), (3), (4) は，すべて合成関数の微分公式を使うんだよ。特に，(4) は二重構造になっているから要注意だ！

解答 & 解説

(1) $y' = \left(\dfrac{1-x}{1+x}\right)' = \dfrac{(1-x)' \cdot (1+x) - (1-x) \cdot (1+x)'}{(1+x)^2}$

　　　　　（$(1-x)'= -1$，$(1+x)'=1$）

　　　公式：$\left(\dfrac{f}{g}\right)' = \dfrac{f'g - fg'}{g^2}$ を使った！

$= \dfrac{-(1+x) - (1-x)}{(1+x)^2} = -\dfrac{2}{(1+x)^2}$ ……（答）

(2) $y = (1+x^2)^{\frac{1}{2}}$ について，$1+x^2 = t$ とおくと

$y' = \dfrac{dy}{dx} = \dfrac{dy}{dt} \cdot \dfrac{dt}{dx} = \dfrac{d(t^{\frac{1}{2}})}{dt} \cdot \dfrac{d(1+x^2)}{dx}$　← 合成関数の微分

$= \dfrac{1}{2} t^{-\frac{1}{2}} \cdot 2x = \dfrac{x}{t^{\frac{1}{2}}} = \dfrac{x}{\sqrt{1+x^2}}$ ……（答）

(3) $y' = (\sin^2 x \cdot \cos x)'$

$= \underbrace{(\sin^2 x)'}_{t とおく} \cdot \cos x + \sin^2 x \cdot \underbrace{(\cos x)'}_{-\sin x}$

　公式：$(f \cdot g)' = f'g + fg'$ を使った。

　　$\underbrace{2 \cdot \sin x \cdot (\sin x)' = 2\sin x \cdot \cos x}_{合成関数の微分}$

$= 2 \cdot \sin x \cdot \cos^2 x - \sin^3 x = \sin x (2\underbrace{\cos^2 x}_{(1-\sin^2 x)} - \sin^2 x)$

$= \sin x (2 - 3\sin^2 x)$ ……（答）

(4) $y = \underbrace{\sin^3(2x-1)}_{u}$ を x で微分すると，

$y' = 3 \cdot \sin^2(2x-1) \cdot \{\sin \underbrace{(2x-1)}_{t}\}'$　← 合成関数の微分

　　$\underbrace{\dfrac{dy}{du} = 3u^2}$　$\underbrace{\dfrac{du}{dx}}$

$= 3 \cdot \sin^2(2x-1) \cdot \cos(2x-1) \cdot \underbrace{(2x-1)'}_{2}$　← 合成関数の微分

$= 6 \cdot \sin^2(2x-1) \cdot \cos(2x-1)$ ……（答）

実習問題 6-1 次の関数を微分せよ。

(1) $y = \dfrac{e^x}{x}$ (2) $y = (2x^2 - 1)^3$

(3) $y = \cos^3 x \cdot \tan x$ (4) $y = \cos^4(x^2 + 1)$

ヒント! (1)は分数関数の微分で，(2), (3), (4)は合成関数の微分だ。(3)は $(f \cdot g)'$ の微分公式も必要。(4)は合成関数の微分を2回使うよ。

解答 & 解説

(1) $y' = \left(\dfrac{e^x}{x}\right)' = \dfrac{(e^x)' \cdot x - e^x \cdot x'}{x^2}$

$\left(\dfrac{分子}{分母}\right)' = \dfrac{(分子)' \cdot 分母 - 分子 \cdot (分母)'}{(分母)^2}$ と，口ずさみながら計算するといいよ。

$= $ (a) ……(答)

(2) $y = (2x^2 - 1)^3$ について，$2x^2 - 1 = t$ とおくと

$y' = \dfrac{dy}{dx} = \dfrac{dy}{dt} \cdot \dfrac{dt}{dx} = \dfrac{d(t^3)}{dt} \cdot \dfrac{d(2x^2-1)}{dx}$

コレを $\dfrac{d(t^3)}{dt} \cdot \dfrac{d}{dx}(2x^2 - 1)$ のように書くこともある。

$= 3t^2 \cdot 4x = $ (b) ……(答)

(3) $y' = (\cos^3 x \cdot \tan x)'$

t とおく

$= (\cos^3 x)' \cdot \tan x + \cos^3 x \cdot (\tan x)'$

公式：$(f \cdot g)' = f'g + fg'$ を使った。

$3 \cdot \cos^2 x \cdot (\cos x)' = -3 \sin x \cdot \cos^2 x$ ← 合成関数の微分

$\dfrac{1}{\cos^2 x}$

$= -3 \sin x \cdot \cos^2 x \cdot \dfrac{\sin x}{\cos x} + \cos x = $ (c) ……(答)

(4) $y = \cos^4(x^2 + 1)$ を x で微分すると，

u とおく

$y' = \underline{4 \cdot \cos^3(x^2 + 1)} \cdot \underline{\{\cos(x^2 + 1)\}'}$ ← 合成関数の微分

$\dfrac{dy}{du} = 4u^3$ $\dfrac{du}{dx}$

$= 4 \cdot \cos^3(x^2 + 1) \cdot \{-\sin(x^2 + 1) \cdot 2x\}$ ← もう1回，合成関数の微分

$= $ (d) ……(答)

(a) $\dfrac{x \cdot e^x - e^x}{x^2} = \dfrac{(x-1)e^x}{x^2}$ (b) $12x \cdot (2x^2 - 1)^2$ (c) $\cos x (1 - 3\sin^2 x)$

(d) $-8x \sin(x^2 + 1) \cdot \cos^3(x^2 + 1)$

> **演習問題 6-2**
>
> 次の関数を微分せよ。
> (1) $y = \tan^{-1} \dfrac{2x}{1-x^2}$ $(-1 < x < 1)$
> (2) $y = x \cdot \cos^{-1} x - \sqrt{1-x^2}$ $(-1 < x < 1)$

ヒント! (1), (2) 共に逆三角関数の微分だ。(1)は,合成関数の微分にもなっている。(1), (2) は計算が大変だけど, 結果はスッキリするよ。

解答 & 解説

(1) $y = \tan^{-1} \underbrace{\dfrac{2x}{1-x^2}}_{u}$ $(-1 < x < 1)$ について, $\dfrac{2x}{1-x^2} = u$ とおくと,

$y' = \underbrace{\dfrac{1}{1 + \dfrac{4x^2}{(1-x^2)^2}}}_{\frac{dy}{du} = \frac{1}{1+u^2}} \cdot \underbrace{\left(\dfrac{2x}{1-x^2}\right)'}_{\frac{du}{dx}} = \underbrace{\dfrac{(1-x^2)^2}{(1-x^2)^2 + 4x^2}}_{\substack{1 - 2x^2 + x^4 + 4x^2 \\ = 1 + 2x^2 + x^4 \\ = (1+x^2)^2}} \cdot 2 \cdot \underbrace{\dfrac{x'\cdot(1-x^2) - x\cdot(1-x^2)'}{(1-x^2)^2}}_{\left(\frac{f}{g}\right)' = \frac{f'g - fg'}{g^2}}$

$= 2 \cdot \dfrac{1 - x^2 - x \cdot (-2x)}{(1+x^2)^2} = \dfrac{2(1+x^2)}{(1+x^2)^2} = \dfrac{2}{1+x^2}$ ……(答)

(2) $y = x \cdot \cos^{-1} x - (1-x^2)^{\frac{1}{2}}$ $(-1 < x < 1)$ を x で微分して,

$y' = (x \cdot \cos^{-1} x)' - \{\underbrace{(1-x^2)}_{t}{}^{\frac{1}{2}}\}'$

$= \underbrace{x' \cdot \cos^{-1} x + x \cdot (\cos^{-1} x)'}_{\text{公式}: (f \cdot g)' = f'g + fg' \text{を使った。}} - \underbrace{\dfrac{1}{2}(1-x^2)^{-\frac{1}{2}} \cdot (1-x^2)'}_{\text{合成関数の微分}}$

$= 1 \cdot \cos^{-1} x + x \left(-\dfrac{1}{\sqrt{1-x^2}}\right) - \dfrac{-2x}{2\sqrt{1-x^2}}$

$= \cos^{-1} x - \dfrac{x}{\sqrt{1-x^2}} + \dfrac{x}{\sqrt{1-x^2}}$

$= \cos^{-1} x$ ……(答)

実習問題 6-2

次の関数を微分せよ。
(1) $y = \sin^{-1}(2x\sqrt{1-x^2})$ $\left(-\dfrac{1}{\sqrt{2}} < x < \dfrac{1}{\sqrt{2}}\right)$
(2) $y = x \cdot \sin^{-1}x + \sqrt{1-x^2}$ $(-1 < x < 1)$

ヒント！ (1), (2) 共に逆三角関数の微分の問題で，それに積の微分や合成関数の微分も絡んでいるんだよ。

解答 & 解説

(1) $y = \sin^{-1}(2x\sqrt{1-x^2})$ $\left(-\dfrac{1}{\sqrt{2}} < x < \dfrac{1}{\sqrt{2}}\right)$ について，

$2x\sqrt{1-x^2} = u$ とおくと，

$$y' = \underbrace{\dfrac{1}{\sqrt{1-4x^2(1-x^2)}}}_{\frac{dy}{du} = \frac{1}{\sqrt{1-u^2}}} \cdot \underbrace{\left\{2x \cdot (1-x^2)^{\frac{1}{2}}\right\}'}_{\frac{du}{dx}}$$

$$= \dfrac{1}{\sqrt{4x^4 - 4x^2 + 1}} \cdot \boxed{(a)}$$

$$= \dfrac{2\left(\sqrt{1-x^2} - \dfrac{x^2}{\sqrt{1-x^2}}\right)}{\sqrt{(2x^2-1)^2}} = \dfrac{2(1-2x^2)}{(1-2x^2)\sqrt{1-x^2}} = \boxed{(b)} \quad \cdots\cdots (答)$$

$|2x^2 - 1| = 1 - 2x^2$ $\left(\because -\dfrac{1}{\sqrt{2}} < x < \dfrac{1}{\sqrt{2}}\right)$

(2) $y = x \cdot \sin^{-1}x + \sqrt{1-x^2}$ $(-1 < x < 1)$ を x で微分して，

$$y' = (x \cdot \sin^{-1}x)' + \left\{(1-x^2)^{\frac{1}{2}}\right\}'$$

$$= \underline{x' \cdot \sin^{-1}x + x \cdot (\sin^{-1}x)'} + \boxed{(c)}$$

公式：$(f \cdot g)' = f'g + fg'$ を使った。

$$= \sin^{-1}x + x \cdot \dfrac{1}{\sqrt{1-x^2}} - \dfrac{x}{\sqrt{1-x^2}} = \boxed{(d)} \quad \cdots\cdots (答)$$

(a) $2\left\{(1-x^2)^{\frac{1}{2}} + x \cdot \dfrac{1}{2}(1-x^2)^{-\frac{1}{2}} \cdot (-2x)\right\}$ (b) $\dfrac{2}{\sqrt{1-x^2}}$ (c) $\dfrac{1}{2}(1-x^2)^{-\frac{1}{2}} \cdot (1-x^2)'$

(d) $\sin^{-1}x$

演習問題 6-3

(1) $y = (\cosh x)^x$ を微分せよ。
(2) $y = e^{-x} \cdot \sin x$ の3階導関数を求めよ。

ヒント！ (1) は $y = (x\text{の式})^{(x\text{の式})}$ の形をしているので，両辺の自然対数をとって対数微分法にもちこむとうまくいくんだね。(2) は $f \cdot g$ の形の高階導関数だから，ライプニッツの公式が使える。

解答 & 解説

(1) $y = (\cosh x)^x$ の両辺は正なので，両辺の自然対数をとって，

$\ln y = \ln (\cosh x)^x$ 　　　　　$\cosh x = \dfrac{e^x + e^{-x}}{2} > 0$ だ！

$\ln y = x \cdot \ln (\cosh x)$

この両辺を x で微分して，

$$\underbrace{\dfrac{1}{y} \cdot \dfrac{dy}{dx}}_{\frac{d(\ln y)}{dy} \cdot \frac{dy}{dx}} = \underbrace{x'}_{1} \cdot \ln(\cosh x) + x \cdot \underbrace{\{\ln(\cosh x)\}'}_{\frac{1}{u} \cdot (\cosh x)' = \frac{1}{\cosh x} \cdot \sinh x}$$

$y' = y \cdot \left\{ \ln(\cosh x) + x \cdot \underbrace{\dfrac{\sinh x}{\cosh x}}_{\tanh x} \right\}$

∴ $y = (\cosh x)^x \cdot \{\ln(\cosh x) + x \tanh x\}$ ……（答）

(2) $y = e^{-x} \cdot \sin x$ を x で3回微分して，

$y^{(3)} = (e^{-x})''' \cdot \sin x + 3 \cdot (e^{-x})'' \cdot (\sin x)' + 3 \cdot (e^{-x})' \cdot (\sin x)'' + e^{-x} \cdot (\sin x)'''$

　　ライプニッツの微分公式：
　　$(f \cdot g)^{(3)} = f^{(3)} \cdot g + 3f^{(2)} \cdot g^{(1)} + 3f^{(1)} \cdot g^{(2)} + f \cdot g^{(3)}$ を使った！

$= -e^{-x} \cdot \sin x + 3e^{-x} \cdot \cos x + 3 \cdot (-e^{-x}) \cdot (-\sin x) + e^{-x} \cdot (-\cos x)$

$= -e^{-x} \cdot \sin x + 3e^{-x} \cdot \cos x + 3e^{-x} \cdot \sin x - e^{-x} \cdot \cos x$

$= 2(\sin x + \cos x) \cdot e^{-x}$ ……（答）

実習問題 6-3
(1) $y=(\sinh x)^x$ $(x>0)$ を微分せよ。
(2) $y=e^{2x}\cdot\cos x$ の3階導関数を求めよ。

ヒント! (1)の $\sinh x$ は，$x>0$ のとき $\sinh x>0$ となるので，両辺の自然対数をとって微分できる。(2)は，高階導関数なので，ライプニッツの公式で求めると早いんだね。

解答&解説 (1) $x>0$ のとき，$y=(\sinh x)^x$ の両辺は正なので，この両辺の自然対数をとって，

$$\ln y = \ln(\sinh x)^x$$

$$\ln y = \boxed{(a)}$$

（$x>0$ のとき $\sinh x = \dfrac{e^x-e^{-x}}{2}>0$ だ！）

この両辺を x で微分して，

$$\frac{1}{y}\cdot\frac{dy}{dx} = (x)'\cdot\ln(\sinh x) + x\cdot\{\ln(\sinh x)\}'$$

（$\dfrac{d(\ln y)}{dy}\cdot\dfrac{dy}{dx}$） （$\dfrac{1}{u}\cdot(\sinh x)' = \dfrac{1}{\sinh x}\cdot\cosh x$）

$$y' = y\cdot\left\{\ln(\sinh x) + x\cdot\underbrace{\frac{\cosh x}{\sinh x}}_{\coth x}\right\}$$

（$\coth x = \dfrac{1}{\tanh x}$）

$\therefore\ y' = \boxed{(b)}$ ……(答)

(2) $y=e^{2x}\cdot\cos x$ を x で3回微分して，

$$y^{(3)} = (e^{2x})'''\cdot\cos x + 3\cdot(e^{2x})''\cdot(\cos x)' + \boxed{(c)}$$

（ライプニッツの微分公式：
$(f\cdot g)^{(n)} = {}_nC_0 f^{(n)}g + {}_nC_1 f^{(n-1)}\cdot g^{(1)} + {}_nC_2 f^{(n-2)}\cdot g^{(2)} + \cdots + {}_nC_{n-1}f^{(1)}\cdot g^{(n-1)} + {}_nC_n f\cdot g^{(n)}$
で $n=3$ の場合の公式を使った！）

$= 8\cdot e^{2x}\cdot\cos x + 3\cdot 4\cdot e^{2x}\cdot(-\sin x) + 3\cdot 2\cdot e^{2x}\cdot(-\cos x) + e^{2x}\cdot\sin x$

$= 8\cdot e^{2x}\cdot\cos x - 12e^{2x}\cdot\sin x - 6e^{2x}\cdot\cos x + e^{2x}\cdot\sin x$

$= \boxed{(d)}$ ……(答)

(a) $x\cdot\ln(\sinh x)$ (b) $(\sinh x)^x\cdot\{\ln(\sinh x) + x\coth x\}$
(c) $3\cdot(e^{2x})'\cdot(\cos x)'' + e^{2x}\cdot(\cos x)'''$ (d) $(2\cos x - 11\sin x)\cdot e^{2x}$

講義 LECTURE 07 ロピタルの定理

　前回の講義で，具体的な微分計算にも自信がついたよね。今回は，"微分法の応用"について解説する。今回は，前回と違って，"最大値・最小値の定理"，"ロルの定理"，"平均値の定理"，"コーシーの平均値の定理"，そして"ロピタルの定理"と理論的な話が続くので，かなり大変だと思う。だから，1回で理解しようとするのではなく，何回も練習を繰り返すことを勧める。すると，論理の流れが1つのストーリーになっていることがわかって，「フーン結構面白い」ってことになるんだ。

　また，最後の"ロピタルの定理"は，関数の極限を求める上で非常に役に立つ公式だから，あとはこれを実践的に利用すればいいんだよ。

●最大値・最小値の定理から，ロルの定理を導こう！

　数学では，自明なことを基にして次々と話を進めていく手法をとるんだよ。これから話す"最大値・最小値の定理"も厳密には実数の連続性から導かれるんだけれど，今回はこれを自明として，これを基に定理を導き出していく。それでは，理論的な話が続くのでキツイかもしれないけど，わかりやすく解説するから，シッカリついてらっしゃい。

最大値・最小値の定理

関数 $f(x)$ が閉区間 $[a, b]$（$a \leq x \leq b$ のコト）で連続ならば，この区間内に最大値 M をとる x，および，最小値 m をとる x が，それぞれ少なくとも1つ存在する。

図7-1 ●最大値・最小値の定理

$a \leq x \leq b$ で連続な関数 $y = f(x)$

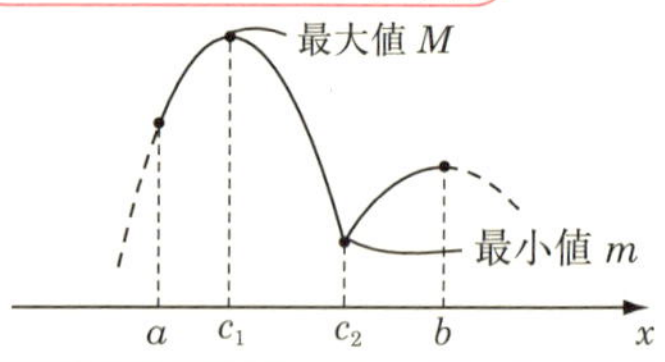

最大値 M
最小値 m

横軸: a, c_1, c_2, b, x

$y = f(x)$ は連続であればいいので，この図の最小値 m をとるときのように，とんがっていても（微分不能でも）かまわない。

これから，次のロルの定理を導くことができる。

ロルの定理

関数 $f(x)$ が閉区間 $[a, b]$ で連続，開区間 (a, b) で微分可能で，しかも，$f(a)=f(b)$ ならば，

$$f'(c)=0 \quad (a<c<b)$$

をみたす c が少なくとも 1 つ存在する。

（$a<x<b$ のコト）

今回の関数 $y=f(x)$ は，

$$\begin{cases} a \leq x \leq b \text{ で連続} \\ a<x<b \text{ で微分可能} \end{cases}$$

なので，図 7-2 のような，なめらかな曲線をイメージするといい。また，$f(a)=f(b)$ の条件から，両端の y 座標は等しいんだね。

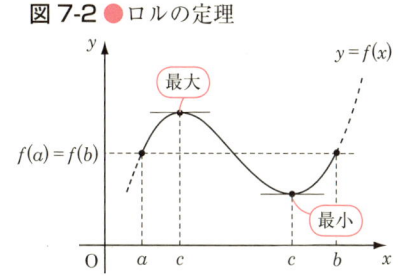

図 7-2 ●ロルの定理

（Ⅰ）ここで，$f(x)>f(a)$ をみたす x があれば，最大値・最小値の定理から，$f(x)$ は最大値 $f(c)$ $(a<c<b)$ をもつ。$f(c)$ は最大値なので，c より h $(h \neq 0)$ だけずれた点の y 座標 $f(c+h)$ は $f(c)>f(c+h)$ となる。

よって，$f(c+h)-f(c)<0$ 。

（ⅰ）$h>0$ のとき，

$$\dfrac{f(c+h)-f(c)}{h}<0$$

微分係数の定義式の形をつくる！

ゆえに，$\displaystyle\lim_{h \to +0} \dfrac{f(c+h)-f(c)}{h} = \boxed{f'(c) \leq 0}$

一般に $x<0$ でも，$\displaystyle\lim_{x \to -0} x = 0$ となるので，極限では等号をつける！

（ⅱ）$h<0$ のとき，

$$\dfrac{f(c+h)-f(c)}{h}>0$$

ゆえに，$\displaystyle\lim_{h \to -0} \dfrac{f(c+h)-f(c)}{h} = \boxed{f'(c) \geq 0}$

以上（ⅰ）$f'(c) \leq 0$ かつ（ⅱ）$f'(c) \geq 0$ より，$f'(c)=0$ $(a<c<b)$ をみたす c が存在する。

（Ⅱ） $f(x)<f(a)$ をみたす x があれば，最大値・最小値の定理から，$f(x)$ は最小値 $f(c)$ $(a<c<b)$ をもつ。$f(c)$ は最小値なので，c より h $(h\neq 0)$ だけずれた点の y 座標 $f(c+h)$ は $f(c)<f(c+h)$ となる。

よって $f(c+h)-f(c)>0$ 。

（ⅰ） $h>0$ のとき，
$$\lim_{h\to +0}\frac{\overbrace{f(c+h)-f(c)}^{+}}{\underbrace{h}_{+}}=f'(c)\geqq 0$$

（ⅱ） $h<0$ のとき，
$$\lim_{h\to -0}\frac{\overbrace{f(c+h)-f(c)}^{+}}{\underbrace{h}_{-}}=f'(c)\leqq 0$$

以上（ⅰ）（ⅱ）より，$f'(c)=0$ $(a<c<b)$ をみたす c が存在する。

（Ⅲ） $f(x)>f(a)$，$f(x)<f(a)$ をみたす x が存在しない。つまり，$y=f(x)$ が定数関数 $y=f(x)=f(a)$ のとき，図 7-3 のように，開区間 (a, b) において $f'(x)=0$ となるので $f'(c)=0$ $(a<c<b)$ をみたす c が存在する。

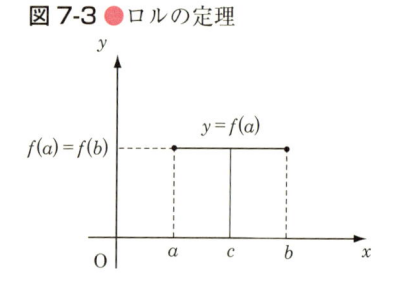

図 7-3 ●ロルの定理

以上（Ⅰ），（Ⅱ），（Ⅲ）より，ロルの定理は成り立つ。

ロルの定理も，図 7-2, 図 7-3 から明らかといえる定理なんだけど，最大値・最小値の定理からこれを導く論理の流れが重要なんだ。

●ロルの定理から平均値の定理が導ける！

次に平均値の定理について解説するよ。

> **平均値の定理**
>
> 関数 $f(x)$ が，閉区間 $[a, b]$ で連続，開区間 (a, b) で微分可能なとき，
> $$\frac{f(b)-f(a)}{b-a}=f'(c) \quad (a<c<b)$$
> をみたす c が少なくとも 1 つ存在する。

これは，図 7-4 に示すように，$a \leq x \leq b$ でなめらかな曲線 $y = f(x)$ に対して，曲線上の 2 点 A，B を結ぶ直線と同じ傾きをもった接線の接点の x 座標 c が，$a < x < b$ の範囲に，少なくとも 1 つは存在する，といっているんだね。

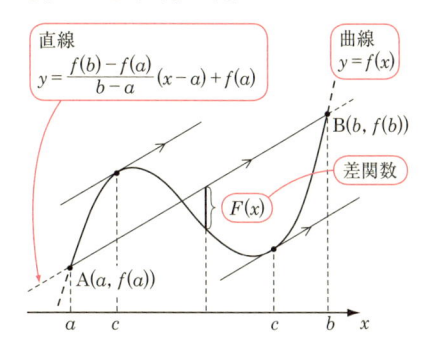

これも，図形的には明らかなんだけど，ロルの定理を使って次のように証明することもできるんだよ。

図 7-4 ● 平均値の定理

直線 $y = \dfrac{f(b) - f(a)}{b - a}(x - a) + f(a)$

曲線 $y = f(x)$

$B(b, f(b))$

差関数 $F(x)$

$A(a, f(a))$

曲線 $y = f(x)$ 上の 2 点 $A(a, f(a))$，$B(b, f(b))$ を結ぶ直線の式は，次のようになる。

$$y = \dfrac{f(b) - f(a)}{b - a}(x - a) + f(a)$$

点 $A(a, f(a))$ を通り，傾き $\dfrac{f(b) - f(a)}{b - a}$ の直線

この直線と，$y = f(x)$ の差をとった差関数を $F(x)$ とおくと，

$$F(x) = f(x) - \left\{ \dfrac{f(b) - f(a)}{b - a}(x - a) + f(a) \right\}$$

$$F(x) = f(x) - \dfrac{f(b) - f(a)}{b - a}(x - a) - f(a) \quad \cdots ①$$

図 7-5 ● 差関数 $F(x)$ にロルの定理を使う

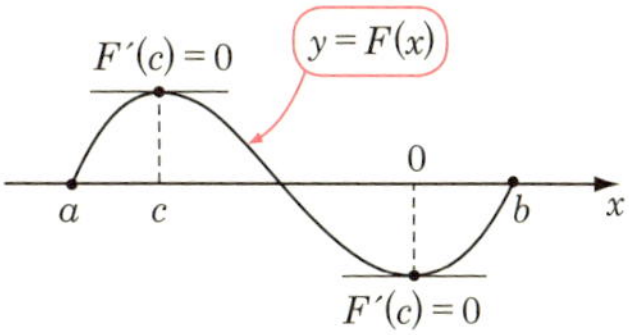

$F'(c) = 0$, $y = F(x)$

$F'(c) = 0$

ここで，

$$F(a) = \cancel{f(a)} - \dfrac{f(b) - f(a)}{b - a}\cancel{(a - a)} - \cancel{f(a)} = 0$$

$$F(b) = f(b) - \dfrac{f(b) - f(a)}{b - a}\cancel{(b - a)} - f(a)$$

$$= \cancel{f(b)} - \cancel{f(b)} + \cancel{f(a)} - \cancel{f(a)} = 0$$

$F(x)$ は，
$\begin{cases} a \leq x \leq b \text{ で連続} \\ a < x < b \text{ で微分可能} \end{cases}$
$F(a) = F(b) = 0$ より，
$F'(c) = 0 \quad (a < c < b)$
をみたす c が存在する。

ロルの定理

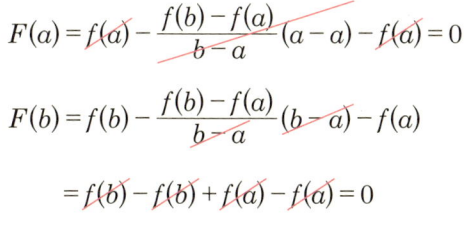

よって，$F(x)$ は，$[a, b]$ で連続，(a, b) で微分可能かつ，$F(a) = F(b) = 0$ から，ロルの定理より，$F'(c) = 0 \ (a < c < b)$ をみたす c が存在する。

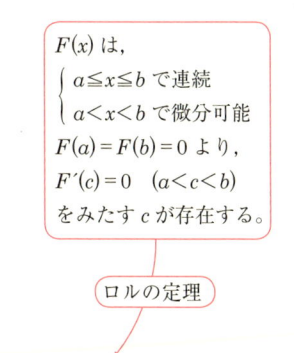

①を x で微分すると

$$F'(x) = f'(x) - \frac{f(b)-f(a)}{b-a}$$

この x に c を代入すると，ロルの定理より，

$$F'(c) = \boxed{f'(c) - \frac{f(b)-f(a)}{b-a} = 0 \ (a<c<b)}$$ をみたす c が存在する。

∴ $\dfrac{f(b)-f(a)}{b-a} = f'(c)$ $(a<c<b)$ をみたす c が存在する。 ……(終)

これで，平均値の定理も証明できたんだね。それじゃあ，平均値の定理を基にして，"コーシーの平均値の定理"も証明するよ。エッ，疲れたって？ そうだね，ここで一休みしてから先に行ってもいいよ。まだ，このあと，"ロピタルの定理"も残っているからね。

● **コーシーの平均値の定理は，媒介変数表示の曲線で考えろ！**

それでは，"コーシーの平均値の定理"の解説に入るよ。まず，この定理を下に示すので頭に入れてくれ。

> **コーシーの平均値の定理**
>
> 関数 $f(x)$, $g(x)$ が閉区間 $[a, b]$ で連続，開区間 (a, b) で微分可能で，さらに，(a, b) で，$g'(x) \neq 0$, $g(a) \neq g(b)$ とする。このとき，
>
> $$\frac{f(b)-f(a)}{g(b)-g(a)} = \frac{f'(c)}{g'(c)} \quad (a<c<b)$$
>
> をみたす c が少なくとも 1 つ存在する。

これは，ちょっと難しいけど，次のように，媒介変数 t で表された曲線 C で考えるとわかりやすいよ。

曲線 $C \begin{cases} X = g(t) \\ Y = f(t) \end{cases}$ $(a \leq t \leq b)$

曲線 C 上の 2 点 $A(g(a), f(a))$, $B(g(b), f(b))$ を結ぶ直線の方程式は，

図 7-6 ● コーシーの平均値の定理

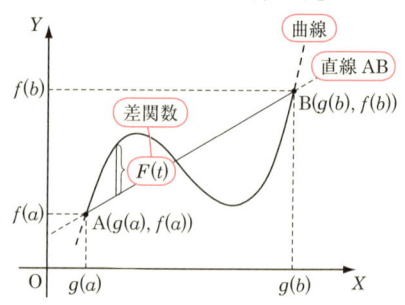

$$Y = \frac{f(b)-f(a)}{g(b)-g(a)}\{X - g(a)\} + f(a)$$

（X の上に赤字で $g(t)$ と書かれている）

点 $A(g(a), f(a))$ を通り，傾き $\frac{f(b)-f(a)}{g(b)-g(a)}$ の直線

この直線と $Y=f(t)$ との差をとった差関数を $F(t)$ とおくと，

$$F(t) = f(t) - \left[\frac{f(b)-f(a)}{g(b)-g(a)}\{g(t)-g(a)\} + f(a)\right]$$

この時点で，$F(t)$ は，X ではなく，t の関数になっていることに注意！

$$F(t) = f(t) - \frac{f(b)-f(a)}{g(b)-g(a)}\{g(t)-g(a)\} - f(a) \quad \cdots\cdots ②$$

$f(t)$ と $g(t)$ の連続と微分可能の条件より，$F(t)$ も $[a, b]$ で連続，(a, b) で微分可能となる。

$$F(a) = \cancel{f(a)} - \frac{f(b)-f(a)}{g(b)-g(a)}\cancel{\{g(a)-g(a)\}} - \cancel{f(a)}$$
$$= 0$$

$$F(b) = f(b) - \frac{f(b)-f(a)}{g(b)-g(a)}\cancel{\{g(b)-g(a)\}} - f(a)$$
$$= \cancel{f(b)} - \cancel{f(b)} + \cancel{f(a)} - \cancel{f(a)} = 0$$

$F(t)$ は，
$\begin{cases} a \leq t \leq b \text{ で連続} \\ a < t < b \text{ で微分可能} \end{cases}$
$F(a) = F(b) = 0$ より
$F'(c) = 0 \ (a < c < b)$
をみたす c が存在する。

ロルの定理

以上から，ロルの定理より，$F'(c) = 0 \ (a < c < b)$ をみたす c が存在する。
よって，②を t で微分すると

$$F'(t) = f'(t) - \frac{f(b)-f(a)}{g(b)-g(a)} g'(t)$$

この t に c を代入すると，ロルの定理より，

$$F'(c) = \boxed{f'(c) - \frac{f(b)-f(a)}{g(b)-g(a)} g'(c) = 0 \ (a < c < b)} \text{ をみたす } c \text{ が存在する。}$$

∴ $\dfrac{f(b)-f(a)}{g(b)-g(a)} = \dfrac{f'(c)}{g'(c)} \ (a < c < b)$ をみたす c が存在する。 ……(終)

これで，コーシーの平均値の定理の証明も終わったので，いよいよ，"ロピタルの定理" の解説に入るよ。

●**ロピタルの定理で，関数の極限計算がラクになる！**

"ロピタルの定理"は2通りあって，いずれも分数形式の関数の極限の計算に威力を発揮するんだよ。

> **ロピタルの定理**
>
> （Ⅰ） $f(x), g(x)$ は，$x=a$ の近くで微分可能であり，$\lim_{x \to a} f(x) = \lim_{x \to a} g(x) = 0$ とする。このとき，
> $$\lim_{x \to a} \frac{f'(x)}{g'(x)} = A \text{ ならば，} \lim_{x \to a} \frac{f(x)}{g(x)} = A \text{ である。}$$
>
> （Ⅱ） $f(x), g(x)$ は，$x=a$ の近くで $x=a$ を除いて微分可能であり，$\lim_{x \to a} f(x) = \lim_{x \to a} g(x) = \infty$ とする。このとき，
> $$\lim_{x \to a} \frac{f'(x)}{g'(x)} = A \text{ ならば，} \lim_{x \to a} \frac{f(x)}{g(x)} = A \text{ である。}$$
>
> （ただし，$g'(x) \neq 0$, $g(x) \neq 0$, A は実数または $\pm \infty$, a は $\pm \infty$ でもよい。）

（Ⅰ）の証明は，コーシーの平均値の定理を使えばいい。

まず，$f(a)=g(a)=0$ と定義するよ。すると，コーシーの平均値の定理より，

$$\frac{f(x) - \overbrace{f(a)}^{0}}{g(x) - \underbrace{g(a)}_{0}} = \frac{f'(c)}{g'(c)} \text{ から，} \frac{f(x)}{g(x)} = \frac{f'(c)}{g'(c)} \quad \begin{pmatrix} a < c < x \text{ または} \\ x < c < a \end{pmatrix}$$

ここで，$x \to a$ とすると，$c \to a$ となる。

よって，$\lim_{x \to a} \frac{f(x)}{g(x)} = \lim_{\substack{x \to a \\ (c \to a)}} \frac{f'(c)}{g'(c)} = \lim_{c \to a} \frac{f'(c)}{g'(c)}$

この変数 c は x とおいてもいい！

∴ $\lim_{x \to a} \frac{f(x)}{g(x)} = \lim_{x \to a} \frac{f'(x)}{g'(x)}$

このロピタルの定理から，$\lim_{x \to a} \frac{f(x)}{g(x)}$ は $\frac{0}{0}$ の不定形だけれど，その極限が $\lim_{x \to a} \frac{f'(x)}{g'(x)}$ の極限と一致することがわかったんだね。

（Ⅱ）の証明は，ちょっとメンドウなので，ここでは省略するよ。

ロピタルの定理は非常に実践的な定理なんだ。これから，極限を求める例題を示すから，練習するといいよ。

(1) $\displaystyle\lim_{x \to 0} \frac{\sin x}{x}$ ← $\frac{0}{0}$ の不定形 $= \displaystyle\lim_{x \to 0} \frac{(\sin x)'}{(x)'} = \displaystyle\lim_{x \to 0} \frac{\cos x}{1}$ ← $\cos 0 = 1$ $= \frac{1}{1} = 1$

これで，公式の結果が導けたんだ。簡単だろ？

(2) $\displaystyle\lim_{x \to 0} \frac{\sin^{-1} x}{\sin x}$ ← $\frac{0}{0}$ の不定形 $= \displaystyle\lim_{x \to 0} \frac{(\sin^{-1} x)'}{(\sin x)'}$

$= \displaystyle\lim_{x \to 0} \frac{\frac{1}{\sqrt{1-x^2}}}{\cos x} = \displaystyle\lim_{x \to 0} \frac{1}{\cos x \sqrt{1-x^2}} = \frac{1}{1 \times \sqrt{1}} = 1$
　　　　　　　　　　　　　　　　　　　　　　1　　0

(3) $\displaystyle\lim_{x \to \infty} \frac{x}{e^x}$ ← $\frac{\infty}{\infty}$ の不定形 $= \displaystyle\lim_{x \to \infty} \frac{(x)'}{(e^x)'} = \displaystyle\lim_{x \to \infty} \frac{1}{e^x} = 0$
　　　　　　　　　　　　　　　　　　　　　　　　　　　　　∞

(4) $\displaystyle\lim_{x \to \infty} \frac{\ln x}{x^2}$ ← $\frac{\infty}{\infty}$ の不定形 $= \displaystyle\lim_{x \to \infty} \frac{(\ln x)'}{(x^2)'} = \displaystyle\lim_{x \to \infty} \frac{\frac{1}{x}}{2x} = \displaystyle\lim_{x \to \infty} \frac{1}{2x^2} = 0$
　　　　　　　　　　　　　　　　　　　　　　　　　　　　　　　　　　　　　　∞

(5) $\displaystyle\lim_{x \to +0} x \cdot \ln x$ ← $0 \times (-\infty)$ の不定形 $= \displaystyle\lim_{x \to +0} \frac{\ln x}{\frac{1}{x}}$ ← $\frac{-\infty}{\infty}$ の不定形の形に変形した。

$= \displaystyle\lim_{x \to +0} \frac{(\ln x)'}{\left(\frac{1}{x}\right)'} = \displaystyle\lim_{x \to +0} \frac{\frac{1}{x}}{-\frac{1}{x^2}} = \displaystyle\lim_{x \to +0} (-x) = 0$
　　　　　　　　$(x^{-1})' = -x^{-2}$

　どう？ ロピタルの定理を使えば，これまで苦労して計算していた $\frac{0}{0}$ や $\frac{\infty}{\infty}$ などの不定形の極限が，あっという間に求まるんだ。

演習問題 7-1

$0<a<b$ のとき，次の不等式が成り立つことを，平均値の定理を用いて証明せよ。
$$b \cdot \ln b - a \cdot \ln a > (b-a) \cdot (\ln a + 1)$$

ヒント! 平均値の定理の公式は，$\dfrac{f(b)-f(a)}{b-a}=f'(c)$ $(a<c<b)$ より，$f(x)=x \cdot \ln x$ とおくと，話が見えてくるはずだ。$f'(x)$ の増減にも気をつけよう。

解答&解説 $0<a<b$ のとき，与式が成り立つことを示す。

ここで，$f(x)=x \cdot \ln x$ $(x>0)$ とおくと，
$$f'(x)=x' \cdot \ln x + x \cdot (\ln x)' = \ln x + 1$$

$f(x)$ は微分可能な関数より，平均値の定理を用いて，
$$\frac{f(b)-f(a)}{b-a}=f'(c) \quad (a<c<b)$$

すなわち，
$$\frac{b \cdot \ln b - a \cdot \ln a}{b-a} = \ln c + 1 \quad (a<c<b) \quad \cdots\cdots ①$$

をみたす c が存在する。

右図より，$f'(x)=\ln x+1$ は $x>0$ で単調に増加するので，$c>a$ より，
$$\ln c + 1 > \ln a + 1$$

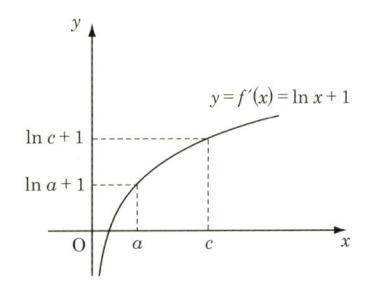

よって，①は，
$$\frac{b \cdot \ln b - a \cdot \ln a}{b-a} = \ln c + 1 > \ln a + 1$$

∴ $\dfrac{b \cdot \ln b - a \cdot \ln a}{b-a} > \ln a + 1$

$b-a>0$ より，この両辺に $(b-a)$ をかけると，

$b \cdot \ln b - a \cdot \ln a > (b-a)(\ln a + 1)$ なので，与式は成り立つ。 ……(終)

実習問題 7-1

$0 < a < b$ のとき，次の不等式が成り立つことを，平均値の定理を用いて証明せよ。

$$b \cdot e^b - a \cdot e^a > (b-a) \cdot (a+1) \cdot e^a$$

ヒント！ 一般に，$\lim_{x \to a} \dfrac{f(x)-f(a)}{x-a} = f'(a)$ は微分係数の問題で，$\dfrac{f(x)-f(a)}{x-a}$ のみで極限がなければ，平均値の定理の問題なんだ。

解答&解説 $0 < a < b$ のとき，与式が成り立つことを示す。

ここで，$f(x) = x \cdot e^x$ とおくと，

$$f'(x) = x' \cdot e^x + x \cdot (e^x)' = \boxed{\text{(a)}}$$

$f(x)$ は，微分可能な関数より，平均値の定理を用いて，

$$\frac{f(b)-f(a)}{b-a} = f'(c) \quad (a < c < b)$$

すなわち，

$$\frac{be^b - ae^a}{b-a} = \boxed{\text{(b)}} \quad (a < c < b) \quad \cdots\cdots ①$$

をみたす c が存在する。

右図より，$f'(x) = (x+1)e^x$ は，$x > 0$ で単調に増加するので，$c > a$ より，

$$\boxed{\text{(b)}} > \boxed{\text{(c)}}$$

よって，①は，

$$\frac{be^b - ae^a}{b-a} = \boxed{\text{(b)}} > \boxed{\text{(c)}}$$

$$\therefore \quad \frac{be^b - ae^a}{b-a} > \boxed{\text{(c)}}$$

$b - a > 0$ より，この両辺に $(b-a)$ をかけると，

$be^b - ae^a > (b-a)(a+1)e^a$ なので，与式は成り立つ。 ……(終)

(a) $e^x + x \cdot e^x = (x+1) \cdot e^x$ (b) $(c+1)e^c$ (c) $(a+1)e^a$

演習問題 7-2 次の関数の極限を求めよ。

(1) $\displaystyle\lim_{x \to 0} \frac{\ln(1+x) - x}{x^2}$ (2) $\displaystyle\lim_{x \to +0} x^x$ $(x > 0)$

ヒント！ (1)は $\frac{0}{0}$ の不定形なので，ロピタルの定理を使うといいね。(2)は自然対数をとって，ロピタルの定理を使うといいよ。

解答 & 解説 (1) $f(x) = \ln(1+x) - x$, $g(x) = x^2$ とおくと，

$$f'(x) = \frac{1}{1+x} - 1 = \frac{1-(1+x)}{1+x} = -\frac{x}{1+x}, \quad g'(x) = 2x$$

以上より，ロピタルの定理を用いて，

$$\lim_{x \to 0} \frac{\ln(1+x) - x}{x^2} \quad \boxed{\frac{0}{0}} = \lim_{x \to 0} \frac{f(x)}{g(x)} = \lim_{x \to 0} \frac{f'(x)}{g'(x)}$$

$$= \lim_{x \to 0} \frac{-\dfrac{x}{1+x}}{2x} = \lim_{x \to 0} \frac{-x}{2x(1+x)}$$

$$= \lim_{x \to 0} \frac{-1}{2(1+x)} = -\frac{1}{2} \quad \cdots\cdots(答)$$

(2) $x > 0$ より，x^x は正なので，自然対数をとって

$$\ln x^x = x \cdot \ln x$$

まず，この極限をロピタルの定理を使って求めると，

$$\lim_{x \to +0} \ln x^x = \lim_{x \to +0} x \cdot \ln x = \lim_{x \to +0} \frac{\ln x}{\dfrac{1}{x}} = \lim_{x \to +0} \frac{\dfrac{1}{x}}{-\dfrac{1}{x^2}}$$

ロピタルの定理だ！

$$= \lim_{x \to +0} (-x) = 0 = \ln 1$$

∴ $\displaystyle\lim_{x \to +0} \ln x^x = \ln 1$ より，

$$\lim_{x \to +0} x^x = 1 \quad \cdots\cdots(答)$$

実習問題 7-2 次の関数の極限を求めよ。

(1) $\lim_{x \to \infty} \dfrac{x^2}{e^x}$

(2) $\lim_{x \to +0} (\sin x)^x \quad \left(0 < x < \dfrac{\pi}{2}\right)$

ヒント! (1) は ∞/∞ の不定形なので，ロピタルの定理を 2 回使えばいい。
(2) は自然対数をとって，極限を求めるんだね。

解答 & 解説 (1) $f(x) = x^2$, $g(x) = e^x$ とおくと，

$$f'(x) = 2x, \; g'(x) = e^x, \; f''(x) = 2, \; g''(x) = \boxed{(a)}$$

以上より，ロピタルの定理を用いて，

$$\lim_{x \to \infty} \frac{x^2}{e^x} = \lim_{x \to \infty} \frac{f(x)}{g(x)} = \lim_{x \to \infty} \frac{f'(x)}{g'(x)}$$

← コレは $\lim_{x \to \infty} \dfrac{2x}{e^x}$ で，まだ $\dfrac{\infty}{\infty}$ の不定形！

$$= \lim_{x \to \infty} \frac{f''(x)}{g''(x)} = \lim_{x \to \infty} \frac{2}{e^x} = \boxed{(b)} \quad \cdots\cdots(答)$$

(2) $0 < x < \dfrac{\pi}{2}$ より，$(\sin x)^x$ は正なので，自然対数をとって

$$\ln (\sin x)^x = \boxed{(c)}$$

まず，この極限をロピタルの定理を使って求めると，

$$\lim_{x \to +0} \ln (\sin x)^x = \lim_{x \to +0} \boxed{(c)}$$

$$= \lim_{x \to +0} \frac{\overbrace{\ln(\sin x)}^{f(x)}}{\underbrace{\dfrac{1}{x}}_{g(x)}} = \lim_{x \to +0} \frac{\overbrace{\dfrac{\cos x}{\sin x}}^{f'(x)}}{\underbrace{-\dfrac{1}{x^2}}_{g'(x)}}$$

$$= \lim_{x \to +0} \left(-\underbrace{\frac{x}{\sin x}}_{1} \cdot \underbrace{x}_{0} \cdot \underbrace{\cos x}_{1} \right) = 0 = \ln 1$$

∴ $\lim_{x \to +0} \ln (\sin x)^x = \ln 1$ より，

$$\lim_{x \to +0} (\sin x)^x = \boxed{(d)} \quad \cdots\cdots(答)$$

(a) e^x　(b) 0　(c) $x \cdot \ln(\sin x)$　(d) 1

講義 LECTURE 08 テイラー展開とマクローリン展開

　1変数関数の微分法も，いよいよクライマックスに入るよ。扱うテーマは，**テイラー展開**と**マクローリン展開**だ。これらは，さまざまな関数を有理整関数（n 次式，または ∞ 次の式）で近似しようというものなんだ。

　エッ，難しそうだって？ 確かに，ズラーッと並んだ級数の形を見ると大変と思うかもしれないね。でも，ある関数 $f(x)$ を x の1次関数で近似するのは，意識しなかったかもしれないけど，実は関数の極限のところで既にやっていたんだよ。まず，その話から始めることにしよう。

●まず1次近似から始めよう！

　関数の極限の重要公式で，$\lim_{x \to 0} \dfrac{e^x - 1}{x} = 1$ というのがあったね。これは，x を限りなく0に近づけていったとき，$\dfrac{e^x - 1}{x}$ は限りなく1に近づくことを示しているわけだ。しかし，もう少し条件をゆるめて，$x \fallingdotseq 0$ とすると，$\dfrac{e^x - 1}{x} \fallingdotseq 1$ と見ることもできる。これを書き換えると，

　　$x \fallingdotseq 0$ のとき　　$e^x \fallingdotseq x + 1$

図 8-1 ● $x \fallingdotseq 0$ では $e^x \fallingdotseq x + 1$

　つまり，$x = 0$ の近くでは，曲線 $y = e^x$ が直線 $y = x + 1$ で近似できるといっているんだ。指数関数 $y = e^x$ と直線 $y = x + 1$ とは，まったく形の異なる関数だけど，図 8-1 に示すように，確かに $x = 0$ の付近では，$y = e^x$ と $y = x + 1$ との区別がつかなくなっているね。

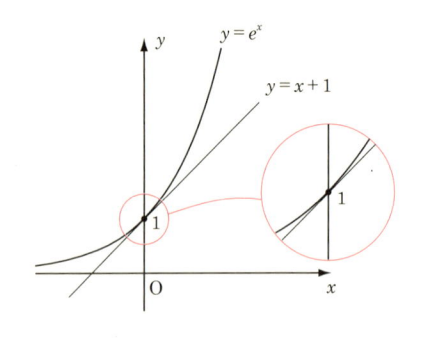

一般に，$y=f(x)$ 上の点 $(t, f(t))$ における接線の公式は，次のように与えられる。

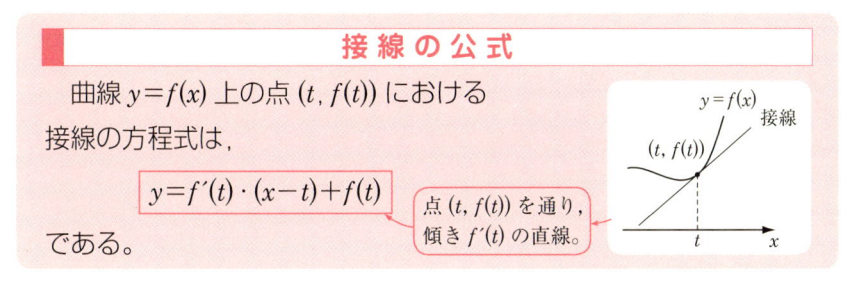

接線の公式

曲線 $y=f(x)$ 上の点 $(t, f(t))$ における接線の方程式は，

$$y=f'(t)\cdot(x-t)+f(t)$$

である。

点 $(t, f(t))$ を通り，傾き $f'(t)$ の直線。

ここで，$y=f(x)=e^x$ とおくと，$f'(x)=e^x$ より，$f'(0)=e^0=1$。
よって，曲線 $y=f(x)=e^x$ 上の点 $(0, f(0))$ における接線の方程式は，$y=1\cdot(x-0)+1$ [$y=f'(0)\cdot(x-0)+f(0)$] だね。よって，$y=x+1$ は $y=f(x)=e^x$ の点 $(0, f(0))$ における接線だから，$x=0$ の付近では，$y=f(x)$ を直線 $y=x+1$ で近似できるんだ。このように，$x\fallingdotseq 0$ では，微分可能な一般の関数 $f(x)$ では，$f(x)\fallingdotseq f'(0)\cdot x+f(0)$ の近似式が成り立つ。

点 $(0, f(0))$ における接線

曲線 $f(x)$ を x の 1 次式で近似しているので，これを第 1 次近似と呼び，次のように書き換えて表す。

$$f(x)\fallingdotseq f(0)+f'(0)x \quad (x\fallingdotseq 0)$$

左辺 $f(x)$ を x で微分して $f'(x)$ を求め，これに $x=0$ を代入した微分係数 $f'(0)$ は，右辺 $\underbrace{f(0)}_{\text{定数}}+\underbrace{f'(0)}_{\text{定数}}x$ を x で微分した $f'(0)$ と一致する。

それでは，近似の精度を上げて，$y=f(x)$ を x の 2 次式で近似 (第 2 次近似) したらどうなると思う？ この近似式を，x^2 の係数を a として，

$$f(x)\fallingdotseq f(0)+f'(0)x+ax^2 \quad (x\fallingdotseq 0)$$

とおく。ここで，$x=0$ での左辺の 2 階の導関数の値は当然 $f''(0)$ だ。
これに対して，右辺 $y=f(0)+f'(0)x+ax^2$ を x で 2 回微分すると，

$$y'=f'(0)+2ax, \quad y''=2a$$

となるから，$2a=f''(0)$ とすればいいね。これから，$a=\dfrac{f''(0)}{2}$ だ。

よって，$x ≒ 0$ における $f(x)$ の第 2 次近似の式は，

$$f(x) ≒ f(0) + f'(0)x + \frac{f''(0)}{2}x^2 \quad (x ≒ 0)$$

さらに，$f(x)$ を x の 3 次式で近似すると，

$$f(x) ≒ f(0) + f'(0)x + \frac{f''(0)}{2}x^2 + bx^3 \quad (x ≒ 0)$$

となるよね。ここで，$x = 0$ での左辺の 3 階の導関数の値は $f^{(3)}(0)$ だ。

これに対して，右辺 $f(0) + f'(0)x + \frac{f''(0)}{2}x^2 + bx^3$ を x で 3 回微分すると，

$$y' = f'(0) + f''(0)x + 3bx^2, \quad y'' = f''(0) + 6bx, \quad f'''(x) = 6b$$

となるから，$6b = f^{(3)}(0)$ とすれば，$b = \frac{f^{(3)}(0)}{6}$ となる。

よって，$x ≒ 0$ における $f(x)$ の 3 次の近似式は

$$f(x) ≒ f(0) + f'(0)x + \frac{f''(0)}{\underset{2!}{②}}x^2 + \frac{f'''(0)}{\underset{3!}{⑥}}x^3 \quad (x ≒ 0)$$

となるんだよ。この操作を繰り返し行うと，$x ≒ 0$ において，$f(x)$ は，

$$f(x) ≒ f(0) + \frac{f'(0)}{1!}x + \frac{f''(0)}{2!}x^2 + \frac{f'''(0)}{3!}x^3 + \cdots + \frac{f^{(n)}(0)}{n!}x^n$$

と近似できる。これをさらに無限まで拡張したものが，関数 $f(x)$ の**マクローリン展開**と呼ばれるものなんだよ。もちろん，この公式が使える関数 $f(x)$ は，x で何回でも微分できるという前提条件がつくんだけどね。

どう？ マクローリン展開も身近に感じられるようになったかな？ それでは，"テイラーの定理"や"テイラー展開"の解説に入るよ。

●テイラーの定理からテイラー展開への流れをつかもう！

$f(x)$ を，$x=a$ の近くで，x の多項式で近似することがテイラー展開になるんだけど，その前に，その基となる "テイラーの定理" から解説するよ。

> ### テイラーの定理
>
> 関数 $f(x)$ が (a, b) 上で $n+1$ 回微分可能ならば，ある c $(a<c<b)$ が存在して，次の関係式が成り立つ。
>
> $$f(b)=f(a)+\frac{f'(a)}{1!}(b-a)+\frac{f''(a)}{2!}(b-a)^2+\cdots+\frac{f^{(n)}(a)}{n!}(b-a)^n+R_{n+1}$$
>
> $$\left(\text{ただし，} R_{n+1}=\frac{f^{(n+1)}(c)}{(n+1)!}(b-a)^{n+1}\right)$$

R_{n+1} をラグランジュの剰余項と呼び，$f(b)$ を $(b-a)^k$ $(k=1, 2, \cdots, n)$ の多項式で近似するときの誤差を表す。これをまず，$R_{n+1}=\dfrac{K}{(n+1)!}(b-a)^{n+1}$ とおいたとき，$K=f^{(n+1)}(c)$ と表されることを，ロルの定理を使って証明しよう。

$$f(b)-\left\{f(a)+\frac{f'(a)}{1!}(b-a)+\cdots+\frac{f^{(n)}(a)}{n!}(b-a)^n\right\}$$
$$=\frac{K}{(n+1)!}(b-a)^{n+1} \quad \cdots\cdots ①$$

とおく。ここで，関数 $F(x)$ を次式で定義する。

$$F(x)=f(b)-\left\{f(x)+\frac{f'(x)}{1!}(b-x)+\frac{f''(x)}{2!}(b-x)^2+\cdots\right.$$
$$\left.\cdots+\frac{f^{(n)}(x)}{n!}(b-x)^n+\frac{K}{(n+1)!}(b-x)^{n+1}\right\} \quad \cdots\cdots ②$$

この x に a, b を代入すると，

$$F(a)=f(b)-\left\{f(a)+\frac{f'(a)}{1!}(b-a)+\cdots+\frac{f^{(n)}(a)}{n!}(b-a)^n\right.$$
$$\left.+\frac{K}{(n+1)!}(b-a)^{n+1}\right\} \quad \boxed{f(b)-\frac{K}{(n+1)!}(b-a)^{n+1} \text{ （①より）}}$$
$$=f(b)-\left\{f(b)-\frac{K}{(n+1)!}(b-a)^{n+1}+\frac{K}{(n+1)!}(b-a)^{n+1}\right\}=0$$

$$F(b) = f(b) - \left\{ f(b) + \frac{f'(b)}{1!}(b-b) + \cdots + \frac{K}{(n+1)!}(b-b)^{n+1} \right\} = 0$$

以上から，$F(x)$ は (a, b) で微分可能，かつ $F(a) = F(b) = 0$ となるので，ロルの定理より $F'(c) = 0$ （$a < c < b$）をみたす c が必ず存在する。

よって，②をまず x で微分すると，

$$F'(x) = -\left\{ f^{(1)}(x) + \frac{f^{(2)}(x)}{1!}(b-x) - \frac{f^{(1)}(x)}{1!} + \frac{f^{(3)}(x)}{2!}(b-x)^2 - \frac{f^{(2)}(x)}{1!}(b-x) + \cdots \right.$$

$$\left. \cdots + \frac{f^{(n+1)}(x)}{n!}(b-x)^n - \frac{f^{(n)}(x)}{(n-1)!}(b-x)^{n-1} - \frac{K}{n!}(b-x)^n \right\}$$

$$= -\frac{f^{(n+1)}(x)}{n!}(b-x)^n + \frac{K}{n!}(b-x)^n = \frac{(b-x)^n}{n!}\left\{ K - f^{(n+1)}(x) \right\}$$

ロルの定理より，$F'(c) = \boxed{\frac{(b-c)^n}{n!}}\left\{ K - f^{(n+1)}(c) \right\} = 0$ （$a < c < b$）をみたす c が存在するので，$K = f^{(n+1)}(c)$ が証明できた。

テイラーの定理の b に x を代入し，かつ，$n \to \infty$ のとき $R_{n+1} \to 0$ となるならば，関数 $f(x)$ は a を含むある区間（a の付近）で $(x-a)^k$（$k = 1, 2, \cdots$）の無限級数の和で表せる。これを"テイラー展開"というんだよ。

テイラー展開

関数 $f(x)$ が $x = a$ を含む区間で，何回でも微分可能であり，かつ，$\lim_{n \to \infty} R_{n+1} = 0$ のとき，$f(x)$ は次式で表される。

$$f(x) = f(a) + \frac{f'(a)}{1!}(x-a) + \frac{f''(a)}{2!}(x-a)^2 + \cdots + \frac{f^{(n)}(a)}{n!}(x-a)^n + \cdots$$

テイラー展開は，曲線 $y = f(x)$ の $x = a$ 付近における無限次の近似と見ることができる。特に，右辺の始めの2項だけをとると，$f(x) \fallingdotseq f(a) + f'(a)(x-a)$ となって $f(x)$ を点 $(a, f(a))$ における接線で第1次近似した式になることがわかるだろう？

点 $(a, f(a))$ における $f(x)$ の接線

テイラー展開の a を $a=0$ としたもの，すなわち $x=0$ 付近での $f(x)$ の無限次の近似が，最初に解説したマクローリン展開だったんだね。

■ マクローリン展開

関数 $f(x)$ が $x=0$ を含む区間で何回でも微分可能であり，かつ，$\lim_{n \to \infty} R_{n+1} = 0$ のとき，$f(x)$ は次式で表される。

$$f(x) = f(0) + \frac{f'(0)}{1!}x + \frac{f''(0)}{2!}x^2 + \cdots + \frac{f^{(n)}(0)}{n!}x^n + \cdots$$

一般の関数 $f(x) = \ln(1+x)$ などを，x のべき乗関数の級数の展開式で完全に近似することは無理なんだ。級数の展開式で近似できる，すなわち $R_{n+1} \to 0$ となる x の値の範囲は関数によって異なる。この近似できる範囲のことを，収束半径と呼んでいる。

これを正確に理解するにはさらに進んだ勉強が必要なんだけど，今は予め与えられているものとして考えてくれたらいいよ。

それでは，早速 $f(x) = e^x$ のマクローリン展開を求めてみよう。
$f(x) = e^x$ より，$f'(x) = e^x$, $f''(x) = e^x$, $f'''(x) = e^x$, $\cdots$, $f^{(n)}(x) = e^x$, $\cdots$
よって，$f(0) = e^0 = 1$, $f'(0) = 1$, $f''(0) = 1$, $f'''(0) = 1$, $\cdots$, $f^{(n)}(0) = 1$, $\cdots$
以上から，マクローリン展開の式より，

$$f(x) = e^x = \underbrace{f(0)}_{1} + \frac{\overbrace{f^{(1)}(0)}^{1}}{1!}x + \frac{\overbrace{f^{(2)}(0)}^{1}}{2!}x^2 + \cdots + \frac{\overbrace{f^{(n)}(0)}^{1}}{n!}x^n + \cdots$$

$$\therefore \quad e^x = 1 + \frac{x}{1!} + \frac{x^2}{2!} + \cdots + \frac{x^n}{n!} + \cdots \quad \underbrace{(-\infty < x < \infty)}_{\text{収束半径}}$$

公式の証明は結構大変だったけど，テイラー展開もマクローリン展開も実用的な公式なので，どんどん計算して慣れていくといいね。ところで，実際にこれらの公式が近似公式として役に立つかというと，ボクはそれ程とは思っていない。さらに勉強を進めて"フーリエ級数展開（三角関数の級数による近似）"までマスターすれば，とても使えて本当に面白くなるんだよ。

演習問題 8-1

$\sin x$ のマクローリン展開を求めよ。
（ただし，$-\infty < x < \infty$）

ヒント! $f(x) = \sin x$ とおいて，微分係数を $f^{(1)}(0), f^{(2)}(0), \cdots$ と求めると，1, 0, -1, 0, $\cdots$, の規則性があることがわかるはずだ。これを，マクローリン展開の公式に利用すればいい。

解答 & 解説

$f(x) = \sin x$ とおくと，$f(0) = 0$,
$f^{(1)}(x) = \cos x, \ f^{(2)}(x) = -\sin x, \ f^{(3)}(x) = -\cos x, \ f^{(4)}(x) = \sin x$,
$f^{(5)}(x) = \cos x, \ f^{(6)}(x) = -\sin x, \ f^{(7)}(x) = -\cos x, \ f^{(8)}(x) = \sin x, \cdots$ より，
$f^{(1)}(0) = 1, \ f^{(2)}(0) = 0, \ f^{(3)}(0) = -1, \ f^{(4)}(0) = 0, \ f^{(5)}(0) = 1, \ f^{(6)}(0) = 0, \cdots$

（以下，この繰り返し！）

以上より，$\sin x$ をマクローリン展開すると，

$$\sin x = f(0) + \frac{f^{(1)}(0)}{1!} x + \frac{f^{(2)}(0)}{2!} x^2 + \frac{f^{(3)}(0)}{3!} x^3 + \frac{f^{(4)}(0)}{4!} x^4$$

$$+ \frac{f^{(5)}(0)}{5!} x^5 + \frac{f^{(6)}(0)}{6!} x^6 + \frac{f^{(7)}(0)}{7!} x^7 + \frac{f^{(8)}(0)}{8!} x^8 + \cdots$$

$$= x - \frac{1}{3!} x^3 + \frac{1}{5!} x^5 - \frac{1}{7!} x^7 + \cdots$$

以上より，$\sin x$ は次のようにマクローリン展開できる。

$$\sin x = x - \frac{x^3}{3!} + \frac{x^5}{5!} - \frac{x^7}{7!} + \cdots + \frac{(-1)^{n-1} x^{2n-1}}{(2n-1)!} + \cdots$$

$(-\infty < x < \infty)$ ……(答)

実習問題 8-1

$\cos x$ のマクローリン展開を求めよ。

(ただし，$-\infty < x < \infty$)

ヒント! $f(x) = \cos x$ とおくと，$f^{(1)}(0), f^{(2)}(0), \cdots$ に周期性があるので，これを利用して，マクローリン展開すればいい。ここでは，さらに，オイラーの公式 $e^{i\theta} = \cos\theta + i\sin\theta$ も説明しておくよ。

解答 & 解説

$f(x) = \cos x$ とおくと，$f(0) = 1$，$f^{(1)}(x) = -\sin x$，$f^{(2)}(x) = -\cos x$，
$f^{(3)}(x) = $ (a) ， $f^{(4)}(x) = $ (b) ，…より，
$f^{(1)}(0) = 0$，$f^{(2)}(0) = -1$，$f^{(3)}(0) = $ (c) ， $f^{(4)}(0) = $ (d) ，…

以下，この繰り返し！

以上より，$\cos x$ をマクローリン展開すると，

$$\cos x = \overset{1}{f(0)} + \frac{\overset{0}{f^{(1)}(0)}}{1!}x + \frac{\overset{-1}{f^{(2)}(0)}}{2!}x^2 + \frac{\overset{0}{f^{(3)}(0)}}{3!}x^3 + \frac{\overset{1}{f^{(4)}(0)}}{4!}x^4 + \cdots$$

$$= 1 - \frac{x^2}{2!} + \frac{x^4}{4!} - \cdots + \boxed{(e)} + \cdots$$

$(-\infty < x < \infty)$ ……(答)

オイラーの公式

e^x のマクローリン展開の式の x に，$i\theta$ ($i = \sqrt{-1}$) を代入すると，

$$e^{i\theta} = 1 + \frac{i\theta}{1!} + \frac{\overset{-\theta^2}{(i\theta)^2}}{2!} + \frac{\overset{-i\theta^3}{(i\theta)^3}}{3!} + \frac{\overset{\theta^4}{(i\theta)^4}}{4!} + \frac{\overset{i\theta^5}{(i\theta)^5}}{5!} + \frac{\overset{-\theta^6}{(i\theta)^6}}{6!} + \cdots$$

$$= \left(1 - \frac{\theta^2}{2!} + \frac{\theta^4}{4!} - \frac{\theta^6}{6!} + \cdots\right) + i\left(\theta - \frac{\theta^3}{3!} + \frac{\theta^5}{5!} - \cdots\right) = \underline{\cos\theta} + \underline{i\sin\theta}$$

となる。この美しい等式をオイラーの公式というんだ。

(a) $\sin x$ (b) $\cos x$ (c) 0 (d) 1 (e) $\dfrac{(-1)^n x^{2n}}{(2n)!}$

演習問題 8-2

$\ln(1+x)$ のマクローリン展開を求めよ。

（ただし，$-1 < x < 1$）

ヒント! $f(x) = \ln(1+x)$ とおいて，$f^{(1)}(0), f^{(2)}(0), \cdots$，を求めると，この微分係数にも法則性があることに気づくはずだ。これを利用して，マクローリン展開の公式にもちこむといいよ。

解答 & 解説

$f(x) = \ln(1+x)$ とおくと，$f(0) = \ln 1 = 0$,

$f^{(1)}(x) = (1+x)^{-1}, \quad f^{(2)}(x) = -1 \cdot (1+x)^{-2} = -1!(1+x)^{-2}$,

$f^{(3)}(x) = -2 \cdot (-1) \cdot (1+x)^{-3} = 2!(1+x)^{-3}$,

$f^{(4)}(x) = -3 \cdot 2! (1+x)^{-4} = -3!(1+x)^{-4}, \cdots$,

$f^{(n)}(x) = (-1)^{n-1} \cdot (n-1)!(1+x)^{-n}, \cdots$

よって，各微分係数の値は，

$f^{(1)}(0) = 1, \quad f^{(2)}(0) = -1!, \quad f^{(3)}(0) = 2!, \quad f^{(4)}(0) = -3!, \cdots$,

$f^{(n)}(0) = (-1)^{n-1} \cdot (n-1)!, \cdots$

以上より，$\ln(1+x)$ をマクローリン展開すると，

$$\ln(1+x) = \underbrace{f(0)}_{0} + \underbrace{\frac{f^{(1)}(0)}{1!}}_{1} x + \underbrace{\frac{f^{(2)}(0)}{2!}}_{-\frac{1}{2}} x^2 + \underbrace{\frac{f^{(3)}(0)}{3!}}_{\frac{2!}{3!}=\frac{1}{3}} x^3 + \underbrace{\frac{f^{(4)}(0)}{4!}}_{\frac{-3!}{4!}=-\frac{1}{4}} x^4 + \cdots$$

$$\cdots + \underbrace{\frac{(-1)^{n-1}(n-1)!}{n!}}_{\frac{1}{n}} x^n + \cdots$$

$$= x - \frac{x^2}{2} + \frac{x^3}{3} - \frac{x^4}{4} + \cdots + \frac{(-1)^{n-1} x^n}{n} + \cdots$$

$(-1 < x < 1)$ ……（答）

実習問題 8-2

$\cosh x$ のマクローリン展開を求めよ。

（ただし，$-\infty < x < \infty$）

ヒント！ $f(x) = \cosh x$ とおくと，$f'(x) = \sinh x$，$f''(x) = \cosh x$，…と，同じ関数が繰り返されるので，計算は楽なはずだ。これで，マクローリン展開にも慣れることができただろう？

解答 & 解説

$f(x) = \cosh x = \dfrac{e^x + e^{-x}}{2}$ とおくと，$f(0) = \dfrac{e^0 + e^0}{2} = 1$，

$f^{(1)}(x) = \dfrac{e^x - e^{-x}}{2} = \sinh x$，$f^{(2)}(x) = \dfrac{e^x + e^{-x}}{2} = \cosh x$，…

$f^{(n)}(x) = \begin{cases} \boxed{\text{(a)}} & (n：偶数のとき) \\ \boxed{\text{(b)}} & (n：奇数のとき) \end{cases}$

よって，各微分係数の値は，

$f^{(1)}(0) = \sinh 0 = \dfrac{e^0 - e^0}{2} = 0$，$f^{(2)}(0) = \cosh 0 = 1$，…

$f^{(n)}(0) = \begin{cases} \boxed{\text{(c)}} & (n：偶数) \\ \boxed{\text{(d)}} & (n：奇数) \end{cases}$

以上より，$\cosh x$ をマクローリン展開すると，

$\cosh x = \underbrace{f(0)}_{1} + \dfrac{\overbrace{f^{(1)}(0)}^{0}}{1!}x + \dfrac{\overbrace{f^{(2)}(0)}^{1}}{2!}x^2 + \dfrac{\overbrace{f^{(3)}(0)}^{0}}{3!}x^3 + \dfrac{\overbrace{f^{(4)}(0)}^{1}}{4!}x^4 + \cdots$

$\cdots + \dfrac{\overbrace{f^{(2n)}(0)}^{1}}{(2n)!}x^{2n} + \cdots$

$= 1 + \dfrac{x^2}{2!} + \dfrac{x^4}{4!} + \cdots + \boxed{\text{(e)}} + \cdots$

$(-\infty < x < \infty)$　……(答)

(a) $\cosh x$　　(b) $\sinh x$　　(c) 1　　(d) 0　　(e) $\dfrac{x^{2n}}{(2n)!}$

講義 LECTURE 09 微分法の応用

　今回の講義では，複雑な形をした関数のグラフの概形を描いてみようと思う。そのためには，導関数で関数の増減・極値を調べ，2階の導関数で関数の凹凸・変曲点を求める。さらに，ロピタルの定理も利用して，$x \to \pm\infty$ のときなどの関数の極限を調べれば，関数のグラフの概形をおさえることができるんだよ。

● $f'(x)$ の正・負で，関数 $f(x)$ の増・減が決まる！

> **$y = f(x)$ の増加・減少**
>
> 　関数 $f(x)$ が $a < x < b$ で微分可能のとき，この区間で，
> (i) $f'(x) > 0$ ならば，$f(x)$ は単調に増加する。
> (ii) $f'(x) < 0$ ならば，$f(x)$ は単調に減少する。

　これも明らかだけど，平均値の定理を使えば次のように示せるんだ。
　$[a, b]$ で連続，(a, b) で微分可能な関数 $f(x)$ について，平均値の定理より，

$$\frac{f(\underset{a+\Delta x}{b}) - f(a)}{\underset{a+\Delta x}{b} - a} = f'(c) \quad (a < c < b)$$

が成り立つ。よって，これに $b = a + \Delta x \; (0 < \Delta x < b - a)$ を代入すると，

$$f(a + \Delta x) = f(a) + \underline{f'(c) \cdot \Delta x}_{(+)}$$

ここで，$a < x < b$ の区間で，$f'(x) > 0$ とすると，$f'(c) > 0$，$\Delta x > 0$ より，この区間では，常に $f(a + \Delta x) > f(a)$ が成り立つ。
　つまり，(i) $a < x < b$ で，$f'(x) > 0$ ならば，$f(x)$ は単調に増加するんだね。(ii) の減少についても，同様に示せばいいよ。

●極大値・極小値と最大値・最小値を区別しよう！

極値(極大値と極小値の総称)の定義を下に書いておくよ。

> ### 極大値・極小値の定義
>
> 連続な関数 $f(x)$ が，p に十分近いすべての x に対して，
> (i) $f(p) > f(x)$ が成り立つとき，$f(x)$ は $x = p$ で極大であるといい，$f(p)$ を**極大値**という。
> (ii) $f(p) < f(x)$ が成り立つとき，$f(x)$ は $x = p$ で極小であるといい，$f(p)$ を**極小値**という。

この極大・極小と，最大・最小は明確に区別できないといけない。図9-1に，区間 $a \leq x \leq b$ で定義された連続な関数 $y = f(x)$ の例を示すよ。

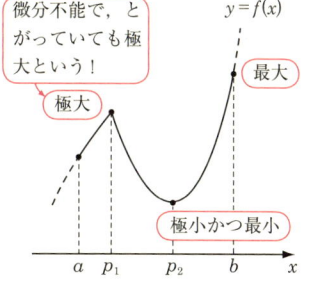

この区間内で，最大の値が最大値，最小の値が最小値で，図9-1では，$y = f(x)$ は $x = b$ で最大値，$x = p_2$ で最小値をとる。これに対して，極大値と極小値とは，この区間内における局所的な最大値・最小値のことなので，この図では，$x = p_1$ のとき極大値を，$x = p_2$ で極小値をとっているね。

図9-1 ●極大・極小と最大・最小

（微分不能で，とがっていても極大という！）
極大
最大
$y = f(x)$
極小かつ最小
a p_1 p_2 b x

ここで関数 $f(x)$ が微分可能な関数のとき，関数 $y = f(x)$ が $x = p$ で極値(極大値または極小値)をとるならば， $\boxed{f'(p) = 0}$ となる。ここで気をつけてほしいのは，$f'(p) = 0$ となったからといって，$x = p$ で極値をとるとは限らないことだ。

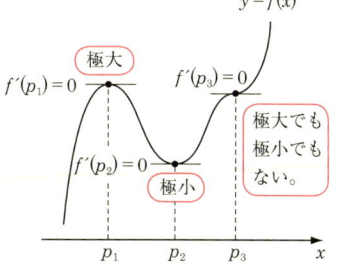

図9-2のように，微分可能な関数 $y = f(x)$ は，$x = p_1$ で極大，$x = p_2$ で極小となるけれども，$f'(p_3) = 0$ となる $x = p_3$ では，極大にも極小にもなっていないのがわかるね。

図9-2 ● $f'(p) = 0$ と極大・極小

$y = f(x)$
$f'(p_1) = 0$ 極大
$f'(p_3) = 0$
$f'(p_2) = 0$ 極小
極大でも極小でもない。
p_1 p_2 p_3 x

講義09 ●微分法の応用

● **$f''(x)$ の符号で，凹凸がわかる！**

2階の導関数 $f''(x)$ は，$f'(x)$ を微分したものだから，図 9-3 に示すように，$f''(x)>0$ のとき，接線の傾き $f'(x)$ は増加していき，$f''(x)<0$ のとき，$f'(x)$ が減少することがわかるね。

図 9-3　(ⅰ) $f''(x)>0$ のとき　　(ⅱ) $f''(x)<0$ のとき

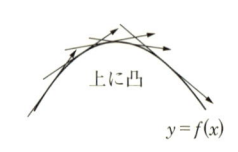

下に凸　　　　上に凸　　$y=f(x)$

よって，$f''(x)$ の符号によって，$y=f(x)$ のグラフの凹凸が決まるんだよ。

$f''(x)$ の符号と $y=f(x)$ のグラフの凹凸

2回微分可能な関数 $f(x)$ について，
(ⅰ) $f''(x)>0$ のとき，下に凸なグラフになる。
(ⅱ) $f''(x)<0$ のとき，上に凸なグラフになる。

$f''(p)=0$ かつ，$x=p$ の前後で，$f''(x)$ の符号が変化するとき，点 $(p, f(p))$ を，$y=f(x)$ の **変曲点** という。この変曲点を境にして，$y=f(x)$ のグラフの凹凸が変化するんだよ。

● **実際にグラフを描いてみよう！**

以上の知識と，関数の極限の計算ができれば，さまざまな関数のグラフの概形を描くことができるんだよ。ここで，1つの例として，$y=f(x)=\dfrac{\ln x}{x}$ $(x>0)$ のグラフの概形を描いてみよう。

まず，$f(x)$ を x で微分して，

$$f'(x) = \frac{\frac{1}{x}\cdot x - \ln x \cdot 1}{x^2} = \frac{1-\ln x}{x^2}$$

分母は常に正なので，$f'(x)$ の符号を決定する本質的な部分を $\tilde{f}'(x)$ とおくと，$\tilde{f}'(x) = 1-\ln x$ だ！

$f'(x)=0$ のとき，
$1-\ln x = 0$,　$\ln x = 1$　　∴ $x=e$

$\tilde{f}'(x) = 1-\ln x$

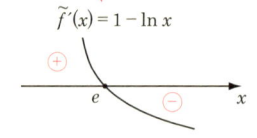

さらに，x で微分して，

$$f''(x) = \frac{-\frac{1}{x} \cdot x^2 - (1 - \ln x) \cdot 2x}{x^4}$$

$$= \underbrace{\frac{2\ln x - 3}{x^3}}_{\oplus}\underbrace{}_{\tilde{f}''(x)} \quad \text{($f''(x)$ の符号に関する本質的な部分)}$$

$f''(x) = 0$ のとき，$2\ln x - 3 = 0$

$\ln x = \dfrac{3}{2} \qquad x = e^{\frac{3}{2}} = e\sqrt{e}$

$\tilde{f}''(x) = 2\ln x - 3$ のグラフ（$e\sqrt{e}$ を境に $\ominus$ から $\oplus$）

以上より，$y = f(x)$ の増減・凹凸表を右に示す。

極大値 $f(e) = \dfrac{\ln e}{e} = \dfrac{1}{e}$

$f\left(e^{\frac{3}{2}}\right) = \dfrac{\overbrace{\ln e^{\frac{3}{2}}}^{\frac{3}{2}}}{e^{\frac{3}{2}}} = \dfrac{3}{2e^{\frac{3}{2}}}$

$= \dfrac{3}{2e\sqrt{e}}$

よって，変曲点 $\left(e\sqrt{e}, \dfrac{3}{2e\sqrt{e}}\right)$。

増減・凹凸表 ($0 < x$)

x	0		e		$e\sqrt{e}$	
$f'(x)$		+	0	−	−	−
$f''(x)$		−	−	−	0	+
$f(x)$		↗	$\dfrac{1}{e}$	↘	$\dfrac{3}{2e\sqrt{e}}$	↘

$\displaystyle\lim_{x \to +0} f(x) = \lim_{x \to +0} \underbrace{\frac{1}{x}}_{+\infty} \underbrace{\ln x}_{-\infty} = -\infty$

$\displaystyle\lim_{x \to \infty} f(x) = \lim_{x \to \infty} \frac{\ln x}{x}$ （$\dfrac{\infty}{\infty}$ の不定形だから，ロピタルの出番だ！）

$= \displaystyle\lim_{x \to \infty} \frac{(\ln x)'}{x'} = \lim_{x \to \infty} \frac{\frac{1}{x}}{1}$

$= \displaystyle\lim_{x \to \infty} \underbrace{\frac{1}{x}}_{\infty} = 0$

図 9-4 ● $y = f(x) = \dfrac{\ln x}{x}$ のグラフ

（極大，変曲点 $\left(e\sqrt{e}, \dfrac{3}{2e\sqrt{e}}\right)$，$\displaystyle\lim_{x \to \infty} f(x) = 0$，$\displaystyle\lim_{x \to +0} f(x) = 0$ を示すグラフ）

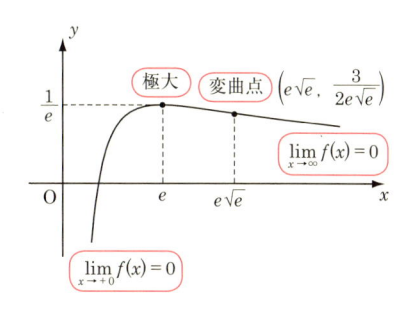

以上より，$y = f(x)$ のグラフを図 9-4 に示す。どう？ コツはつかめた？

講義09 ● 微分法の応用　97

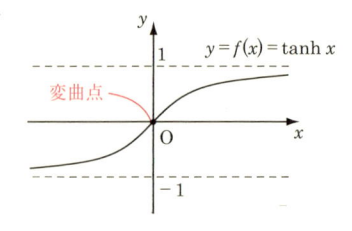

演習問題 9-1 関数 $f(x) = \tanh x$ のグラフの概形を描け。

ヒント! $f(-x) = -f(x)$ から，$y = f(x)$ が奇関数であることに気づくはずだ。だから，グラフは原点に対称になるよね。あとは，$x \geq 0$ の範囲で $y = f(x)$ を微分，2回微分して増減・凹凸を調べ，極限を求めればいいんだよ。

解答 & 解説

$y = f(x) = \tanh x = \dfrac{e^x - e^{-x}}{e^x + e^{-x}}$ について，$f(-x) = \dfrac{e^{-x} - e^x}{e^{-x} + e^x} = -\dfrac{e^x - e^{-x}}{e^x + e^{-x}}$

$= -f(x)$ から，$y = f(x)$ は奇関数である。

よって，$y = f(x)$ のグラフは原点に関して対称なので，まず，$x \geq 0$ について調べる。

$$f'(x) = \frac{(e^x + e^{-x})^2 - (e^x - e^{-x})^2}{(e^x + e^{-x})^2} = \boxed{\frac{4}{(e^x + e^{-x})^2}} > 0$$

$f''(x) = 4 \times (-2) \cdot (e^x + e^{-x})^{-3} \cdot (e^x - e^{-x})$ ← $4(e^x + e^{-x})^{-2}$ の微分

$= -\dfrac{8(e^x - e^{-x})}{(e^x + e^{-x})^3} \leq 0$ （∵ $x \geq 0$ より，$e^x \geq e^{-x}$）　※0以上

$f''(x)$ のとき，$e^x - e^{-x} = 0$，$e^x = e^{-x}$ より $x = 0$

$f(0) = \dfrac{e^0 - e^{-0}}{e^0 + e^{-0}} = 0$

ゆえに，変曲点 $(0, 0)$。

$\displaystyle\lim_{x \to \infty} f(x) = \lim_{x \to \infty} \dfrac{e^x - e^{-x}}{e^x + e^{-x}}$ ← 分母・分子を e^x で割る。

$= \displaystyle\lim_{x \to \infty} \dfrac{1 - e^{-2x}}{1 + e^{-2x}} = 1$

増減・凹凸表 $(0 \leq x)$

x	0	
$f'(x)$	+	+
$f''(x)$	0	−
$f(x)$	0	↗

以上より，$y = f(x)$ が原点に関して対称なことも考慮に入れて，求める関数 $y = f(x) = \tanh x$ のグラフの概形を右に示す。

……(答)

実習問題 9-1 関数 $f(x) = \ln(x^2+1)$ のグラフの概形を描け。

ヒント! $f(-x) = f(x)$ から，$y = f(x)$ が偶関数であることがわかる。だから，グラフは y 軸に対称になる。よって，まず，$x \geq 0$ について増減，凹凸，極限を調べ，y 軸に対称なグラフを描けばいいんだね。

解答 & 解説

$y = f(x) = \ln(x^2+1)$ について，$f(-x) = \ln\{(-x)^2+1\} = \boxed{(a)}$ から，$y = f(x)$ は偶関数である。

よって，$y = f(x)$ のグラフは y 軸に関して対称なので，まず，$x \geq 0$ について調べる。

$f'(x) = \dfrac{2x}{1+x^2} \geq 0$ （$\because x \geq 0$）　$f'(x) = 0$ のとき，$x = 0$

（0以上）

$f''(x) = 2 \cdot \dfrac{1 \cdot (x^2+1) - x \cdot 2x}{(x^2+1)^2} = \dfrac{2(1-x^2)}{(x^2+1)^2} = \dfrac{2(1+x) \cdot (1-x)}{(x^2+1)^2}$

（$f''(x)$ の符号に関する本質的な部分）

$f''(x)$ のとき，$1-x = 0$　$\therefore x = 1$

$f(1) = \boxed{(b)}$，変曲点 $(1, \boxed{(b)})$

極小値 $f(0) = \boxed{(c)}$

$\displaystyle\lim_{x \to +\infty} f(x) = \lim_{x \to \infty} \ln(x^2+1)$
$= \boxed{(d)}$

増減・凹凸表 ($0 \leq x$)

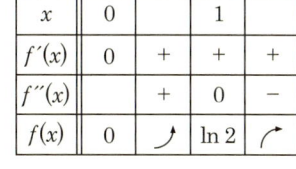

x	0		1	
$f'(x)$	0	+	+	+
$f''(x)$		+	0	−
$f(x)$	0	↗	$\ln 2$	↗

以上より，$y = f(x)$ は y 軸に関して対称なことも考慮に入れて，求める関数 $y = f(x) = \ln(x^2+1)$ のグラフの概形を右に示す。……(答)

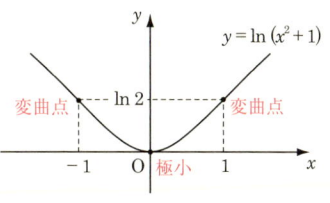

（グラフ：$y = \ln(x^2+1)$，変曲点 $(-1, \ln 2)$, $(1, \ln 2)$，極小 O）

(a) $\ln(x^2+1) = f(x)$　(b) $\ln 2$　(c) $\ln 1 = 0$　(d) ∞

演習問題 9-2 関数 $f(x) = x \cdot e^x$ のグラフの概形を描け。

ヒント! $f'(x)$, $f''(x)$ を求めて，増減・極値・凹凸・変曲点を求め，極限を調べてグラフを描く。$x \to -\infty$ のときの極限は，$-x = t$ と置き換えて求めるとわかるよ。

解答 & 解説 $y = f(x) = x \cdot e^x$ を x で微分して，

$$f'(x) = 1 \cdot e^x + x \cdot e^x = (x+1)e^x$$

$\widetilde{f'}(x) = x+1$ （$f'(x)$ の符号に関する本質的な部分。）

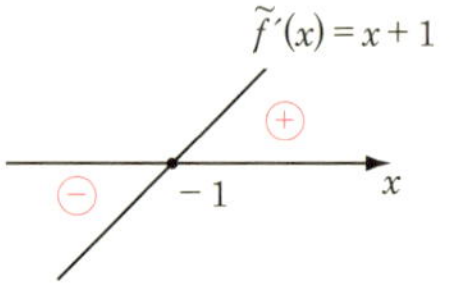

$f'(x) = 0$ のとき，$x + 1 = 0$ ∴ $x = -1$

$$f''(x) = 1 \cdot e^x + (x+1)e^x = (x+2)e^x$$

$\widetilde{f''}(x) = x+2$ （$f''(x)$ の符号に関する本質的な部分。）

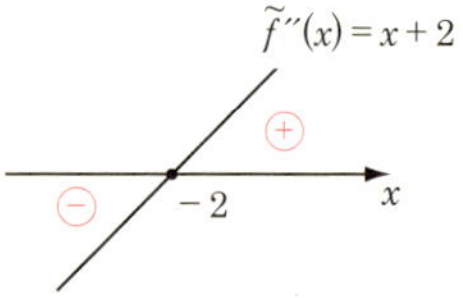

$f''(x) = 0$ のとき，$x + 2 = 0$ ∴ $x = -2$

極小値 $f(-1) = -1 \cdot e^{-1} = -\dfrac{1}{e}$

$f(-2) = -2 \cdot e^{-2} = -\dfrac{2}{e^2}$

変曲点 $\left(-2, -\dfrac{2}{e^2}\right)$

増減・凹凸表

x		-2		-1	
$f'(x)$	$-$	$-$	$-$	0	$+$
$f''(x)$	$-$	0	$+$	$+$	$+$
$f(x)$	↘	$-\dfrac{2}{e^2}$	↘	$-\dfrac{1}{e}$	↗

$$\lim_{x \to \infty} f(x) = \lim_{x \to \infty} \underset{\infty}{x} \cdot \underset{\infty}{e^x} = \infty,$$

$$\lim_{x \to -\infty} f(x) = \lim_{x \to -\infty} \underset{-\infty}{x} \cdot \underset{0}{e^x}$$ ← $-\infty \times 0$ の不定形

ここで，$x = -t$ $[t = -x]$ とおくと，$x \to -\infty$ のとき，$t \to +\infty$

∴ $\displaystyle \lim_{x \to -\infty} f(x) = \lim_{t \to \infty} (-t \cdot e^{-t})$

$-\dfrac{\infty}{\infty}$ の不定形　　ロピタルの定理

$$= \lim_{t \to \infty} \left(\dfrac{-t}{e^t}\right) = \lim_{t \to \infty} \dfrac{-t'}{(e^t)'}$$

$$= \lim_{t \to \infty} \dfrac{-1}{e^t} = 0$$

以上より，$y = f(x) = x \cdot e^x$ のグラフの概形を右に示す。……(答)

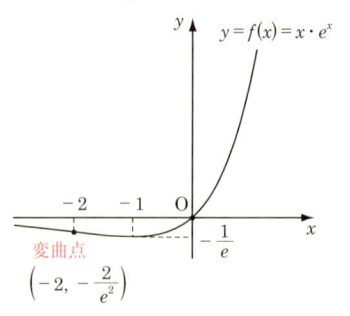

変曲点 $\left(-2, -\dfrac{2}{e^2}\right)$

実習問題 9-2

関数 $f(x) = x \cdot \ln x$ $(x>0)$ のグラフの概形を描け。

ヒント！ $f'(x)$, $f''(x)$ から，増減・極値・凹凸を調べ，極限を求めるんだけど，今回は $x \to +0$ の極限がカギになる。ここでは，$\frac{1}{x} = t$ とおくとうまくいくよ。

解答 & 解説 $y = f(x) = x \cdot \ln x$ $(x>0)$ を x で微分して，

$f'(x) = 1 \cdot \ln x + x \cdot \frac{1}{x} =$ (a)

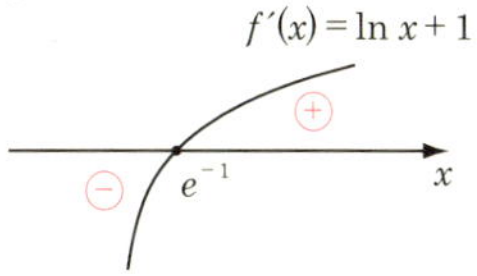

$f'(x) = 0$ のとき，$\ln x = -1$ $\therefore$ $x =$ (b)

$f''(x) = \frac{1}{x} > 0$ $(\because x>0)$ $\therefore$ $y = f(x)$ は，$x>0$ で，常に下に凸。

極小値 $f(e^{-1}) = e^{-1} \cdot \ln e^{-1} =$ (c)

$\lim_{x \to \infty} f(x) = \lim_{x \to \infty} x \cdot \ln x =$ (d)   （$x \to \infty$, $\ln x \to \infty$）

$\lim_{x \to +0} f(x) = \lim_{x \to +0} x \cdot \ln x$ （$x \to 0$, $\ln x \to -\infty$，$0 \times (-\infty)$ の不定形）

ここで，$x = \frac{1}{t}$ $[t = \frac{1}{x}]$ とおくと，$x \to +0$ のとき，$t \to +\infty$。

$\therefore$ $\lim_{x \to +0} f(x) = \lim_{t \to \infty} \frac{1}{t} \cdot \ln t^{-1}$

（$\frac{-\infty}{\infty}$ の不定形，ロピタルの定理）

$= \lim_{t \to \infty} \frac{-\ln t}{t} = \lim_{t \to \infty} \frac{(-\ln t)'}{t'}$

$= \lim_{t \to \infty} \frac{-\frac{1}{t}}{1} = \lim_{t \to \infty} \left(-\frac{1}{t}\right) =$ (e)

増減・凹凸表 $(0<x)$

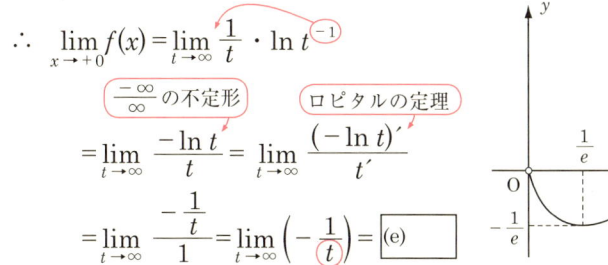

x	0		$\frac{1}{e}$	
$f'(x)$		$-$	0	$+$
$f''(x)$		$+$	$+$	$+$
$f(x)$		↘	$-\frac{1}{e}$	↗

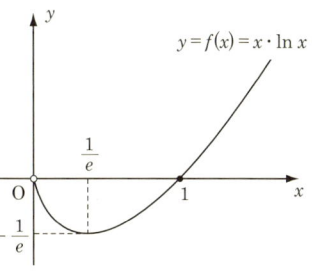

以上より，$y = f(x) = x \cdot \ln x$ $(x>0)$ のグラフの概形を上に示す。

……（答）

(a) $\ln x + 1$ (b) e^{-1} (c) $-\frac{1}{e}$ (d) ∞ (e) 0

講義 LECTURE 10 不定積分

さァ，これからいよいよ，積分の講義に入るよ。積分とは，微分の逆の操作なんだ。だけど，積分計算は微分よりもさらにテクニカルな面が強いので，微分以上にマスターしなければならないことが多い。でも，積分を使いこなせるようになれば，面積・体積・曲線の長さが計算できるなど，応用分野も多彩だから，すごく面白くなるんだ。

それでは，"原始関数"と"不定積分"の違いから説明するよ。

●原始関数と不定積分の区別はこれだ！

関数 $f(x)$ に対して，$\boxed{F'(x) = f(x)}$ をみたす関数 $F(x)$ を，$f(x)$ の原始関数と呼ぶ。この原始関数 $F(x)$ は，常に存在するとは限らないけれど，それが存在するならば，$F(x) + C$ （C：定数）も原始関数となるのはわかるね。$\{F(x) + C\}' = F'(x) = f(x)$ となるからだ。

したがって，原始関数 $F(x) + C$ の C の値を変えれば，原始関数は無数に存在することになる。

ここで，この原始関数の １ つを使って，不定積分を次のように定義する。

不定積分の定義

$f(x)$ の原始関数の １ つを $F(x)$ とするとき，$F(x) + C$ （C：定数）を $f(x)$ の不定積分といい，$\int f(x) dx$ で表す。

すなわち，不定積分 $\boxed{\int f(x) dx = F(x) + C}$

（ここで，$f(x)$ を被積分関数，C を積分定数という。）

少しわかりづらい？　いいよ，例題で示そう。

$f(x) = 2x - 2$ の不定積分を高校で習った人もいるよね。

$\int f(x)dx = \int (2x-2)\,dx = \underline{x^2 - 2x} + C$ と表してもいいし，

　　　　　　　　　　　　　　$F(x)$（これが原始関数の1つ）

$\int f(x)dx = \int 2(x-1)dx = \underline{(x-1)^2} + C$ と表してもいいんだ。

　　　　　　　　　　　　$\{\overset{t}{(x-1)}{}^2\}' = 2(x-1) \cdot 1 = 2x - 2$ より，$(x-1)^2$ も原始関数の1つだ。

$(x-1)^2 = x^2 - 2x + \underline{1}$ は，$x^2 - 2x$ と $\underline{+1}$ が違うけど，$x^2 - 2x$ も $(x-1)^2$ も共に $f(x) = 2x - 2$ の原始関数なんだね。

この不定積分は，定義から次の2つの線形性の性質が成り立つ。

不定積分の線形性

(1) $\int kf(x)dx = k\int f(x)dx$　（k：定数）

(2) $\int \{f(x) \pm g(x)\}dx = \int f(x)dx \pm \int g(x)dx$　（複号同順）

微分の逆の操作が積分なので，次の積分公式も成り立つ。これらの公式では積分定数 C を省略しているよ。

積分公式 I

(1) $\int x^\alpha dx = \dfrac{x^{\alpha+1}}{\alpha+1}$　$(\alpha \neq -1)$　　(2) $\int \cos x\,dx = \sin x$

(3) $\int \sin x\,dx = -\cos x$　　　　　(4) $\int \sec^2 x\,dx = \tan x$

(5) $\int e^x dx = e^x$　　　　　　　　(6) $\int a^x dx = \dfrac{a^x}{\ln a}$　$(a > 0,\ a \neq 1)$

(7) $\int \dfrac{1}{x}dx = \ln|x|$　　　　　　(8) $\int \dfrac{f'(x)}{f(x)}dx = \ln|f(x)|$

右辺の原始関数の微分は左辺の被積分関数になっているね。(7)，(8)の絶対値がわかりづらいかな？　じゃあ(7)で，説明しておこう。

(7) について，

(ⅰ) $x>0$ のとき，$|x|=x$ より

$$(\underset{F(x)}{\underline{(\ln|x|)}})' = (\ln x)' = \underset{f(x)}{\underline{\frac{1}{x}}} \quad \text{よって，} \int \frac{1}{x}dx = \ln|x|$$

(ⅱ) $x<0$ のとき，$|x|=-x$ より

$$(\underset{F(x)}{\underline{(\ln|x|)}})' = \{\ln(-x)\}' = \frac{-1}{-x} = \underset{f(x)}{\underline{\frac{1}{x}}} \quad \text{よって，} \int \frac{1}{x}dx = \ln|x|$$

以上 (ⅰ)(ⅱ) より，$x>0$, $x<0$ に関わらず，

$$\int \frac{1}{x}dx = \ln|x|$$

が成り立つ。

さらに，次の積分公式もいっしょに覚えておいてくれ。

積分公式 Ⅱ

(1) $\int \dfrac{1}{\sqrt{1-x^2}}dx = \sin^{-1}x \quad (-1<x<1)$

(2) $\int \dfrac{1}{\sqrt{a^2-x^2}}dx = \sin^{-1}\dfrac{x}{a} \quad (-a<x<a,\ a:\text{正の定数})$

(3) $\int \dfrac{1}{1+x^2}dx = \tan^{-1}x$

(4) $\int \dfrac{1}{a^2+x^2}dx = \dfrac{1}{a}\tan^{-1}\dfrac{x}{a} \quad (a\neq 0)$

(5) $\int \dfrac{1}{\sqrt{x^2+a}}dx = \ln|x+\sqrt{x^2+a}| \quad (a\neq 0)$

$(\sin^{-1}x)' = \dfrac{1}{\sqrt{1-x^2}}$, $(\tan^{-1}x)' = \dfrac{1}{1+x^2}$ より，(1), (3) は明らかだね。

$(\cos^{-1}x)' = \dfrac{-1}{\sqrt{1-x^2}}$ なので，$\int \dfrac{-1}{\sqrt{1-x^2}}dx = \cos^{-1}x + C$ となるけれど，これを $-\int \dfrac{1}{\sqrt{1-x^2}}dx = -\sin^{-1}x + C$ としても，もちろんいいよ。だから，原始関数が $\cos^{-1}x$ となる不定積分は，公式として取りあげなかった。

(2) については，次の式からわかるね。

$$\left(\sin^{-1}\underbrace{\frac{x}{a}}_{t\text{とおく}}\right)' = \frac{1}{\sqrt{1-t^2}} \cdot t' = \frac{1}{\sqrt{1-\left(\frac{x}{a}\right)^2}} \cdot \frac{1}{a} = \frac{1}{\sqrt{a^2-x^2}}$$

(4) についても，次の式から成り立つのがわかるはずだ。

$$\left(\tan^{-1}\underbrace{\frac{x}{a}}_{u\text{とおく}}\right)' = \frac{1}{1+u^2} \cdot u' = \frac{1}{1+\left(\frac{x}{a}\right)^2} \cdot \frac{1}{a} = a \cdot \frac{1}{a^2+x^2}$$

(5) については，右辺の絶対値内の式が正のときのみについて示しておくよ。負のときも同様だから，自分で確認してね。

$$\left\{\ln\left(x+\sqrt{x^2+a}\right)\right\}' = \frac{\left\{x+(x^2+a)^{\frac{1}{2}}\right\}'}{x+\sqrt{x^2+a}} = \frac{1+\frac{1}{2}(x^2+a)^{-\frac{1}{2}}\cdot 2x}{x+\sqrt{x^2+a}}$$

$$= \frac{\sqrt{x^2+a}+x}{\sqrt{x^2+a}\,(x+\sqrt{x^2+a})} = \frac{1}{\sqrt{x^2+a}}$$

それでは，(2), (4), (5) の例題を1つずつやっておこう。

(2) $\displaystyle\int \frac{1}{\sqrt{4-x^2}}dx = \sin^{-1}\frac{x}{2} + C$ 　　(4) $\displaystyle\int \frac{1}{2+x^2}dx = \frac{1}{\sqrt{2}}\cdot\tan^{-1}\frac{x}{\sqrt{2}} + C$

(5) $\displaystyle\int \frac{1}{\sqrt{x^2+3}}dx = \ln\left|x+\sqrt{x^2+3}\right| + C$ となる。慣れてきたかな？

● **置換積分法で，積分の幅がグッと拡がる！**

合成関数の形で表された関数 $f(g(x))$ について，その $g(x)$ を $g(x)=t$ と置換すると，次のような積分公式が成り立つ。これを置換積分法の公式というんだよ。

> **置換積分法の公式**
>
> $$\int f(g(x))g'(x)dx = \int f(t)dt \quad (g(x)=t \text{と置換})$$

講義10 ● 不定積分

右辺の $f(t)$ の原始関数の 1 つを $F(t)$ とおくと，

$$\int f(t)\mathrm{d}t = F(t) + C \quad (C：積分定数)$$

この両辺を $\overset{..}{x}$ で微分して，

$$\frac{\mathrm{d}}{\mathrm{d}x}F(t) + \overset{0}{C'} = \frac{\mathrm{d}}{\mathrm{d}x}F(t)$$

$$\frac{\mathrm{d}}{\mathrm{d}x}\left\{\int f(t)\mathrm{d}t\right\} = \frac{\mathrm{d}}{\mathrm{d}x}\{F(t) + C\}$$

$$\frac{\mathrm{d}t}{\mathrm{d}x} \cdot \frac{\mathrm{d}}{\mathrm{d}t}\left\{\int f(t)\mathrm{d}t\right\} \longleftarrow \boxed{合成関数の微分}$$

$$\boxed{\frac{\mathrm{d}\{F(t)\}}{\mathrm{d}x}\text{のコト}}$$

$$\underbrace{\frac{\mathrm{d}}{\mathrm{d}t}\left\{\int f(t)\mathrm{d}t\right\}}_{f(t)} \cdot \frac{\mathrm{d}t}{\mathrm{d}x} = \frac{\mathrm{d}}{\mathrm{d}x}F(t)$$

$$f(\overset{g(x)}{t}) \cdot \frac{\mathrm{d}\overset{g(x)}{t}}{\mathrm{d}x} = \frac{\mathrm{d}}{\mathrm{d}x}F(t)$$

ここで，$t = g(x)$ より

$$f(g(x)) \cdot g'(x) = \frac{\mathrm{d}}{\mathrm{d}x}F(t)$$

$F(t)$ の x での微分が，$f(g(x)) \cdot g'(x)$ なので，不定積分の定義から

$$\int f(g(x)) \cdot g'(x)\mathrm{d}x = F(t) + C$$

$$\boxed{\int f(t)\mathrm{d}t \text{ のコト}}$$

$$\therefore \int f(\underset{t}{g(x)}) \cdot \underset{\mathrm{d}t}{g'(x)\mathrm{d}x} = \int f(t)\mathrm{d}t \text{ が成り立つ．}$$

難しい？ でも，この公式は非常に面白いことをいっているんだよ。

この公式は，$\frac{\mathrm{d}t}{\mathrm{d}x} = g'(x)$ を，$\mathrm{d}t = g'(x)\mathrm{d}x$ と変形できることを示しているんだ。つまり，合成関数の微分と同様で，1 階の微分記号 $\frac{\mathrm{d}t}{\mathrm{d}x}$ を分数みたいに変形できることを示しているんだね。

例題で練習しておこう。

$\int x\sqrt{x^2+1}\,dx$ について，$\overset{g(x)}{\boxed{x^2+1}}=t$ とおくと，

$$2x\,dx = dt$$
$$x\,dx = \frac{1}{2}dt$$

（$\frac{dt}{dx}=2x$ より，$2x\,dx=dt$ となる。これは，左辺の x^2+1 を x で微分して，dx をかけ，右辺の t も t で微分して，dt をかけると覚えておこう。）

以上より，$\int \overset{\frac{1}{2}g'(x)}{\boxed{x}} \cdot \underset{g(x)=t}{\sqrt{\boxed{x^2+1}}}\,dx = \int \sqrt{t} \cdot \overset{\frac{1}{2}g'(x)dx}{\boxed{\frac{1}{2}dt}}$

（最後は x の式にもどす！）

$$= \frac{1}{2}\int t^{\frac{1}{2}}dt = \frac{1}{2}\cdot\frac{2}{3}\cdot t^{\frac{3}{2}}+C = \frac{1}{3}(x^2+1)^{\frac{3}{2}}+C \text{ となる。}$$

これは，慣れてくると置換しなくても積分できるよ。被積分関数 $x\cdot(x^2+1)^{\frac{1}{2}}$ の形から，この原始関数の大体の形が $(x^2+1)^{\frac{3}{2}}$ とわかるからだ。実際にこれを微分すると，

（t と見て合成関数の微分！）

$$\left\{\boxed{(x^2+1)}^{\frac{3}{2}}\right\}' = \frac{3}{2}(x^2+1)^{\frac{1}{2}}\cdot 2x = 3x\cdot\sqrt{x^2+1} \text{ となるから}$$

$3\int x\sqrt{x^2+1}\,dx = (x^2+1)^{\frac{3}{2}}+C'$ より，$\int x\sqrt{x^2+1}\,dx = \frac{1}{3}(x^2+1)^{\frac{3}{2}}+\overset{\frac{C'}{3}}{\boxed{C}}$

になって，置換積分した場合と同じ結果が導けるね。

置換積分には，次のような知識も役に立つよ。

置換積分の置き換えパターン

(1) $\int f(\sin x)\cdot \cos x\,dx$ の場合，$\sin x = t$ とおく。

(2) $\int f(\cos x)\cdot \sin x\,dx$ の場合，$\cos x = t$ とおく。

(3) $\int \sqrt{a^2-x^2}\,dx$ などの場合，$x=a\sin\theta$ とおく。
　　　　　（または，$x=a\cos\theta$）

●部分積分法で，積分計算の幅がもっと拡がる！

2つの関数の積の積分に威力を発揮する積分法が，部分積分法なんだ。その公式を下に示すよ。

部分積分法

(1) $\displaystyle\int f'(x) \cdot g(x) dx = f(x) \cdot g(x) - \underline{\int f(x) \cdot g'(x) dx}$ 　（簡単化）

(2) $\displaystyle\int f(x) \cdot g'(x) dx = f(x) \cdot g(x) - \underline{\int f'(x) \cdot g(x) dx}$ 　（簡単化）

---

(1), (2) が同じ式なのはわかるね。(1) の左辺と右辺の第2項を入れ替えたものが，(2) の公式なんだ。

この公式は，$f(x) \cdot g(x)$ の微分公式から導ける。

$$\{f(x) \cdot g(x)\}' = f'(x) \cdot g(x) + f(x) \cdot g'(x)$$

この両辺を x で積分すると，

$$f(x) \cdot g(x) = \int \{f'(x) \cdot g(x) + f(x) \cdot g'(x)\} dx$$

$$\therefore \ f(x) \cdot g(x) = \int f'(x) \cdot g(x) dx + \int f(x) \cdot g'(x) dx$$

あとは，右辺の2つの項のうち，いずれか1つを左辺に移項すれば，(1), (2) の部分積分法の公式になる。

(1), (2) の部分積分をうまく行うコツは，左辺の積分に比べて，右辺の第2項の積分がより簡単になるようにすることなんだ。それでは，例題で練習しておくことにしよう。

（$\cos x$ を積分して，微分する！）　（この積分が簡単になった！）

(1) $\displaystyle\int x \cdot \cos x \, dx = \int x \cdot (\sin x)' \, dx = x \cdot \sin x - \int 1 \cdot \sin x \, dx$

　　$\left[\int f \cdot g' \, dx = f \cdot g - \int f' \cdot g \, dx \right]$

　　$= x \cdot \sin x - (-\cos x) + C = x \sin x + \cos x + C$

(1) を，$\int \left(\frac{1}{2}x^2\right)' \cdot \cos x \, dx$ として計算すると〔これが複雑になった！〕

$$\int \left(\frac{1}{2}x^2\right)' \cdot \cos x \, dx = \frac{1}{2}x^2 \cdot \cos x - \int \frac{1}{2}x^2 \cdot (-\sin x) \, dx$$

$$\left[\int f' \cdot g \, dx = f \cdot g - \int f \cdot g' \, dx\right]$$

と，逆に積分計算が複雑になってうまくいかないんだ。

(2) $\int \ln(x+1) \, dx = \int (x+1)' \cdot \ln(x+1) \, dx$ 　　公式：$\int f' \cdot g \, dx = f \cdot g - \int f \cdot g' \, dx$ を使った！

$ = (x+1)\ln(x+1) - \int (x+1) \cdot \frac{1}{x+1} \, dx$

〔簡単だ！〕

$ = (x+1)\ln(x+1) - \int 1 \, dx$

$ = (x+1)\ln(x+1) - x + C$

(3) $\int \frac{x}{\cos^2 x} \, dx = \int x \cdot \frac{1}{\cos^2 x} \, dx$ 　　〔$\sec^2 x$ と表してもいい。〕

$\phantom{\int \frac{x}{\cos^2 x} \, dx} = \int x (\tan x)' \, dx$

公式：$\int f \cdot g' \, dx = f \cdot g - \int f' \cdot g \, dx$ を使った！

$\phantom{\int \frac{x}{\cos^2 x} \, dx} = x \cdot \tan x - \int 1 \cdot \tan x \, dx$ 　〔簡単だ！〕

$\phantom{\int \frac{x}{\cos^2 x} \, dx} = x \cdot \tan x + \int \frac{-\sin x}{\cos x} \, dx$

公式：$\int \frac{f'}{f} \, dx = \ln|f|$ を使った！

$\phantom{\int \frac{x}{\cos^2 x} \, dx} = x \cdot \tan x + \ln|\cos x| + C$

どう？　部分積分の計算にも慣れてきた？　それでは，さらなる問題で実践力に磨きをかけよう。

演習問題 10-1

次の不定積分を求めよ。

(1) $\int (\sin 2x + \sec^2 3x)dx$ (2) $\int \dfrac{x^2+2x}{x^2+1}dx$

(3) $\int \dfrac{1}{\cos x}dx$

ヒント! (1) 和・差の積分では，項別に積分すればいい。(2) 分子が x の 2 次式なので，分母の x^2+1 で割る。(3) 分母・分子に $\cos x$ をかければ，$f(\sin x)\cdot \cos x$ の形の積分になるだろう？

解答 & 解説

(1) $\int (\sin 2x + \sec^2 3x)dx = -\dfrac{1}{2}\cos 2x + \dfrac{1}{3}\tan 3x + C$ ……(答)

$\int \cos mx\, dx = \dfrac{1}{m}\sin mx$, $\int \sin mx\, dx = -\dfrac{1}{m}\cos mx$ は公式として覚えよう。

$(\tan 3x)' = \dfrac{1}{\cos^2 3x}\cdot 3 = 3\sec^2 3x$ から導ける！

(2) $\int \dfrac{x^2+2x}{x^2+1}dx = \int \dfrac{(x^2+1)+2x-1}{x^2+1}dx$

x^2+1 で割れる形に変形する。

$= \int \left(1 + \dfrac{2x}{x^2+1} - \dfrac{1}{x^2+1}\right)dx$

$= x + \ln(x^2+1) - \tan^{-1}x + C$ ……(答)

公式：$\int \dfrac{f'}{f}dx = \ln|f|$, $\int \dfrac{1}{1+x^2}dx = \tan^{-1}x$ を使った！

(3) $\int \dfrac{1}{\cos x}dx = \int \dfrac{1}{\cos^2 x}\cdot \cos x\, dx = \int \dfrac{1}{1-\sin^2 x}\cdot \cos x\, dx$

分子・分母に $\cos x$ をかけた！

$\int f(\sin x)\cos x\, dx$ では，$\sin x = t$ と置換する！

ここで，$\sin x = t$ とおくと，$\cos x\, dx = dt$ となる。よって，

与式 $= \int \dfrac{1}{1-t^2}dt = \int \dfrac{1}{(1+t)(1-t)}dt = \dfrac{1}{2}\int \left(\dfrac{1}{1+t} - \dfrac{-1}{1-t}\right)dt$

$= \dfrac{1}{2}(\ln|1+t| - \ln|1-t|) + C = \dfrac{1}{2}\ln\left|\dfrac{1+t}{1-t}\right| + C$

$= \dfrac{1}{2}\ln\left|\dfrac{1+\sin x}{1-\sin x}\right| + C$ ……(答)

実習問題 10-1

次の不定積分を求めよ。

(1) $\int (e^{2x} - 2^{-x})dx$ (2) $\int \dfrac{\sqrt{1+x^2} + \sqrt{1-x^2}}{\sqrt{1-x^4}} dx$

(3) $\int \dfrac{1}{\sin x} dx$

ヒント！ (1) は項別に積分すればいい。(2) は変形すれば 2 つの関数の和の積分だから，項別に積分できる。(3) は分子・分母に $\sin x$ をかけて，$f(\cos x) \cdot \sin x$ の形の積分にもちこむんだね。

解答 & 解説

(1) $\int (e^{2x} - 2^{-x})dx = \dfrac{1}{2}e^{2x} + \boxed{\text{(a)}} + C$ ……（答）

$(e^{2x})' = e^{2x} \cdot (2x)' = 2e^{2x}$ から導ける！

$(2^{-x})' = 2^{-x} \cdot \ln 2 \cdot (-x)' = -2^{-x} \ln 2$ から導ける！

(2) $\int \dfrac{\sqrt{1+x^2} + \sqrt{1-x^2}}{\sqrt{1-x^4}} dx = \int \dfrac{\sqrt{1+x^2} + \sqrt{1-x^2}}{\sqrt{(1+x^2)(1-x^2)}} dx$

$= \int \left(\dfrac{1}{\sqrt{1-x^2}} + \dfrac{1}{\sqrt{1+x^2}} \right) dx$

$= \boxed{\text{(b)}} + C$ ……（答）

公式：
$\int \dfrac{1}{\sqrt{1-x^2}} dx = \sin^{-1} x$，
$\int \dfrac{1}{\sqrt{1+x^2}} dx = \ln|x + \sqrt{1+x^2}|$
を使った！

(3) $\int \dfrac{1}{\sin x} dx = \int \dfrac{1}{\sin^2 x} \cdot \sin x \, dx = \int \underbrace{\dfrac{1}{1 - \cos^2 x}}_{f(\cos x)} \cdot \sin x \, dx$

分子・分母に $\sin x$ をかけた！

ここで，$\cos x = t$ とおくと，$\sin x \, dx = -1 \, dt$ となる。よって，

与式 $= \int \dfrac{1}{1-t^2}(-1)dt = \dfrac{1}{2} \int \left(\underbrace{\dfrac{-1}{1-t}}_{f'/f} - \underbrace{\dfrac{1}{1+t}}_{g'/g} \right) dt$

$= \dfrac{1}{2}(\ln|1-t| - \ln|1+t|) + C = \dfrac{1}{2} \ln \left| \dfrac{1-t}{1+t} \right| + C$ （$t = \cos x$）

$= \boxed{\text{(c)}} + C$ ……（答）

(a) $\dfrac{2^{-x}}{\ln 2}$ (b) $\sin^{-1} x + \ln|x + \sqrt{1+x^2}|$ (c) $\dfrac{1}{2} \ln \left| \dfrac{1 - \cos x}{1 + \cos x} \right|$

演習問題 10-2 次の不定積分を求めよ。

(1) $\displaystyle\int \tan^{-1}x \, dx$ (2) $\displaystyle\int x \cdot \sin^2 x \cdot \cos x \, dx$

ヒント! (1) は $\tan^{-1}x = x' \cdot \tan^{-1}x$ とおいて，部分積分にもちこめばいい。
(2) は $\sin^2 x \cdot \cos x = \left(\dfrac{1}{3}\sin^3 x\right)'$ とおくと，これも部分積分法が使えるね。

解答 & 解説

(1) $\displaystyle\int \tan^{-1}x \, dx = \int x' \cdot \tan^{-1}x \, dx$

$= x \cdot \tan^{-1}x - \displaystyle\int x \cdot \dfrac{1}{1+x^2} dx$

$= x \cdot \tan^{-1}x - \dfrac{1}{2}\displaystyle\int \dfrac{2x}{1+x^2} dx$

$= x \cdot \tan^{-1}x - \dfrac{1}{2}\ln(1+x^2) + C$ ……(答)

部分積分の公式：
$\int f' \cdot g \, dx = f \cdot g - \int f \cdot g' \, dx$
を使った！

(2) $\displaystyle\int x \cdot \sin^2 x \cdot \cos x \, dx = \int x \cdot \left(\dfrac{1}{3}\sin^3 x\right)' dx$

$= x \cdot \dfrac{1}{3}\sin^3 x - \displaystyle\int 1 \cdot \dfrac{1}{3}\sin^3 x \, dx$

部分積分の公式：$\int f \cdot g' dx = f \cdot g - \int f' \cdot g \, dx$ を使った！

$= \dfrac{1}{3}x \cdot \sin^3 x - \dfrac{1}{3}\displaystyle\int \sin^3 x \, dx$

$= \dfrac{1}{3}x \cdot \sin^3 x - \dfrac{1}{3} \cdot \dfrac{1}{4}\displaystyle\int (3\sin x - \sin 3x) dx$

$= \dfrac{1}{3}x \cdot \sin^3 x - \dfrac{1}{12}\left(-3\cos x + \dfrac{1}{3}\cos 3x\right) + C$

$= \dfrac{1}{3}x \cdot \sin^3 x + \dfrac{1}{4}\cos x - \dfrac{1}{36}\cos 3x + C$ ……(答)

$f = \sin x$ とおくと
$f' = \cos x$ より
$\int f^2 \cdot f' dx = \dfrac{1}{3}f^3$
となる。だから，
$\int \sin^2 x \cdot \cos x \, dx$
$= \dfrac{1}{3}\sin^3 x$
となるんだよ。

3倍角の公式：
$\sin 3x = 3\sin x - 4\sin^3 x$ より
$\sin^3 x = \dfrac{1}{4}(3\sin x - \sin 3x)$ だ！

実習問題 10-2 次の不定積分を求めよ。

(1) $\int \sin^{-1} x \, dx$ (2) $\int x \cdot \dfrac{\tan x}{\cos^2 x} \, dx$

ヒント! (1) は $\sin^{-1} x = x' \cdot \sin^{-1} x$ とおくと，部分積分法が使える。(2) は一般に成り立つ公式 $\int f^n \cdot f' \, dx = \dfrac{1}{n+1} f^{n+1}$ から，部分積分にもちこもう。

解答 & 解説

(1) $\int \sin^{-1} x \, dx = \int x' \cdot \sin^{-1} x \, dx$ ← 部分積分だ!

$= \boxed{(a)}$

右の補足: $\{(1-x^2)^{\frac{1}{2}}\}' = \dfrac{1}{2}(1-x^2)^{-\frac{1}{2}} \cdot (-2x) = -x \cdot (1-x^2)^{-\frac{1}{2}}$ より $\int x \cdot (1-x^2)^{-\frac{1}{2}} dx = -(1-x^2)^{\frac{1}{2}}$ だ!

$= x \cdot \sin^{-1} x - \int x \cdot (1-x^2)^{-\frac{1}{2}} dx$

$= x \cdot \sin^{-1} x + \boxed{(b)} + C$ ……(答)

(2) $\int x \cdot \underbrace{\tan x}_{f} \cdot \underbrace{\dfrac{1}{\cos^2 x}}_{f'} dx = \int x \cdot \left(\dfrac{1}{2}\tan^2 x\right)' dx$

一般に積分公式: $\int f^n \cdot f' dx = \dfrac{1}{n+1} f^{n+1}$ が成り立つ。ここで，$f = \tan x$ とおくと，$f' = \dfrac{1}{\cos^2 x}$ ∴ $\int f \cdot f' dx = \dfrac{1}{2} f^2$ だね。

$= \boxed{(c)}$ ← 部分積分法

$= \dfrac{1}{2} x \cdot \tan^2 x - \dfrac{1}{2} \int \underbrace{\tan^2 x}_{\frac{1}{\cos^2 x} - 1} dx$ ← 公式: $1 + \tan^2 x = \dfrac{1}{\cos^2 x}$ を使った!

$= \dfrac{1}{2} x \cdot \tan^2 x - \dfrac{1}{2} \int \left(\underbrace{\dfrac{1}{\cos^2 x}}_{\sec^2 x} - 1\right) dx$

$= \dfrac{1}{2} x \cdot \tan^2 x - \dfrac{1}{2} (\boxed{(d)}) + C$

$= \dfrac{1}{2} x \cdot \tan^2 x - \dfrac{1}{2} \tan x + \dfrac{1}{2} x + C$ ……(答)

(a) $x \cdot \sin^{-1} x - \int x \cdot \dfrac{1}{\sqrt{1-x^2}} dx$ (b) $\sqrt{1-x^2}$ (c) $x \cdot \dfrac{1}{2} \tan^2 x - \int 1 \cdot \dfrac{1}{2} \tan^2 x \, dx$

(d) $\tan x - x$

講義 LECTURE 11 定積分

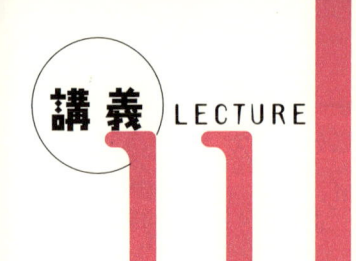

　前回は不定積分について勉強したけれど，今回は話をさらに進めて，定積分の解説に入る。定積分は積分計算をやった結果が値として求められる。実は，これは関数 $y = f(x)$ のグラフと x 軸とで囲まれる部分の面積と密接に関係しているんだよ。今回は具体的な面積の話になってくるので，積分がより身近になると思う。

● **定積分の定義から始めよう！**

　$f(x)$ に2種類の原始関数 $F(x)$ と $G(x)$ が存在するとしても，これらは積分定数 C の部分が異なるだけだから，
$$F(x) = G(x) + C \quad \cdots\cdots ①$$
と表すことができるんだね。

　よって，2つの定数 a, b に対して，$F(b) - F(a)$ の値を，①を使って，書き換えると
$$F(b) - F(a) = \{G(b) + \cancel{C}\} - \{G(a) + \cancel{C}\} = G(b) - G(a)$$
となって，この値は原始関数の取り方によらない一定の値となる。

　これを関数 $f(x)$ の定積分と定義し，次のように表すんだ。

定積分の定義

　関数 $f(x)$ が積分区間 $[a, b]$ で原始関数 $F(x)$ をもつとき，その定積分は次のように表される。
$$\int_a^b f(x)\,dx = \Big[F(x)\Big]_a^b = F(b) - F(a)$$

定積分の定義から，次の性質が導ける。

定積分の性質

(1) $\int_a^a f(x)\mathrm{d}x = 0$　　　　　　(2) $\int_a^b f(x)\mathrm{d}x = -\int_b^a f(x)\mathrm{d}x$

(3) $\int_a^b f(x)\mathrm{d}x = \int_a^c f(x)\mathrm{d}x + \int_c^b f(x)\mathrm{d}x$

(4) $\int_a^b kf(x)\mathrm{d}x = k\int_a^b f(x)\mathrm{d}x$　（k：実数定数）

(5) $\int_a^b \{f(x) \pm g(x)\}\mathrm{d}x = \int_a^b f(x)\mathrm{d}x \pm \int_a^b g(x)\mathrm{d}x$

(6) $\int_a^b f(x)\mathrm{d}x = f(c)(b-a)$　$(a<c<b)$　　をみたす c が存在する。

(1) は $\int_a^a f(x)dx = \left[F(x)\right]_a^a = F(a) - F(a) = 0$ と，明らかに成り立つ。

(2) は左辺 $= \int_a^b f(x)dx = \left[F(x)\right]_a^b = F(b) - F(a)$

　　右辺 $= -\int_b^a f(x)dx = -\left[F(x)\right]_b^a = -\{F(a) - F(b)\} = F(b) - F(a)$

となって，これも成り立つ。

(3) は"積分区間の加法性"と呼ばれる性質で，

　　右辺 $= \left[F(x)\right]_a^c + \left[F(x)\right]_c^b = \cancel{F(c)} - F(a) + F(b) - \cancel{F(c)} = F(b) - F(a)$

となって，左辺と一致する。

(4), (5) は不定積分のときと同様の性質で，"定積分についての線形性"と呼ばれるものだ。

(6) は"積分の平均値の定理"と呼ばれるもので，$F(x)$ についての平均値の定理 $\dfrac{\overbrace{F(b) - F(a)}^{\int_a^b f(x)\mathrm{d}x}}{b - a} = \overbrace{F'(c)}^{f(c)}$ $(a<c<b)$ から明らかに成り立つね。

それでは，定積分の計算練習をいくつかやってみよう。

(1) $\int_0^{\sqrt{3}} \dfrac{1}{1+x^2} dx = \Big[\tan^{-1} x\Big]_0^{\sqrt{3}} = \underbrace{\tan^{-1}\sqrt{3}}_{\frac{\pi}{3}} - \underbrace{\tan^{-1} 0}_{0} = \dfrac{\pi}{3}$

(2) $\int_0^{\frac{\pi}{2}} \underline{\sin 2x \cos x}\, dx = \dfrac{1}{2}\int_0^{\frac{\pi}{2}} (\sin 3x + \sin x) dx$

$\boxed{\dfrac{1}{2}(\sin 3x + \sin x)}$ ← 公式：$\sin\alpha\cos\beta = \dfrac{1}{2}\{\sin(\alpha+\beta) + \sin(\alpha-\beta)\}$ を使った！

$= \dfrac{1}{2}\Big[-\dfrac{1}{3}\cos 3x - \cos x\Big]_0^{\frac{\pi}{2}}$

$= \dfrac{1}{2}\Big\{-\dfrac{1}{3}\underbrace{\cos\dfrac{3}{2}\pi}_{0} - \underbrace{\cos\dfrac{\pi}{2}}_{0} - \Big(-\dfrac{1}{3}\underbrace{\cos 0}_{1} - \underbrace{\cos 0}_{1}\Big)\Big\}$

$= \dfrac{1}{2} \cdot \dfrac{4}{3} = \dfrac{2}{3}$

(3) $\int_0^1 x \cdot e^{-x^2} dx = \Big[-\dfrac{1}{2} e^{-x^2}\Big]_0^1$

$(e^{\overset{t}{-x^2}})' = e^{-x^2} \cdot (-x^2)'$
$\qquad = -2x \cdot e^{-x^2}$ より
$\int x \cdot e^{-x^2} dx = -\dfrac{1}{2} e^{-x^2}$ だ。

$= -\dfrac{1}{2}(e^{-1} - e^0) = \dfrac{1}{2}(1 - e^{-1})$

(4) $\int_1^e \dfrac{(\ln x)^2}{x} dx = \int_1^e \underbrace{(\ln x)^2}_{f^2} \cdot \underbrace{\dfrac{1}{x}}_{f'} dx$

公式：
$\int f^2 \cdot f'\, dx = \dfrac{1}{3}f^3$
を使った！

$= \Big[\dfrac{1}{3}(\ln x)^3\Big]_1^e$

$= \dfrac{1}{3}\{\underbrace{(\ln e)^3}_{1^3} - \underbrace{(\ln 1)^3}_{0^3}\} = \dfrac{1}{3}$

(5) $\int_0^{\frac{\pi}{4}} \dfrac{\tan^3 x}{\cos^2 x} dx = \int_0^{\frac{\pi}{4}} \underbrace{\tan^3 x}_{f^3} \cdot \underbrace{\dfrac{1}{\cos^2 x}}_{f'} dx$

公式：
$\int f^3 \cdot f'\, dx = \dfrac{1}{4}f^4$
を使った！

$= \Big[\dfrac{1}{4}\tan^4 x\Big]_0^{\frac{\pi}{4}}$

$= \dfrac{1}{4}(1^4 - 0^4) = \dfrac{1}{4}$

●リーマン和による定積分の定義！

定積分を，図形的に定義しなおすこともできるんだよ。

関数 $f(x)$ が閉区間 $[a, b]$ で連続，かつ $f(x) \geq 0$ をみたす図 11-1 のような関数であったとしよう。

このとき，閉区間 $[a, b]$ を

$$\textcircled{a} < x_1 < x_2 < \cdots < x_{n-1} < \textcircled{b}$$

(x_0) (x_n)

と n 個の小区間 $[x_{k-1}, x_k]$ ($k = 1, 2, \cdots, n$) に分割し，この区間内で $x_{k-1} < t_k < x_k$ をみたす点 t_k を図のように定める。また，この区間内の最大値を M_k，最小値を m_k，そして，$x_k - x_{k-1} = \Delta x_k$ とおくと，

$$m_k \cdot \Delta x_k \leq f(t_k) \cdot \Delta x_k \leq M_k \cdot \Delta x_k$$
$$(k = 1, 2, \cdots, n)$$

図11-1(a)●リーマン和による定積分の定義

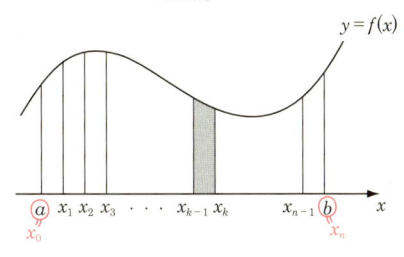

図11-1(b)

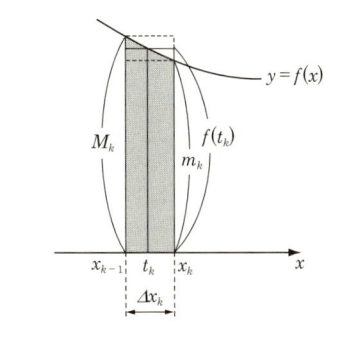

が成り立つ。よって，

$$\sum_{k=1}^{n} m_k \cdot \Delta x_k \leq \boxed{\sum_{k=1}^{n} f(t_k) \cdot \Delta x_k} \leq \sum_{k=1}^{n} M_k \cdot \Delta x_k$$

S_n（リーマ和）

この式の中辺 $\sum_{k=1}^{n} f(t_k) \cdot \Delta x_k$ を S_n とおいて，これを，"リーマン和" というんだ。

ここで，$n \to \infty$，すなわち Δx_k の最大値 $|\Delta| \to 0$ のとき，左右両辺の無限級数が，$\lim_{|\Delta| \to 0} \sum_{k=1}^{n} m_k \cdot \Delta x_k = \lim_{|\Delta| \to 0} \sum_{k=1}^{n} M_k \cdot \Delta x_k = S$ と，同じ S に収束するならば，はさみ打ちの原理から S_n も S に収束するよね。この極限値 S を，関数 $f(x)$ の閉区間 $[a, b]$ における定積分と定義し，$\int_a^b f(x) dx$ で表す。

> ### リーマン和による定積分の定義
>
> 閉区間 $[a, b]$ において連続な関数 $f(x)$ について
> $\lim_{|\Delta| \to 0} \sum_{k=1}^{n} f(t_k)\Delta x_k = S$ （収束）のとき，（これは負でもかまわない。）
> 定積分 $\int_a^b f(x)dx = \lim_{|\Delta| \to 0} \sum_{k=1}^{n} f(t_k)\Delta x_k = S$ と定める。（$|\Delta|$：Δx_k の最大値）

この極限値 S が存在するとき，リーマン積分可能（または，定積分可能）という。では，どのような関数 $f(x)$ がリーマン積分可能かというと，閉区間 $[a, b]$ で有界（すなわち，$y = f(x)$ の値域が有限）で連続な関数であればいいんだよ。図 11-2 にそのイメージを示しておく。

では，有界でない関数や不連続な関数の積分はどうなるのだろうか？これは，別に，"広義積分"や"無限積分"のところで解説するつもりだ。今回扱う関数は，すべて有界で連続な関数ばかりだから，問題なく積分できるよ。

図11-2 ●有界で連続な関数

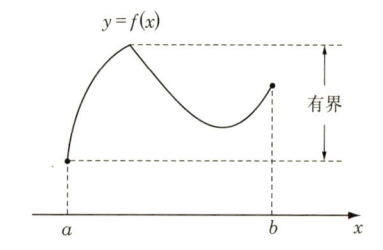

●面積と定積分の関係をおさえよう！

閉区間 $[a, b]$ で連続，かつ $f(x) \geq 0$ をみたす関数 $f(x)$ について，この区間内で，$y = f(x)$ と x 軸とではさまれる図形の面積 S を求める（図 11-3(a) 参照）。

図11-3(a) ●面積と定積分

ここで，$a \leq x \leq b$ をみたす x に対して，図 11-3(b) に示すように，閉区間 $[a, x]$ で，$y = f(x)$ と x 軸とではさまれる図形の面積を $S(x)$ とおくと，明らかに $S(a) = 0$, $S(b) = S$ となる。

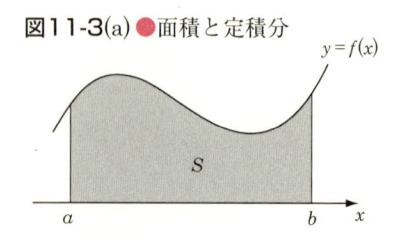

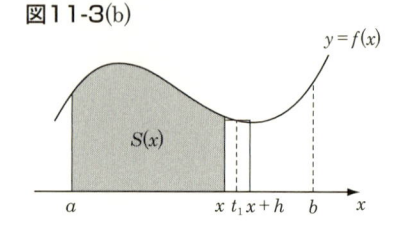

図11-3(b)

ここで，$S(x+h)-S(x)$ で表される面積は，図 11-3(c) に示すように，$x \leq t_1 \leq x+h$ をみたすある t_1 によって，次のように表される。

$$S(x+h) - S(x) = f(t_1) \cdot h \quad (h>0)$$

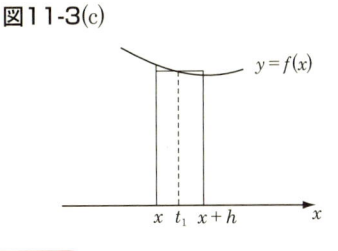

図11-3(c)

[($y=f(x)$ の細長い長方形 x 〜 $x+h$) = (高さ $f(t_1)$ の長方形)]

　実はコレは積分の平均値の定理だ！

両辺を $h\,(>0)$ で割って

$$\frac{S(x+h) - S(x)}{h} = f(t_1)$$

ここで，$h \to 0$ のとき，$t_1 \to x$ より

$$\lim_{h \to 0} \underbrace{\frac{S(x+h) - S(x)}{h}}_{S'(x)} = f(x) \quad \therefore \quad S'(x) = f(x)$$

となるので，関数 $S(x)$ は，$f(x)$ の原始関数の1つである。よって，

$$\int_a^b f(x)dx = \Big[S(x)\Big]_a^b = \underbrace{S(b)}_{S} - \underbrace{S(a)}_{0} = S$$

つまり，閉区間 $[a, b]$ で連続，かつ $f(x) \geq 0$ をみたす関数 $y=f(x)$ と x 軸とではさまれる閉区間 $[a, b]$ の範囲の面積 S は，

$$S = \int_a^b f(x)dx$$

と，定積分で求められることがわかったんだね。

ところで，図 11-4 に示すように，閉区間 $[a, b]$ で $f(x) \geq g(x)$ をみたす 2 つの関数，$y=f(x)$ と $y=g(x)$ のグラフではさまれる図形の面積 S は，

$$S = \int_a^b \{\underbrace{f(x)}_{大} - \underbrace{g(x)}_{小}\}dx$$

で計算できる。

図11-4 ● 2つの関数ではさまれる図形の面積 S

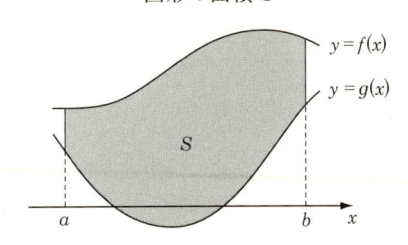

定積分の図形的な意味もこれで明らかになったので，次に定積分の計算の応用公式"置換積分法"と"部分積分法"の解説に入るよ。これらは不定積分のところでも話しているから，わかりやすいと思う。

●定積分でも置換積分法と部分積分法は重要だ！

　定積分における置換積分法の公式を下に示す。

定積分における置換積分法

$t=g(x)$ が $[a, b]$ で微分可能で，$\alpha=g(a)$，$\beta=g(b)$ のとき

$$\int_a^b f(g(x)) \cdot g'(x)\,dx = \int_\alpha^\beta f(t)\,dt$$

が成り立つ。

　$f(x)$ の原始関数を $F(x)$ とおくと，$F'(x)=f(x)$ より，$F'(t)=f(t)$。また，$t=g(x)$ とおくと，

$$\frac{d}{dx}F(t) = \underbrace{\frac{d}{dt}F(t)}_{f(t)} \cdot \underbrace{\frac{dt}{dx}}_{g'(x)} = f(t) \cdot t' = f(g(x)) \cdot g'(x)$$

よって，$F(\underset{g(x)}{t})$ は $f(g(x)) \cdot g'(x)$ の原始関数より

$$\int_a^b f(g(x)) \cdot g'(x)\,dx = \left[F(g(x))\right]_a^b = F(\underset{\beta}{g(b)}) - F(\underset{\alpha}{g(a)})$$

$$= F(\beta) - F(\alpha) = \left[F(t)\right]_\alpha^\beta = \int_\alpha^\beta f(t)\,dt$$

つまり，$g(x)=t$ と置換して積分するときは，x の積分区間 $x : a \to b$ を t での積分区間 $t : \alpha \to \beta$ にして積分しないといけないんだね。

　定積分の部分積分の公式は，積分区間をつけるだけなんだ。

定積分における部分積分法

(1) $\int_a^b f'(x) \cdot g(x)\,dx = \left[f(x) \cdot g(x)\right]_a^b - \underline{\int_a^b f(x) \cdot g'(x)\,dx}$
　　　　　　　　　　　　　　　　　　　　　　　　（簡単化）

(2) $\int_a^b f(x) \cdot g'(x)\,dx = \left[f(x) \cdot g(x)\right]_a^b - \underline{\int_a^b f'(x) \cdot g(x)\,dx}$
　　　　　　　　　　　　　　　　　　　　　　　　（簡単化）

右辺第2項の定積分を簡単化するのは，不定積分のときと同じだ。それでは例題で少し練習しておこう。

(1) $\int_0^{\frac{\pi}{2}} \underbrace{\cos^3 x}_{\cos^2 x \cdot \cos x}\, dx = \int_0^{\frac{\pi}{2}} \underbrace{(1-\sin^2 x)}_{f(\sin x)} \cdot \cos x\, dx$

よって，$\sin x = u$ とおくと，$\underbrace{\cos x\, dx}_{(\sin x)' \cdot dx} = \underbrace{1\, du}_{u' \cdot du}$。

また，$x : 0 \to \dfrac{\pi}{2}$ のとき $u : 0 \to 1$。

$\therefore \int_0^{\frac{\pi}{2}} \cos^3 x\, dx = \int_0^1 (1-u^2)\, du = \left[u - \dfrac{1}{3}u^3 \right]_0^1 = \dfrac{2}{3}$ ……(答)

(2) $\int_0^1 x \cdot e^{-x}\, dx = \int_0^1 x \cdot (-e^{-x})'\, dx$

$\quad = \left[x \cdot (-e^{-x}) \right]_0^1 - \int_0^1 1 \cdot (-e^{-x})\, dx$

$\quad = -1 \cdot e^{-1} + 0 \cdot e^{-0} + \left[-e^{-x} \right]_0^1$

$\quad = -e^{-1} - e^{-1} + 1 = 1 - 2e^{-1}$ ……(答)

> 部分積分の公式：
> $\int_a^b f \cdot g'\, dx = [f \cdot g]_a^b - \int_a^b f' \cdot g\, dx$
> を使った！

(3) $\int_1^e \ln x\, dx = \int_1^e x' \cdot \ln x\, dx$

$\quad = \left[x \cdot \ln x \right]_1^e - \int_1^e x \cdot \dfrac{1}{x}\, dx$

$\quad = e \cdot \ln e - 1 \cdot \underset{0}{\underbrace{\ln 1}} - \left[x \right]_1^e$

$\quad = e - (e - 1) = 1$ ……(答)

> 部分積分の公式：
> $\int_a^b f' \cdot g\, dx = [f \cdot g]_a^b - \int_a^b f \cdot g'\, dx$
> を使った！

> $\boxed{\int \ln x\, dx = x \cdot \ln x - x}$ を公式として使って
> $\int_1^e \ln x\, dx = [x \cdot \ln x - x]_1^e = e - e - (0 - 1) = 1$ としてもいいよ。

演習問題 11-1 定積分 $\displaystyle\int_0^{\frac{\pi}{2}} \frac{1}{1+\sin x}\,dx$ の値を求めよ。

ヒント! $\sin x$ や $\cos x$ の分数関数の積分では，$\tan\dfrac{x}{2}=t$ と置換すると，$\sin x = \dfrac{2t}{1+t^2}$，$\cos x = \dfrac{1-t^2}{1+t^2}$，$\dfrac{2}{1+t^2}dt = dx$ となってうまくいく。

解答 & 解説

$\displaystyle\int_0^{\frac{\pi}{2}} \frac{1}{1+\sin x}\,dx$ について，$\tan\dfrac{x}{2}=t$ とおくと，

$$\sin x = \frac{2\tan\dfrac{x}{2}}{1+\tan^2\dfrac{x}{2}} = \frac{2t}{1+t^2}$$

また，$\left(\tan\dfrac{x}{2}\right)'dx = t'dt$ より

$\boxed{\dfrac{1}{\cos^2\dfrac{x}{2}}} \cdot \dfrac{1}{2}dx = 1\,dt$, $\dfrac{1+t^2}{2}dx = dt$ $\quad\therefore\quad dx = \dfrac{2}{1+t^2}dt$

$\left(1+\tan^2\dfrac{x}{2}=1+t^2\right)$

公式:
$\sin x = \dfrac{2\tan\dfrac{x}{2}}{1+\tan^2\dfrac{x}{2}}$，
$\cos x = \dfrac{1-\tan^2\dfrac{x}{2}}{1+\tan^2\dfrac{x}{2}}$ より
$\sin x$ や $\cos x$ の分数関数の積分では，$\tan\dfrac{x}{2}=t$ とおくとうまくいくことが多い。

また，$x:0\to\dfrac{\pi}{2}$ のとき，$t:0\to 1$。

$\therefore\quad$ 与式 $= \displaystyle\int_0^1 \dfrac{1}{1+\dfrac{2t}{1+t^2}} \cdot \dfrac{2}{1+t^2}dt = 2\int_0^1 \dfrac{1}{t^2+1+2t}dt$

$= 2\displaystyle\int_0^1 (t+1)^{-2}dt = -2\Big[(t+1)^{-1}\Big]_0^1 = -2\left(\dfrac{1}{2}-1\right) = 1 \quad\cdots\cdots(答)$

実習問題 11-1

定積分 $\int_0^{\frac{\pi}{2}} \dfrac{1}{1+\sin x+\cos x}\,dx$ の値を求めよ。

ヒント！ $\sin x$, $\cos x$ の分数関数の積分だから，$\tan\dfrac{x}{2}=t$ と置換すると，$\sin x=\dfrac{2t}{1+t^2}$, $\cos x=\dfrac{1-t^2}{1+t^2}$, $dx=\dfrac{2}{1+t^2}dt$ となって，定積分の値が求まる。このパターンはぜひ覚えておこう。

解答＆解説

$\int_0^{\frac{\pi}{2}} \dfrac{1}{1+\sin x+\cos x}\,dx$ について，

$\tan\dfrac{x}{2}=t$ とおくと

$\sin x = \boxed{\text{(a)}}$ ，$\cos x = \boxed{\text{(b)}}$

また，$\left(\tan\dfrac{x}{2}\right)'dt = t'\,dt$ より

$\boxed{\dfrac{1}{\cos^2\dfrac{x}{2}}} \cdot \dfrac{1}{2}\,dx = dt$

$1+\tan^2\dfrac{x}{2}=1+t^2$

∴ $dx = \boxed{\text{(c)}}$

$\sin x = 2\sin\dfrac{x}{2}\cdot\cos\dfrac{x}{2}$
$= 2\cdot\dfrac{\sin\dfrac{x}{2}}{\cos\dfrac{x}{2}}\cdot\boxed{\cos^2\dfrac{x}{2}}$
$\underbrace{}_{\dfrac{1}{1+\tan^2\dfrac{x}{2}}}$
$= \dfrac{2\tan\dfrac{x}{2}}{1+\tan^2\dfrac{x}{2}}$

$\cos x = \cos^2\dfrac{x}{2}-\sin^2\dfrac{x}{2}$
$= \boxed{\cos^2\dfrac{x}{2}}\left(1-\dfrac{\sin^2\dfrac{x}{2}}{\cos^2\dfrac{x}{2}}\right)$
$\underbrace{}_{\dfrac{1}{1+\tan^2\dfrac{x}{2}}}$
$= \dfrac{1-\tan^2\dfrac{x}{2}}{1+\tan^2\dfrac{x}{2}}$

以上より，$\sin x$, $\cos x$ を $\tan\dfrac{x}{2}$ で表す公式が導けるんだね。

また，$x:0\to\dfrac{\pi}{2}$ のとき，$t:0\to 1$。

∴ 与式 $=\int_0^1 \dfrac{1}{1+\dfrac{2t}{1+t^2}+\dfrac{1-t^2}{1+t^2}}\cdot\dfrac{2}{1+t^2}\,dt = \int_0^1 \dfrac{2}{1+\cancel{t^2}+2t+1-\cancel{t^2}}\,dt$

$= \int_0^1 \dfrac{1}{t+1}\,dt = \boxed{\text{(d)}}$ ……（答）

(a) $\dfrac{2t}{1+t^2}$ (b) $\dfrac{1-t^2}{1+t^2}$ (c) $\dfrac{2}{1+t^2}dt$ (d) $\bigl[\ln(t+1)\bigr]_0^1 = \ln 2$

演習問題 11-2

$I_n = \int_0^{\frac{\pi}{2}} \sin^n x \, dx \ (n=0, 1, 2, \cdots)$ について次の問いに答えよ。

(1) $I_n = \dfrac{n-1}{n} I_{n-2} \ (n=2, 3, 4, \cdots)$ となることを示せ。

(2) I_5 の値を求めよ。

ヒント! (1) は被積分関数を $\sin^n x = \sin^{n-1} x \cdot (-\cos x)'$ と変形して，部分積分にもちこむといい。(2) は (1) の結果をうまく利用する。

解答 & 解説

(1) $I_n = \int_0^{\frac{\pi}{2}} \sin^{n-1} x \cdot \sin x \, dx = \int_0^{\frac{\pi}{2}} \sin^{n-1} x \cdot (-\cos x)' \, dx$ ← 部分積分を用いた！

$= \left[-\sin^{n-1} x \cdot \cos x \right]_0^{\frac{\pi}{2}} - \int_0^{\frac{\pi}{2}} (\sin^{n-1} x)' \cdot (-\cos x) \, dx$

$= \int_0^{\frac{\pi}{2}} (n-1) \cdot \sin^{n-2} x \cdot \underbrace{\cos x \cdot \cos x}_{(1-\sin^2 x)} \, dx$

$= (n-1) \int_0^{\frac{\pi}{2}} \sin^{n-2} x (1 - \sin^2 x) \, dx$

$= (n-1) \left(\underbrace{\int_0^{\frac{\pi}{2}} \sin^{n-2} x \, dx}_{I_{n-2}} - \underbrace{\int_0^{\frac{\pi}{2}} \sin^n x \, dx}_{I_n} \right)$

よって，$I_n = (n-1)I_{n-2} - (n-1)I_n$ より $nI_n = (n-1)I_{n-2}$。

$\therefore \ I_n = \dfrac{n-1}{n} I_{n-2} \quad (n=2, 3, 4, \cdots) \quad \cdots\cdots(終)$

(2) (1) より，$n=5, 3$ のときを考えると，

$I_5 = \dfrac{4}{5} \cdot I_3 = \dfrac{4}{5} \cdot \dfrac{2}{3} \cdot I_1 = \dfrac{8}{15} \int_0^{\frac{\pi}{2}} \sin x \, dx$

$= \dfrac{8}{15} \left[-\cos x \right]_0^{\frac{\pi}{2}} = \dfrac{8}{15} \left(-\underset{0}{\cos \dfrac{\pi}{2}} + \underset{1}{\cos 0} \right) = \dfrac{8}{15} \quad \cdots\cdots(答)$

実習問題 11-2

$J_n = \int_0^{\frac{\pi}{2}} \cos^n x \, dx \ (n=0, 1, 2, \cdots)$ について次の問いに答えよ。

(1) $J_n = \dfrac{n-1}{n} J_{n-2} \ (n=2, 3, 4, \cdots)$ となることを示せ。

(2) J_6 の値を求めよ。

ヒント! 被積分関数を $\cos^n x = \cos^{n-1} x \cdot (\sin x)'$ と変形して，部分積分にもちこむんだね。(2) では，J_0 を求める。

解答&解説

(1) $J_n = \int_0^{\frac{\pi}{2}} \cos^{n-1} x \cdot \cos x \, dx = \int_0^{\frac{\pi}{2}}$ (a) $\, dx$

$= \left[\cos^{n-1} x \cdot \sin x \right]_0^{\frac{\pi}{2}} - \int_0^{\frac{\pi}{2}}$ (b) $\, dx$

$= -\int_0^{\frac{\pi}{2}} (n-1) \cdot \cos^{n-2} x \cdot (-\sin x) \cdot \sin x \, dx$

$= (n-1) \int_0^{\frac{\pi}{2}} \cos^{n-2} x \cdot (1 - \cos^2 x) \, dx$

$= (n-1) \left(\underbrace{\int_0^{\frac{\pi}{2}} \cos^{n-2} x \, dx}_{J_{n-2}} - \underbrace{\int_0^{\frac{\pi}{2}} \cos^n x \, dx}_{J_n} \right)$

よって，$J_n = $ (c) より $n J_n = (n-1) J_{n-2}$

∴ $J_n = \dfrac{n-1}{n} J_{n-2} \quad (n=2, 3, 4, \cdots) \quad \cdots\cdots$ (終)

(2) (1) より，$n=6, 4, 2$ のときを考えると，

$J_6 = \dfrac{5}{6} \cdot J_4 = \dfrac{5}{6} \cdot \dfrac{3}{4} \cdot J_2 = \dfrac{5}{6} \cdot \dfrac{3}{4} \cdot$ (d)

$= \dfrac{5}{16} \int_0^{\frac{\pi}{2}} \underbrace{1}_{\cos^0 x} \, dx = \dfrac{5}{16} \left[x \right]_0^{\frac{\pi}{2}} = $ (e) $\quad \cdots\cdots$ (答)

(a) $\cos^{n-1} x \cdot (\sin x)'$ (b) $(\cos^{n-1} x)' \cdot \sin x$ (c) $(n-1) J_{n-2} - (n-1) J_n$

(d) $\dfrac{1}{2} \cdot J_0$ (e) $\dfrac{5}{32} \pi$

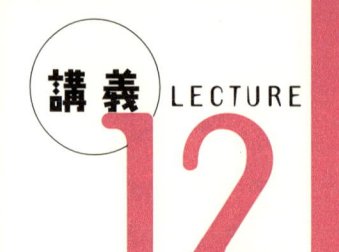

講義 LECTURE 12 | 定積分の応用

これまでの定積分は，有界かつ連続な関数のみを扱ってきたけれど，不連続な関数や無限大に発散する関数にも定義を拡張する。

また，積分区間そのものについても，$[a, \infty)$ や $(-\infty, b]$ の場合の定積分の方法を考え，さらに面積・体積・曲線の長さについても計算するよ。

●広義積分で不連続な関数の定積分ができる！

まず，区間の端点で不連続な関数 $f(x)$ の"広義積分"の定義を示す。

広義積分の定義

（Ⅰ） 区間 $[a, b)$ で連続な関数 $f(x)$ に対して，

$\displaystyle\lim_{c \to b-0} \int_a^c f(x)dx$ が極限値をもつとき，それ

を $\displaystyle\int_a^b f(x)dx$ と定義して，広義積分という。

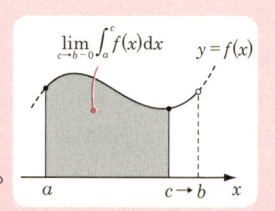

（Ⅱ） 区間 $(a, b]$ で連続な関数 $f(x)$ に対して，

$\displaystyle\lim_{c \to a+0} \int_c^b f(x)dx$ が極限値をもつとき，それ

を $\displaystyle\int_a^b f(x)dx$ と定義して，広義積分という。

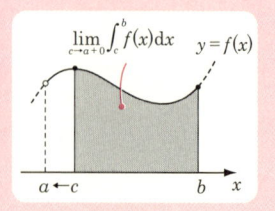

たとえば，積分 $I = \displaystyle\int_0^1 \frac{1}{\sqrt{1-x^2}} dx$ について，$\frac{1}{\sqrt{1-x^2}}$ は $x = 1$ で不連続だね。これは広義積分の定義から $I = \displaystyle\lim_{c \to 1-0} \int_0^c \frac{1}{\sqrt{1-x^2}} dx = \lim_{c \to 1-0} \Big[\sin^{-1} x\Big]_0^c$

$= \displaystyle\lim_{c \to 1-0} \sin^{-1} c = \sin^{-1} 1 = \frac{\pi}{2}$ となって，定積分 I の値が定まる。

$J = \int_0^1 \dfrac{1}{x} dx$ の場合，$\dfrac{1}{x}$ は $x=0$ で不連続だよね。でも，今度は前と違って $J = \lim\limits_{c \to +0} \int_c^1 \dfrac{1}{x} dx = \lim\limits_{c \to +0} \bigl[\ln x\bigr]_c^1 = \lim\limits_{c \to +0} (-\underbrace{\ln c}_{-\infty}) = \infty$ となって発散するので，この定積分 J は定まらない。

●無限積分も極限を利用する！

積分区間が有限区間でなく無限区間 $\int_{-\infty}^{\infty} f(x)dx$ や $\int_a^{\infty} f(x)dx$ の定積分を次のように定義する。

無限積分の定義

区間 $[a, \infty)$ で定義される関数 $f(x)$ に対して，$\lim\limits_{p \to \infty} \int_a^p f(x)dx$ が極限値をもつとき，それを $\int_a^{\infty} f(x)dx$ と定義して，無限積分という。

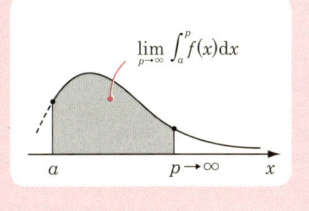

$\int_{-\infty}^b f(x)dx$ は $\lim\limits_{p \to -\infty} \int_p^b f(x)dx$ で，$\int_{-\infty}^{\infty} f(x)dx$ は $\lim\limits_{\substack{p \to -\infty \\ q \to +\infty}} \int_p^q f(x)dx$ で，それぞれ同様に定義できるのも大丈夫だね。

この例として，$\int_0^{\infty} \dfrac{1}{1+x^2} dx$ を求めてみよう。

$\int_0^{\infty} \dfrac{1}{1+x^2} dx = \lim\limits_{p \to \infty} \int_0^p \dfrac{1}{1+x^2} dx = \lim\limits_{p \to \infty} \bigl[\tan^{-1} x\bigr]_0^p = \lim\limits_{p \to \infty} (\underbrace{\tan^{-1} p}_{\frac{\pi}{2}} - \underbrace{\tan^{-1} 0}_{0}) = \dfrac{\pi}{2}$

となって，定積分の値が定まる。

●積分は面積・体積・曲線の長さにも利用できる！

定積分が面積計算と密接に関わっていることは，前回の講義で解説した通りだ。ここでは定積分を使って，面積だけでなく回転体の体積や曲線の長さを求める公式も示すよ。

面積・体積・曲線の長さの公式

(1) 閉区間$[a, b]$において，$f(x) \geqq g(x)$のとき，2曲線$y=f(x)$と$y=g(x)$ではさまれる図形の面積Sは，
$$S = \int_a^b \{f(x) - g(x)\} \, dx$$

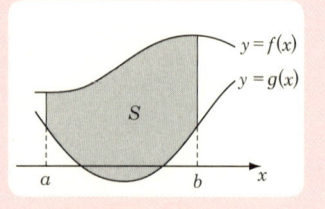

(2) 閉区間$[a, b]$において，$y=f(x)$とx軸ではさまれる図形をx軸のまわりに回転させてできる回転体の体積Vは，
$$V = \pi \int_a^b \{f(x)\}^2 \, dx$$

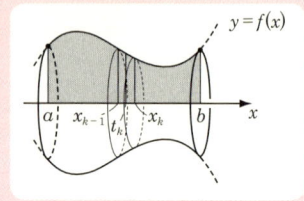

(3) 閉区間$[a, b]$における，曲線$y=f(x)$の長さLは，
$$L = \int_a^b \sqrt{1 + \{f'(x)\}^2} \, dx$$

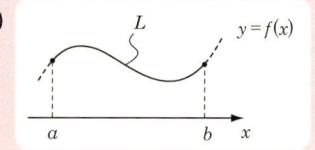

(2)の回転体では，閉区間$[a, b]$を，$x_1, x_2, \cdots, x_{n-1}$の$n-1$個の点で$n$分割し，$k$番目の微小な立体について考えると，面積のときと同様に，
$$\pi m_k^2 \Delta x_k \leqq \pi \{f(t_k)\}^2 \Delta x_k \leqq \pi M_k^2 \Delta x_k \quad (k=1, 2, \cdots, n)$$
(m_k, M_kは，閉区間$[x_{k-1}, x_k]$における$|f(x)|$の最小値と最大値を表す。)

$$\sum_{k=1}^n \pi m_k^2 \Delta x_k \leqq \boxed{\sum_{k=1}^n \pi \{f(t_k)\}^2 \Delta x_k} \leqq \sum_{k=1}^n \pi M_k^2 \Delta x_k$$
$$\underbrace{}_{V} \quad \underbrace{}_{V_n} \quad \underbrace{}_{V}$$

ここで，Δx_kの最大値$|\Delta| \to 0$のとき，左右両辺の極限が同じVに収束するならば，はさみ打ちの原理より，中辺$V_n = \sum_{k=1}^n \pi \{f(t_k)\}^2 \Delta x_k$も$V$に収束し，$V = \pi \int_a^b \{f(x)\}^2 \, dx$で表される。同様に，$y$軸のまわりの回転体の体積$W$は，$W = \pi \int_c^d \{g(y)\}^2 \, dy$で表されるんだ。

(3) の曲線の長さについて，閉区間 $[a, b]$ における十分小さな微小区間 $[x, x+\Delta x]$ で考えると，図 12-1 に示すように，微小な曲線の長さ ΔL は三平方の定理により近似的に次式で表される。

図12-1 ●曲線の長さ

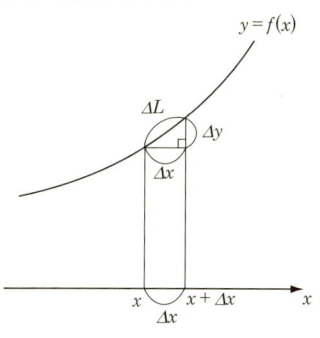

$$\Delta L \fallingdotseq \sqrt{(\Delta x)^2 + (\Delta y)^2} = \sqrt{1+\left(\frac{\Delta y}{\Delta x}\right)^2} \cdot \Delta x$$

$$\frac{\Delta L}{\Delta x} \fallingdotseq \sqrt{1+\left(\frac{\Delta y}{\Delta x}\right)^2}$$

ここで，$\Delta x \to 0$ とすると

$$\frac{dL}{dx} = \sqrt{1+(y')^2} = \sqrt{1+\{f'(x)\}^2}$$

L は，$\sqrt{1+\{f'(x)\}^2}$ の原始関数

となる。これから，公式：$L = \int_a^b \sqrt{1+\{f'(x)\}^2}\,dx$ が導ける。

曲線が $y=f(x)$ ではなく，$x=f(\theta)$, $y=g(\theta)$ (θ：媒介変数) の形で媒介変数表示されている場合，$\alpha \leq \theta \leq \beta$ の区間で描かれる曲線の長さ L は，次の公式で計算できるんだ。

$$L = \int_\alpha^\beta \sqrt{\left(\frac{dx}{d\theta}\right)^2 + \left(\frac{dy}{d\theta}\right)^2}\,d\theta$$

$\Delta L \fallingdotseq \sqrt{(\Delta x)^2 + (\Delta y)^2} = \sqrt{\left(\frac{\Delta x}{\Delta \theta}\right)^2 + \left(\frac{\Delta y}{\Delta \theta}\right)^2} \cdot \Delta\theta$ として，その極限をとればいい。

それでは，曲線 $y=f(x)=\frac{2}{3}x^{\frac{3}{2}}$ ($1 \leq x \leq 2$) の長さを求めてみよう。

図12-2 ● $y=\frac{2}{3}x^{\frac{3}{2}}$ ($1 \leq x \leq 2$) の曲線の長さ L

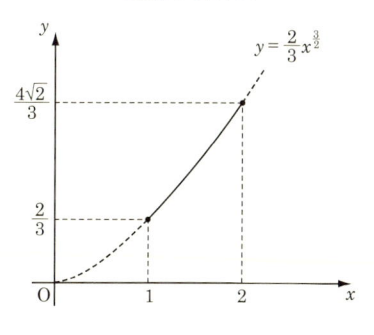

$$f'(x) = \frac{2}{3} \cdot \frac{3}{2} x^{\frac{1}{2}} = \sqrt{x}$$

∴ 求める曲線の長さ L は，

$$L = \int_1^2 \sqrt{1+\{f'(x)\}^2}\,dx = \int_1^2 (1+x)^{\frac{1}{2}}\,dx$$

$$= \frac{2}{3}\left[(1+x)^{\frac{3}{2}}\right]_1^2 = \frac{2}{3}\left(3^{\frac{3}{2}} - 2^{\frac{3}{2}}\right)$$

$$= \frac{2(3\sqrt{3}-2\sqrt{2})}{3} \quad \cdots\cdots(答)$$

演習問題 12-1

曲線 $y=x \cdot e^x$ と x 軸と $x=a$ $(a<0)$ とで囲まれる図形の面積を $S(a)$ とおくとき、極限 $\lim_{a \to -\infty} S(a)$ の値を求めよ。

ヒント！ 関数 $y=x \cdot e^x$ のグラフは演習問題 9-2 でやってるから参考にしてくれ。今回は、このグラフと 2 直線で囲まれる図形の面積 $S(a)$ について、$a \to -\infty$ とする無限積分の問題だ。

解答 & 解説

関数 $y=f(x)=x \cdot e^x$ は、$x \leq 0$ のとき $f(x) \leq 0$ なので、$y=f(x)$ と x 軸 $(y=0)$ と $x=a$ とで囲まれる図形の面積 $S(a)$ は

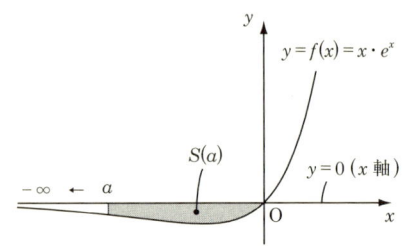

$$S(a) = -\int_a^0 f(x)\,dx$$

$a \leq x \leq 0$ で、$y=f(x)$ と $y=0$ ではさまれる図形の面積が $S(a)$ なので、$f(x) \leq 0$ から $S(a) = \int_a^0 \{0-f(x)\}\,dx = -\int_a^0 f(x)\,dx$ で計算できる。

$$= -\int_a^0 x \cdot e^x\,dx$$

$$= -\int_a^0 x \cdot (e^x)'\,dx \quad \text{部分積分}$$

$$= -\left\{[x \cdot e^x]_a^0 - \int_a^0 1 \cdot e^x\,dx\right\} = -\left(-ae^a - [e^x]_a^0\right) = (a-1)e^a + 1$$

以上より求める極限は、

$$\lim_{a \to -\infty} S(a) = \lim_{a \to -\infty}\{(a-1)e^a + 1\}$$

これは無限積分 $-\int_{-\infty}^0 x \cdot e^x\,dx$ を求める問題だったんだ！

$-a=t$ とおくと、$a \to -\infty$ のとき、$t \to +\infty$ なので

$$\lim_{a \to -\infty} S(a) = \lim_{t \to +\infty}\{(-t-1)e^{-t} + 1\}$$

ロピタルの定理

$$= \lim_{t \to +\infty}\left(-\frac{t+1}{e^t} + 1\right) = \lim_{t \to +\infty}\left(-\frac{1}{e^t} + 1\right) = 1 \quad \cdots\cdots(\text{答})$$

$\underset{0}{\underline{}}$

実習問題 12-1

曲線 $y = x \cdot \ln x$ と x 軸と $x = a$ $(0 < a < 1)$ とで囲まれる図形の面積を $S(a)$ とおくとき，極限 $\lim\limits_{a \to +0} S(a)$ の値を求めよ。

ヒント! 関数 $y = x \cdot \ln x$ のグラフは，実習問題 9-2 で既に求めている。今回は，このグラフと 2 直線とで囲まれる図形の面積 $S(a)$ について，$a \to +0$ とする広義積分の問題だ。

解答 & 解説 関数 $y = f(x) = x \cdot \ln x$ は，$0 < x \leq 1$ のとき $f(x) \leq 0$ なので，$y = f(x)$ と x 軸 $(y = 0)$ と $x = a$ とで囲まれる図形の面積 $S(a)$ は

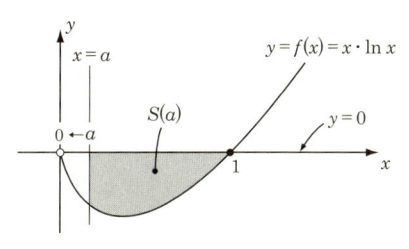

$$S(a) = -\int_a^1 f(x)\,dx$$

$$= -\int_a^1 x \cdot \ln x\,dx$$

$$= -\int_a^1 \left(\frac{1}{2}x^2\right)' \ln x\,dx$$

$a \leq x \leq 1$ で，$y = f(x)$ と $y = 0$ ではさまれる図形の面積が $S(a)$ なので，$f(x) \leq 0$ から $S(a) = -\int_a^1 f(x)\,dx$ と計算する。

$$= -\left\{ \boxed{(a)} \right\}$$

部分積分

$$= -\left\{ -\frac{1}{2}a^2 \ln a - \frac{1}{2} \cdot \left[\frac{1}{2}x^2\right]_a^1 \right\} = \boxed{(b)}$$

$\dfrac{1}{a} = t$ とおくと，$a \to +0$ のとき，$t \to +\infty$ なので，求める極限は

$$\lim_{a \to +0} S(a) = \lim_{t \to +\infty} \left\{ \boxed{(c)} \right\}$$

これは広義積分 $\int_0^1 f(x)\,dx$ を求める問題だったんだ！

ロピタルの定理

$$= \lim_{t \to +\infty}\left(\frac{-2 \cdot \ln t - 1}{4t^2} + \frac{1}{4}\right) = \lim_{t \to +\infty}\left(\frac{-2 \cdot \frac{1}{t}}{8t} + \frac{1}{4}\right) = \boxed{(d)} \quad \cdots\cdots(\text{答})$$

(a) $\left[\dfrac{1}{2}x^2 \ln x\right]_a^1 - \int_a^1 \dfrac{1}{2}x^2 \cdot \dfrac{1}{x}\,dx$ (b) $\dfrac{a^2}{4}(2\ln a - 1) + \dfrac{1}{4}$

(c) $\dfrac{1}{4t^2}(2\ln t^{-1} - 1) + \dfrac{1}{4}$ (d) $\dfrac{1}{4}$

> **演習問題 12-2**
> サイクロイド曲線 $x=a(\theta-\sin\theta)$, $y=a(1-\cos\theta)$ $(a>0, 0\leq\theta\leq 2\pi)$ と x 軸とで囲まれる部分を x 軸のまわりに回転してできる回転体の体積 V を求めよ。

ヒント! x 軸のまわりの回転体の体積 V を，まず公式通り，$V=\pi\int_0^{2\pi a} y^2 dx$ と表し，これを θ での積分に置換するんだよ。

解答 & 解説

サイクロイド曲線
$$\begin{cases} x=a(\theta-\sin\theta) \\ y=a(1-\cos\theta) \end{cases} (a>0,\ 0\leq\theta\leq 2\pi)$$

と x 軸とで囲まれる図形を x 軸のまわりに回転してできる回転体の体積 V は，

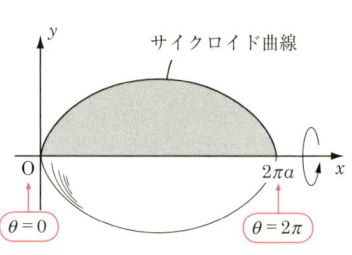

$$V = \pi\int_0^{2\pi a} y^2 dx$$

$$= \pi\int_0^{2\pi} y^2 \frac{dx}{d\theta} d\theta$$

$$= \pi\int_0^{2\pi} a^2\cdot(1-\cos\theta)^2\cdot a(1-\cos\theta) d\theta$$

$$= \pi a^3 \int_0^{2\pi} (1-\cos\theta)^3 d\theta$$

$$= \pi a^3 \int_0^{2\pi} \left(1 - 3\cos\theta + 3\underbrace{\cos^2\theta}_{\frac{1+\cos 2\theta}{2}} - \underbrace{\cos^3\theta}_{\frac{1}{4}(\cos 3\theta + 3\cos\theta)}\right) d\theta$$

$$= \pi a^3 \int_0^{2\pi} \left(\frac{5}{2} - \frac{15}{4}\cos\theta + \frac{3}{2}\cos 2\theta - \frac{1}{4}\cos 3\theta\right) d\theta$$

$$= \pi a^3 \left[\frac{5}{2}\theta - \frac{15}{4}\sin\theta + \frac{3}{4}\sin 2\theta - \frac{1}{12}\sin 3\theta\right]_0^{2\pi}$$

$$= \pi a^3 \times \frac{5}{2} \times 2\pi = 5\pi^2 a^3 \quad\cdots\cdots(答)$$

> まず，曲線が $y=f(x)$ と表されたものとして，$V=\pi\int_0^{2\pi a} y^2 dx$ と表し，これを θ での積分に置換する。
> $$V = \pi\int_0^{2\pi} y^2 \frac{dx}{d\theta}\cdot d\theta$$
> (θ での積分区間) (θ の関数) (θ で積分)
> これが，媒介変数表示された関数の定積分計算のコツだ！

> 公式：
> $\cos 3\theta = 4\cos^3\theta - 3\cos\theta$ より
> $\cos^3\theta = \frac{1}{4}(\cos 3\theta + 3\cos\theta)$

実習問題 12-2

アステロイド曲線 $x = a\cos^3\theta$, $y = a\sin^3\theta$ $\left(a>0,\ 0\leq\theta\leq\dfrac{\pi}{2}\right)$ と x 軸, y 軸とで囲まれる部分を x 軸のまわりに回転してできる回転体の体積 V を求めよ。

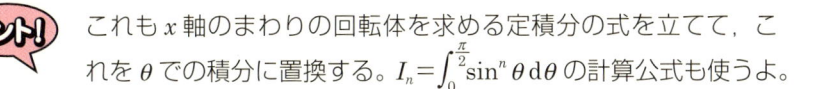

ヒント！ これも x 軸のまわりの回転体を求める定積分の式を立てて、これを θ での積分に置換する。$I_n = \int_0^{\frac{\pi}{2}} \sin^n\theta\, d\theta$ の計算公式も使うよ。

解答 & 解説

アステロイド曲線

$$\begin{cases} x = a\cos^3\theta \\ y = a\sin^3\theta \end{cases} \left(a>0,\ 0\leq\theta\leq\dfrac{\pi}{2}\right)$$

と x 軸, y 軸とで囲まれる図形を x 軸のまわりに回転してできる回転体の体積 V は,

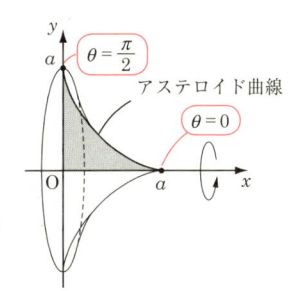

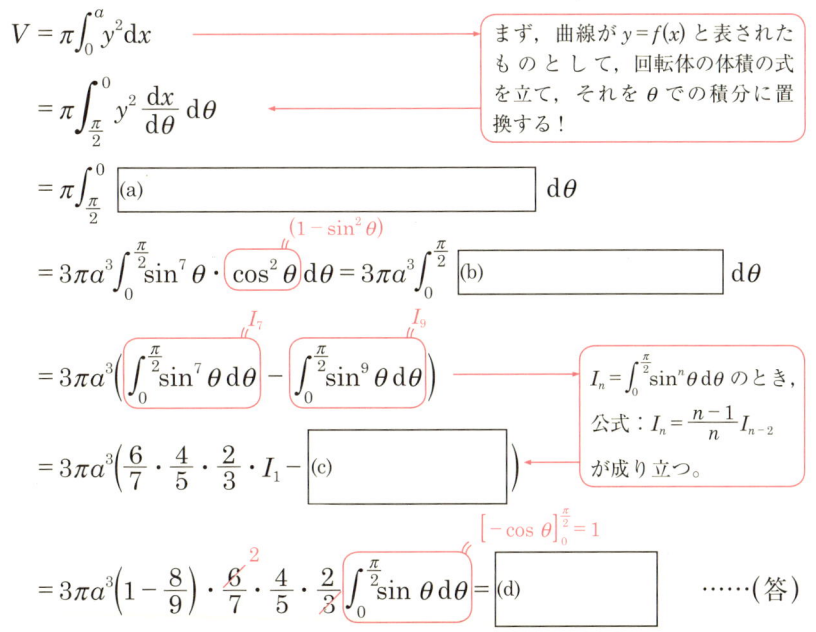

$$V = \pi \int_0^a y^2\, dx$$

（まず, 曲線が $y = f(x)$ と表されたものとして, 回転体の体積の式を立て, それを θ での積分に置換する！）

$$= \pi \int_{\frac{\pi}{2}}^0 y^2 \dfrac{dx}{d\theta}\, d\theta$$

$$= \pi \int_{\frac{\pi}{2}}^0 \boxed{(a)}\, d\theta$$

$$= 3\pi a^3 \int_0^{\frac{\pi}{2}} \sin^7\theta \cdot \underbrace{\cos^2\theta}_{(1-\sin^2\theta)}\, d\theta = 3\pi a^3 \int_0^{\frac{\pi}{2}} \boxed{(b)}\, d\theta$$

$$= 3\pi a^3 \left(\underbrace{\int_0^{\frac{\pi}{2}} \sin^7\theta\, d\theta}_{I_7} - \underbrace{\int_0^{\frac{\pi}{2}} \sin^9\theta\, d\theta}_{I_9} \right)$$

（$I_n = \int_0^{\frac{\pi}{2}} \sin^n\theta\, d\theta$ のとき, 公式: $I_n = \dfrac{n-1}{n} I_{n-2}$ が成り立つ。）

$$= 3\pi a^3 \left(\dfrac{6}{7} \cdot \dfrac{4}{5} \cdot \dfrac{2}{3} \cdot I_1 - \boxed{(c)} \right)$$

$$= 3\pi a^3 \left(1 - \dfrac{8}{9}\right) \cdot \overset{2}{\dfrac{6}{7}} \cdot \dfrac{4}{5} \cdot \dfrac{2}{3} \underbrace{\int_0^{\frac{\pi}{2}} \sin\theta\, d\theta}_{[-\cos\theta]_0^{\frac{\pi}{2}} = 1} = \boxed{(d)} \quad \cdots\cdots(答)$$

(a) $a^2 \cdot \sin^6\theta \cdot 3a\cos^2\theta \cdot (-\sin\theta)$ (b) $\sin^7\theta(1-\sin^2\theta)$
(c) $\dfrac{8}{9} \cdot \dfrac{6}{7} \cdot \dfrac{4}{5} \cdot \dfrac{2}{3} \cdot I_1$ (d) $\dfrac{16}{105}\pi a^3$

演習問題 12-3

曲線 $y = \cosh x$ $(0 \leqq x \leqq 2)$ の長さ L を求めよ。

ヒント!

$y = f(x)$ の形の曲線の長さ L については，公式 $L = \int_a^b \sqrt{1 + \{f'(x)\}^2}\, dx$ を使うんだよ。

解答 & 解説

曲線 $y = f(x) = \cosh x$
$= \dfrac{e^x + e^{-x}}{2}$ $(0 \leqq x \leqq 2)$

の長さ L を求める。

$f'(x) = \left(\dfrac{e^x + e^{-x}}{2}\right)' = \dfrac{e^x - e^{-x}}{2}$

$1 + \{f'(x)\}^2 = 1 + \left(\dfrac{e^x - e^{-x}}{2}\right)^2$

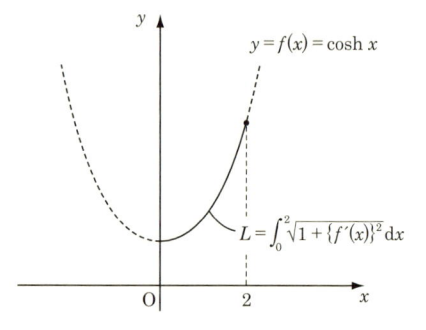

$e^x \cdot \dfrac{1}{e^x} = 1$

$= 1 + \dfrac{e^{2x} - 2\overbrace{e^x e^{-x}}+ e^{-2x}}{4} = \dfrac{4 + e^{2x} - 2 + e^{-2x}}{4}$

$2 \cdot e^x \cdot e^{-x}$

$= \dfrac{e^{2x} + 2 + e^{-2x}}{4} = \left(\dfrac{e^x + e^{-x}}{2}\right)^2$

以上より，求める曲線の長さ L は，

$L = \int_0^2 \sqrt{1 + \{f'(x)\}^2}\, dx = \int_0^2 \sqrt{\left(\dfrac{e^x + e^{-x}}{2}\right)^2}\, dx$

$= \int_0^2 \dfrac{e^x + e^{-x}}{2}\, dx = \dfrac{1}{2}\left[e^x - e^{-x}\right]_0^2$

$= \dfrac{1}{2}\{e^2 - e^{-2} - (e^0 - e^0)\} = \dfrac{1}{2}(e^2 - e^{-2})$ ……(答)

実習問題 12-3

$0 \leqq \theta \leqq a$ におけるらせん $x = e^{-\theta} \cdot \cos\theta$, $y = e^{-\theta} \cdot \sin\theta$ の曲線の長さ $L(a)$ を求め,極限 $\lim_{a \to \infty} L(a)$ の値を求めよ。

ヒント! 媒介変数表示された曲線の長さは,公式 $L = \int_\alpha^\beta \sqrt{\left(\dfrac{dx}{d\theta}\right)^2 + \left(\dfrac{dy}{d\theta}\right)^2}\, d\theta$ で求めることができるよ。

解答&解説

らせん $\begin{cases} x = e^{-\theta} \cdot \cos\theta \\ y = e^{-\theta} \cdot \sin\theta \end{cases} (0 \leqq \theta \leqq a)$

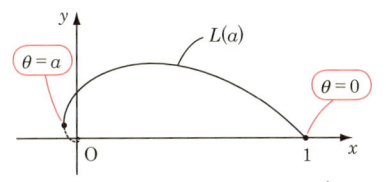

この曲線の長さ $L(a)$ を求める。

$$\begin{cases} \dfrac{dx}{d\theta} = -e^{-\theta} \cdot \cos\theta + e^{-\theta} \cdot (-\sin\theta) = \boxed{\text{(a)}} \\ \dfrac{dy}{d\theta} = -e^{-\theta} \cdot \sin\theta + e^{-\theta} \cdot \cos\theta = -e^{-\theta} \cdot (\sin\theta - \cos\theta) \end{cases}$$

$\left(\dfrac{dx}{d\theta}\right)^2 + \left(\dfrac{dy}{d\theta}\right)^2 = e^{-2\theta} \cdot (\sin\theta + \cos\theta)^2 + e^{-2\theta} \cdot (\sin\theta - \cos\theta)^2$

$= e^{-2\theta}\{\sin^2\theta + 2\sin\theta\cos\theta + \cos^2\theta + \sin^2\theta - 2\sin\theta\cos\theta + \cos^2\theta\}$

$= \boxed{\text{(b)}}$

以上より,求める曲線の長さ $L(a)$ は,

$L(a) = \int_0^a \sqrt{\left(\dfrac{dx}{d\theta}\right)^2 + \left(\dfrac{dy}{d\theta}\right)^2}\, d\theta = \int_0^a \sqrt{2 \cdot e^{-2\theta}}\, d\theta = \sqrt{2}\int_0^a e^{-\theta}\, d\theta$

$= \sqrt{2}\left[-e^{-\theta}\right]_0^a = \sqrt{2}(-e^{-a} + 1) = \boxed{\text{(c)}}$

以上より,求める極限は,

$\lim_{a \to \infty} L(a) = \lim_{a \to \infty} \sqrt{2}(1 - e^{-a}) = \boxed{\text{(d)}}$ ……(答)

これは曲線の長さの無限積分
$\int_0^\infty \sqrt{\left(\dfrac{dx}{d\theta}\right)^2 + \left(\dfrac{dy}{d\theta}\right)^2}\, d\theta$
を求めたことになるんだ!

(a) $-e^{-\theta} \cdot (\sin\theta + \cos\theta)$ (b) $2e^{-2\theta}$ (c) $\sqrt{2}(1 - e^{-a})$ (d) $\sqrt{2}$

講義 LECTURE 13 空間座標

これまでは，$y=f(x)$ の形の1変数関数を中心に解説してきたので，xy 座標平面で考えれば十分だったんだね。これに対して，2変数関数になると，$z=f(x, y)$ の形になるので，どうしても xyz 座標空間の知識が必要となるんだよ。

今回は2変数関数の微分・積分の講義に入る準備段階として，この空間座標について解説する。

●空間座標では，$x^2+y^2=r^2$ は円ではなくて，円柱面だ！

まず，xy 平面上で，方程式 $x=1$ が与えられたとすると，これが y 軸に平行な直線であることは知ってるね。でも，これがなぜ直線になるのか，考えたことある？これは，$x=1$ だから x 座標は常に1でな

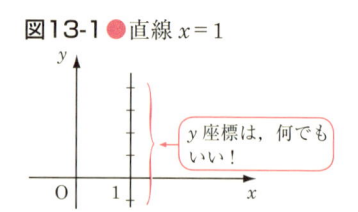

図13-1 ●直線 $x=1$

y 座標は，何でもいい！

いといけないけれど，y 座標については何もいっていないね。すると，数学では y 座標は何でもいいと判断する。だから，図13-1のように $x=1$ のみは保って，y 座標は自由に動かせるので，図のような直線が描けるんだね。

同様に，xy 座標平面では，$x^2+y^2=r^2$ ($r>0$) は円を表すけれど，これが xyz 座標空間における方程式となると，図13-2に示すように，z 軸を中心線にもつ，円柱面を表すんだ。理由は，z については何も制約を受けないので，z 軸方向には自由に動かせるからだ。

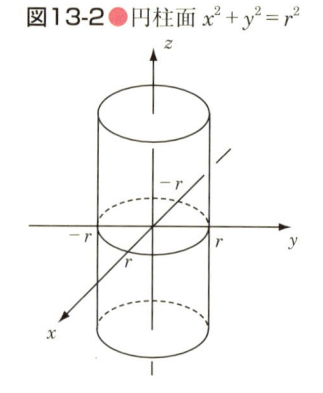

図13-2 ●円柱面 $x^2+y^2=r^2$

さらに，xyz座標空間において，(a) $z=1$，(b) $z=-x+1$，(c) $z=y^2$ の表す図形を，それぞれ図13-3に示す。

図13-3
(a) $z=1$(平面)
(b) $z=-x+1$(平面)
(c) $z=y^2$(曲面)

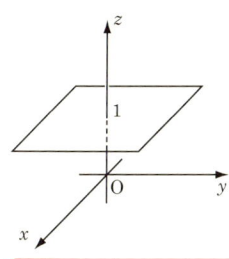

x, yについては何もいってないので，xy平面に平行な平面になる。

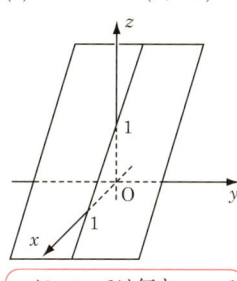

yについては何もいってないので，y軸に平行な平面になる。

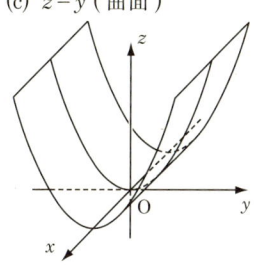

xについては何もいってないので，x軸に平行な曲面になる。

● 平面の方程式は通る点と法線ベクトルで決まる！

平面の方程式は，通る点$A(x_1, y_1, z_1)$と法線ベクトル$\boldsymbol{h}=(a, b, c)$がわかれば，次の公式で求めることができるんだ。

平面の方程式

$$a(x-x_1)+b(y-y_1)+c(z-z_1)=0$$
[通る点$A(x_1, y_1, z_1)$，法線ベクトル$\boldsymbol{h}=(a, b, c)$]

図13-4に示すように，法線ベクトル$\boldsymbol{h}$とは，平面に垂直なベクトルのことで，この平面をαとおく。この平面α上の任意の動点を$P(x, y, z)$とおくと，

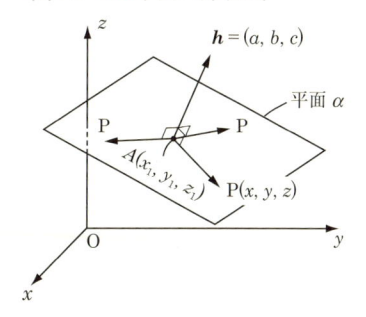

$\overrightarrow{AP} = \overrightarrow{OP} - \overrightarrow{OA} = (x-x_1, y-y_1, z-z_1)$

$\boldsymbol{h} = (a, b, c)$

となる。

図13-4 ● 平面の方程式

ここで，常に$\boldsymbol{h} \perp \overrightarrow{AP}$が成り立つので，

$$\boldsymbol{h} \cdot \overrightarrow{AP} = 0$$

よって，

$$a(x-x_1)+b(y-y_1)+c(z-z_1)=0$$

となって平面の方程式が導けるよ。

●直線の方程式は通る点と方向ベクトルで決まる！

xyz 座標空間において，点 $A(a, b, c)$ を通り，方向ベクトル $\boldsymbol{d} = (l, m, n)$ をもつ直線 L の方程式を次に示す。

直線の方程式

$$\frac{x-a}{l} = \frac{y-b}{m} = \frac{z-c}{n} \ [=t\ (媒介変数)]$$

[通る点 $A(a, b, c)$，方向ベクトル $\boldsymbol{d} = (l, m, n)$]

図 13-5 に示すように，直線 L 上を任意に動く動点 P を $P(x, y, z)$ とおくと，

$$\overrightarrow{OP} = \overrightarrow{OA} + t\boldsymbol{d} \quad (t：媒介変数)$$

と表される。よって，

$$(x, y, z) = (a, b, c) + t(l, m, n)$$
$$= (a+tl, b+tm, c+tn)$$ より，

図13-5 ●直線の方程式

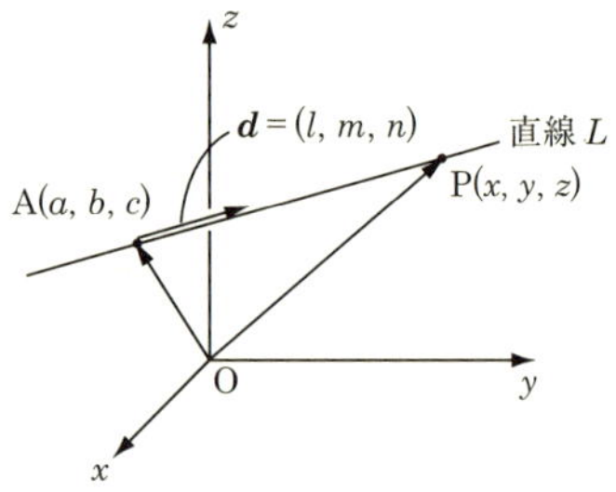

$x = a + tl$，$y = b + tm$，$z = c + tn$ となる。

ここで，$l \neq 0$，$m \neq 0$，$n \neq 0$ とすると，この3つの式は，すべて

$$t = \frac{x-a}{l}, \quad t = \frac{y-b}{m}, \quad t = \frac{z-c}{n}$$ と変形できるので，

$$\frac{x-a}{l} = \frac{y-b}{m} = \frac{z-c}{n} \ (=t)$$ と，直線 L の方程式が導けるよ。

●球面の方程式は中心と半径で決まる！

中心 $C(a, b, c)$，半径 r $(r>0)$ の球面 S の方程式は，次式で表すことができるんだ。

球面の方程式

$$(x-a)^2 + (y-b)^2 + (z-c)^2 = r^2$$

[中心 $C(a, b, c)$，半径 r]

図 13-6 に示すように，中心 $C(a, b, c)$ からの距離を一定の値 r に保ちながら動く動点 $P(x, y, z)$ は，中心 C，半径 r の球面を描く。よって，

$CP^2 = r^2$ より，

$(x-a)^2 + (y-b)^2 + (z-c)^2 = r^2$ となって，球面の方程式が導ける。

図13-6 ●球面の方程式

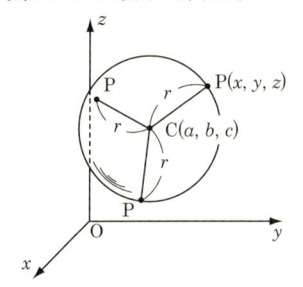

それでは，例題を1つ入れておこう。

球面 $S : x^2 + (y-4)^2 + z^2 = 19$ ……①

と，直線 $L : \dfrac{x-1}{-2} = \dfrac{y-4}{3} = \dfrac{z-2}{1}$ ……②

の交点の座標を求めることにする。

中心 $C(0, 4, 0)$, 半径 $r = \sqrt{19}$ の球面

通る点 $A(1, 4, 2)$, 方向ベクトル $\boldsymbol{d} = (-2, 3, 1)$ の直線

②より，

$$\dfrac{x-1}{-2} = \dfrac{y-4}{3} = \dfrac{z-2}{1} = t$$

とおくと，

図13-7 ●例題のイメージ

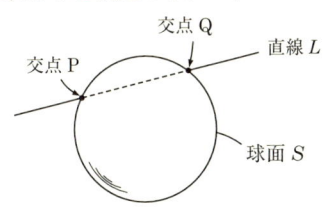

媒介変数 t を利用する

$x = -2t + 1$ ……③, $y = 3t + 4$ ……④, $z = t + 2$ ……⑤

③，④，⑤を①に代入して，

$$(-2t+1)^2 + (3t+\cancel{4}-4)^2 + (t+2)^2 = 19$$
$$4t^2 - \cancel{4t} + 1 + 9t^2 + t^2 + \cancel{4t} + 4 = 19$$
$$14t^2 = 14 \quad t^2 = 1 \quad \therefore \quad t = \pm 1$$

（ⅰ）$t = -1$ のとき，これを③，④，⑤に代入して

$$x = 3, \quad y = 1, \quad z = 1$$

（ⅱ）$t = 1$ のとき，これを③，④，⑤に代入して

$$x = -1, \quad y = 7, \quad z = 3$$

以上（ⅰ）（ⅱ）より，球面 S と直線 L との交点は，

$$P(3, 1, 1), \quad Q(-1, 7, 3) \quad ……(答)$$

と2つ求まる。

このように，直線の方程式が出てきたら，媒介変数 t をウマク使うことが問題を解くためのコツなんだよ。

●円すい面は半径の異なる円の集合体だ！

次に，図13-8に示すような点A(0, 0, 1)を頂点にもち，xy平面上に原点Oを中心とする半径1の円を底面にもつ直円すいの円すい面(円すいの側面)を表す方程式について考えよう。

これは，図13-9に示すように，中心をz軸上にもつ，半径の異なる円の集合体と考えるとわかりやすいよ。これは円柱面とは違って，円の中心C(0, 0, z)のzが変化するにつれて，半径rも変化するんだね。つまり，rはzの関数だ。

図13-10に示すように，yz平面($x=0$)上に，線分$z=-y+1$ ($0 \leq z \leq 1$)をとる。この線分をz軸のまわりに回転させた図形が，求める円すい面となる。ここで，この線分上の点$(0, y, z)$をとると，円すい面を構成する。このときの円の半径rは，$r=y=1-z$と表される。

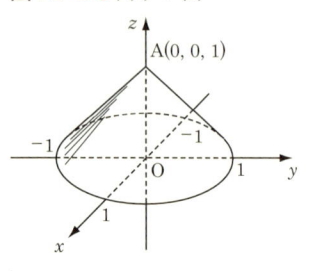

図13-8 ●円すい面

図13-9 ●円の集合体と考える

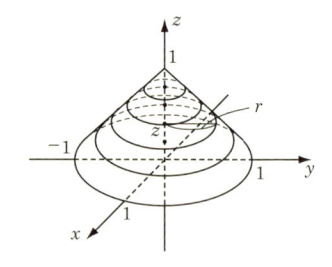

図13-10

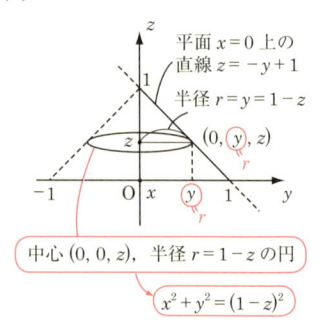

よって，求めるこの円すい面の方程式は，
$$x^2 + y^2 = \underbrace{(1-z)^2}_{r} \quad (0 \leq z \leq 1)$$
と表される。

もし，rが一定(定数)のとき，$x^2+y^2=r^2$は円柱面を表すわけだけど，この半径rが，zの関数として，$r=1-z$ ($0 \leq z \leq 1$)のときは円すい面を描くことがわかったね。また，この式は，

(ⅰ) $z=0$のとき，$r=1-0=1$となって，半径$r=1$の底面の円を表し，

(ⅱ) $z=1$のとき，$r=1-1=0$となって，$r=0$，すなわち頂点$(0, 0, 1)$を表しているんだ。

●放物面も半径の異なる円の集合体と考える！

最後に，図 13-11 に示すような，yz 平面上の放物線 $z=y^2$ を z 軸のまわりに回転させた面（放物面）についてもその方程式を求めておこう。考え方は円すい面のときと同じで，中心 $(0, 0, z)$，半径 r の円の集合体と考え，r を z の関数で表せば，$x^2+y^2=(z の関数)^2$ でオシマイだ。

図13-11 ●放物線の回転体

今回の例では，yz 平面上の放物線として，
$$z=y^2 \quad (x=0)$$
と考えているので，この放物面を構成する円の半径 r は，
$$r=y=\sqrt{z} \quad (z \geq 0) \text{ となる。}$$

図13-12 ●放物面

よって，求めるこの放物面の方程式は，
$$x^2+y^2=(\sqrt{z})^2 \quad (z \geq 0) \text{ より}$$
$$x^2+y^2=z \text{ となる。}$$

$x^2 \geq 0, y^2 \geq 0$ より，$z \geq 0$ はいわなくても OK だね。

この放物面の式は典型的な 2 変数関数の式なので，
$$z=f(x, y)=x^2+y^2 \text{ とおける。}$$
ここで，$(x, y)=(1, 1)$ のとき，
$$z=f(1, 1)=1^2+1^2=2 \text{ となる。}$$

よって，この放物面上の点 $(1, 1, 2)$ における，放物面と接する平面（これを接平面という）の方程式は，
$$a(x-1)+b(y-1)+c(z-2)=0$$

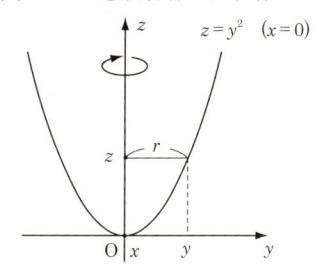

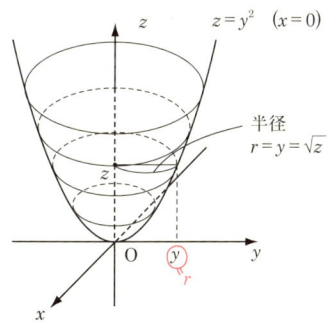

図13-13 ●放物面の接平面

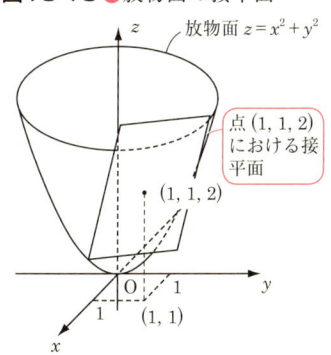

点 $(1, 1, 2)$ における接平面

通る点 $(1, 1, 2)$ の平面

と表せるはずだ。この法線ベクトル $\boldsymbol{h}=(a, b, c)$ がどうなるかについては，2 変数関数の微分（偏微分や全微分）を勉強しないといけないよ。これから，この接平面の求め方も，段階を踏みながら教えていくつもりだ。

演習問題 13-1

点 A(1, 1, 2) を通り，法線ベクトル $\boldsymbol{h}=(1, 2, -2)$ をもつ平面 α がある。

(1) 平面 α の方程式を求めよ。

(2) 平面 α と平面 $y=1$ との交線 L_1 の方向ベクトル $\boldsymbol{d}_1$ を求めよ。ただし，その x 成分は 1 とする。

ヒント! (1)は平面 α の通る点と法線ベクトルが与えられているので，平面の公式を使えばいいね。(2) は (1) の結果に $y=1$ を代入して，x と z の関係式にもちこむといい。

解答 & 解説

(1) 平面 α は点 A(1, 1, 2) を通り，法線ベクトル $\boldsymbol{h}=(1, 2, -2)$ をもつので，その方程式は

$$1(x-1)+2(y-1)-2(z-2)=0$$

∴ 平面 $\alpha : x+2y-2z+1=0$ ……(答)

> 点 $A(x_1, y_1, z_1)$ を通り，法線ベクトル $\boldsymbol{h}=(a, b, c)$ をもつ平面の式は，
> $a(x-x_1)+b(y-y_1)+c(z-z_1)=0$
> となる！

(2)
$\begin{cases} \text{平面 } \alpha : x+2y-2z+1=0 & \cdots\cdots ① \\ \text{平面} : y=1 & \cdots\cdots ② \end{cases}$

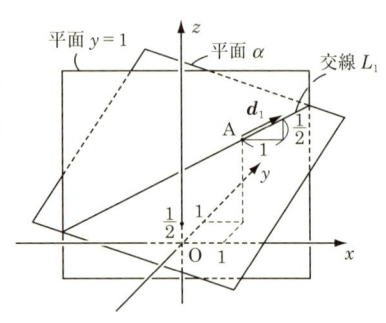

②を①に代入して，

$x+2-2z+1=0$

$z=\dfrac{1}{2}x+\dfrac{3}{2}$

よって，交線 L_1 は平面 $y=1$ 上で $z=\dfrac{1}{2}x+\dfrac{3}{2}$ と表される。

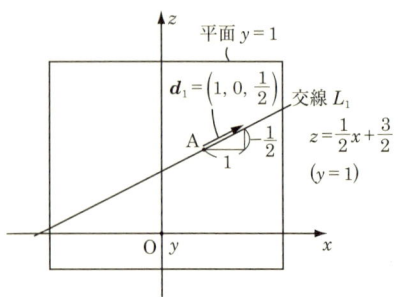

∴ 求める直線 L_1 の方向ベクトル $\boldsymbol{d}_1$ は

$$\boldsymbol{d}_1=\left(1, 0, \dfrac{1}{2}\right) \quad \cdots\cdots \text{(答)}$$

> **実習問題 13-1**
> 前問と同じ平面 α と，平面 $x=1$ との交線 L_2 の方向ベクトル d_2 を求めよ。ただし，その y 成分は 1 とする。

ヒント! 前問とセットの問題で，ここでは 2 つの方向ベクトル d_1 と d_2 から，元の平面 α を復元してみせるつもりだ。

解答 & 解説

$\begin{cases} 平面 \alpha : x+2y-2z+1=0 & \cdots\cdots ① \\ 平面\ \ \ \ : x=1 & \cdots\cdots ② \end{cases}$

①，② より　$1+2y-2z+1=0$

$$z = \boxed{(a)}$$

よって，交線 L_2 は平面 $x=1$ 上で，$z = \boxed{(b)}$ と表される。

∴ 求める直線 L_2 の方向ベクトル d_2 は，$d_2 = \boxed{(c)}$ ……(答)

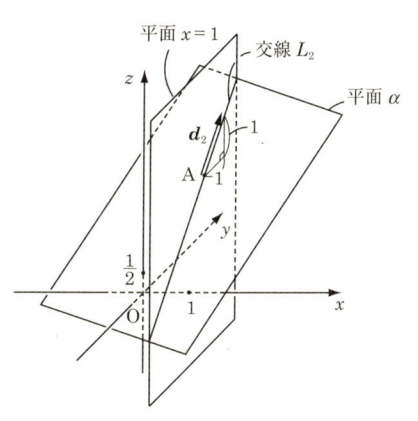

平面 α 上の任意の動点 P を $P(x, y, z)$ とおくと，$\overrightarrow{AP}$ は d_1 と d_2 を用いて，次式で表される。

$$\overrightarrow{AP} = (x-1)d_1 + (y-1)d_2$$

ここで，$\overrightarrow{AP} = \overrightarrow{OP} - \overrightarrow{OA}$
$= (x-1, y-1, z-2)$ より

$(x-1, y-1, z-2)$
$= (x-1)\cdot\left(1, 0, \frac{1}{2}\right) + (y-1)\cdot(0, 1, 1)$
$= \left(x-1, y-1, \frac{1}{2}\cdot(x-1) + 1\cdot(y-1)\right)$

ここで，この z 成分に着目すると，$z-2 = \frac{1}{2}\cdot(x-1) + 1\cdot(y-1)$。 (傾き)

これをまとめて，平面 $\alpha : x+2y-2z+1=0$ が導ける。この考え方は，接平面の方程式を求めるときに役に立つんだよ。

(a) $y+1$　　(b) $y+1$　　(c) $(0, 1, 1)$

演習問題 13-2

平面 α は，点 $A(3, 2, 2)$ を通る。また，
(ⅰ) 平面 α と平面 $y=2$ との交線の方程式は，
$z = \frac{1}{3}x + 1 \ (y=2)$ であり，
(ⅱ) 平面 α と平面 $x=3$ との交線の方程式は，
$z = \frac{1}{2}y + 1 \ (x=3)$ である。

このとき，平面 α の方程式を求めよ。

ヒント! 前問で示した通り，点 $A(x_1, y_1, z_1)$ と，α と $y=y_1$ との交線の傾き m_1，および，α と $x=x_1$ との交線の傾き m_2 がわかれば，公式より α の方程式は $z - z_1 = m_1(x - x_1) + m_2(y - y_1)$ となるんだ。

解答 & 解説

平面 α は，点 $A(\underset{x_1}{3}, \underset{y_1}{2}, \underset{z_1}{2})$ を通り，

(ⅰ) 平面 α と平面 $y=2$ との交線の方程式が
$z = \underset{\text{傾き } m_1}{\boxed{\frac{1}{3}}} x + 1, \ y = 2$ となり，

(ⅱ) 平面 α と平面 $x=3$ との交線の方程式が
$z = \underset{\text{傾き } m_2}{\boxed{\frac{1}{2}}} y + 1, \ x = 3$ となる。

以上より，求める平面 α の方程式は
$z - 2 = \frac{1}{3}(x - 3) + \frac{1}{2}(y - 2)$

∴ 平面 $\alpha : 2x + 3y - 6z = 0$ ……(答)

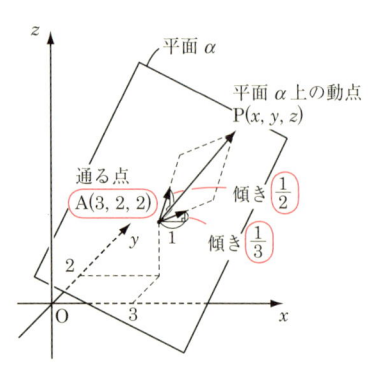

平面 α を求める公式：
$z - z_1 = m_1(x - x_1) + m_2(y - y_1)$
を使った！

> **実習問題 13-2**
>
> 平面 α は，点 A$(1, -2, -1)$ を通り，
> (ⅰ) 平面 α と平面 $y=-2$ との交線の方程式は，
> $z=-3x+2$ $(y=-2)$ であり，
> (ⅱ) 平面 α と平面 $x=1$ との交線の方程式は，
> $z=2y+3$ $(x=1)$ である。
> このとき，平面 α の方程式を求めよ。

ヒント! 通る点 A(x_1, y_1, z_1) がわかり，この平面 α と平面 $y=y_1$，平面 $x=x_1$ とのそれぞれの交線の傾き m_1，m_2 がわかれば，平面 α の方程式は公式から導けるんだね。慣れておこう！

解答 & 解説

平面 α は，点 A$(\underset{x_1}{1}, \underset{y_1}{-2}, \underset{z_1}{-1})$ を通り，

(ⅰ) 平面 α と平面 $y=-2$ との交線の方程式が

$$z=\underset{\text{傾き } m_1}{-3}x+2, \quad y=-2$$

(ⅱ) 平面 α と平面 $x=1$ との交線の方程式が

$$z=\underset{\text{傾き } m_2}{2}y+3, \quad x=1$$

以上より，求める平面 α の方程式は

(a)

> 平面 α を求める公式：
> $z-z_1 = m_1(x-x_1) + m_2(y-y_1)$
> を使った！

∴ 平面 α：(b) ……（答）

> この平面の方程式の求め方にも慣れた？ ボクがなぜこの求め方に力を入れているかというと，この考え方が，実は，このあとに出てくる曲面の"接平面"の問題や，"全微分"の公式と密接に関係しているからなんだ。ぜひマスターしてくれ。

(a) $z+1 = -3(x-1) + 2(y+2)$ (b) $3x - 2y + z - 6 = 0$

講義 LECTURE 14 偏微分の定義

　これから，いよいよ2変数関数 $z=f(x, y)$ の微分法について解説するよ。2変数関数は，前回解説した空間座標で考えると，図形的な意味がわかりやすくなる。また，独立変数が x と y の2つあるため，x での微分と，y での微分の2つを考えないといけなくなるんだね。このような2通りの微分のことを，特に**偏微分**と呼ぶんだよ。

　この偏微分の定義が今回のメインテーマになるんだけど，その前に2変数関数の極限から，解説を始めることにする。

● 2変数関数の極限では，近づき方が多様になる！

　一般に，x, y を独立変数にもつ2変数関数 $z=f(x, y)$ のグラフのイメージは，図14-1に示すような，xyz 座標空間上の曲面と考えてくれたらいい。

図14-1 ● $z=f(x, y)$ のグラフのイメージ

　ここで，$(x, y) = (x_1, y_1)$ のとき，それに対応する z 座標は，$z_1 = f(x_1, y_1)$ で計算できるので，曲面上の点 (x_1, y_1, z_1) が定まる。

　たとえば，関数 $z = f(x, y) = x^2 y$ が与えられたとき，点 $(x, y) = (2, 1)$ に対応する z 座標は $z = f(2, 1) = 2^2 \times 1 = 4$ と計算できるので，この曲面上に点 $(2, 1, 4)$ が存在することがわかる。

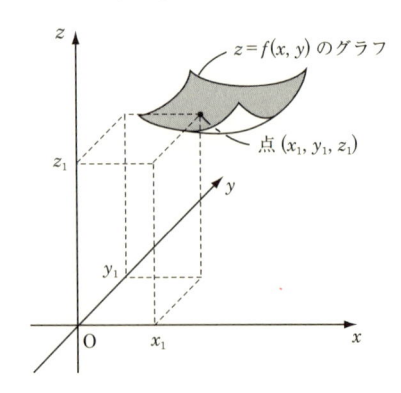

　このような2変数関数 $f(x, y)$ の極限の式として，

$$\lim_{(x,y)\to(a,b)} f(x,y) = c \quad \cdots\cdots ①$$

が与えられたとする。この式は，動点 P(x, y) が定点 A(a, b) の座標をとらずに，点 A に近づいていったとき，関数 $f(x, y)$ が限りなく，1 つの値 c に近づいていくことを示している。

図14-2 ●点 P の点 A への近づき方

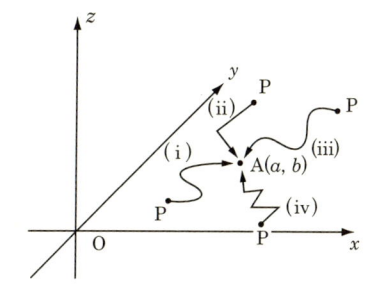

この極限の式を見て，「フーン大したことないじゃん！」なんて思っちゃいけない。独立変数が x と y の 2 つになったので，動点 P(x, y) が定点 A(a, b) に近づく方法は，図 14-2 の（ⅰ）〜（ⅳ）の例で示すように，ものすごく多彩なんだよ。

したがって，xy 平面上の動点 P(x, y) が，点 A(a, b) にどのように近づいたとしても，$f(x, y)$ が c に収束するとき，初めて①式は成り立つんだよ。

これを ε-δ 論法を使って厳密に表現すると次のようになる。

ε - δ 論法

2 点 P(x, y)，A(a, b) に対して，

$$\forall \varepsilon > 0, \ \exists \delta > 0 \ \text{ s.t. } \ 0 < |\overrightarrow{AP}| < \delta \ \Rightarrow \ |f(P) - c| < \varepsilon$$

このとき，$\lim_{(x,y)\to(a,b)} f(x, y) = c$ となる。

この意味は，「どんなに小さな正の数 ε をとっても，ある正の数 δ が存在し，$0 < |\overrightarrow{PA}| < \delta$ ならば，$|f(P) - c| < \varepsilon$ となるとき $\lim_{(x,y)\to(a,b)} f(x, y) = c$ となる」んだったね。

それでは，2 変数関数の極限について，次に示す (1) と (2) の 2 つの例題をやってみよう。この 2 つはよく似た関数だけど，(1) は極限値をもち，(2) は極限値をもたないという，面白い結果が出てくるよ。

(1) $\displaystyle\lim_{(x,y)\to(0,0)} \frac{x^3}{x^2 + y^2}$　　(2) $\displaystyle\lim_{(x,y)\to(0,0)} \frac{x^2}{x^2 + y^2}$

(1), (2) 共に, P(x, y), A$(0, 0)$ とおく。
図 14-3 に示すように, 点 P を極座標で表すと,
$$x = r\cos\theta, \quad y = r\sin\theta \quad (0 \leq \theta < 2\pi)$$
となるので
$$|\overrightarrow{\mathrm{AP}}| = r = \sqrt{x^2 + y^2}$$
と表されるから, $(x, y) \to (0, 0)$ のとき, $r \to 0$ となる。よって, (1) は,
$$\lim_{(x, y) \to (0, 0)} \frac{x^3}{x^2 + y^2} = \lim_{r \to 0} \frac{(r\cos\theta)^3}{r^2} = \lim_{r \to 0} \overset{0}{r} \cos^3\theta$$

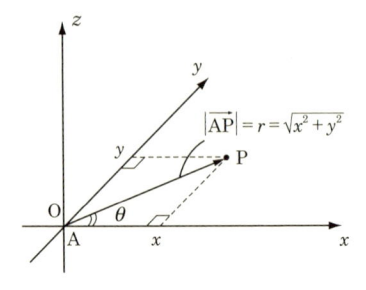

図14-3 ● P を極座標で考える

ここで, $-1 \leq \cos\theta \leq 1$ より, $-1 \leq \cos^3\theta \leq 1$。各辺に $r\,(>0)$ をかけると
$$\overset{0}{-r} \leq r\cos^3\theta \leq \overset{0}{r}$$
となる。

ここで, $r \to 0$ のとき, はさみ打ちの原理より $r\cos^3\theta \to 0$。

以上より, 与式 $= \lim_{r \to 0} r\cos^3\theta = 0$ なので, 極限値 0 をもつ。

(2) は,
$$\lim_{(x, y) \to (0, 0)} \frac{x^2}{x^2 + y^2} = \lim_{r \to 0} \frac{(r\cos\theta)^2}{r^2} = \lim_{r \to 0} \frac{r^2 \cos^2\theta}{r^2} \quad \boxed{\tfrac{0}{0}\text{ の要素が消えた！}}$$
$$= \lim_{r \to 0} \cos^2\theta = \cos^2\theta$$

となる。θ が $0 \leq \theta < 2\pi$ の範囲で動くと, $\cos^2\theta$ は $0 \leq \cos^2\theta \leq 1$ の範囲で変動するので, 一定の極限値には収束しない。これは次のように考えることもできるよ。

点 P が $y = mx$ 上の直線に沿って, 原点 A に近づくとき, 与式は,
$$\lim_{(x, y) \to (0, 0)} \frac{x^2}{x^2 + \underset{(mx)^2}{y^2}} = \lim_{x \to 0} \frac{x^2}{x^2(1 + m^2)} \quad \boxed{\tfrac{0}{0}\text{ の要素が消えた！}}$$
$$= \lim_{x \to 0} \frac{1}{1 + m^2} = \frac{1}{1 + m^2}$$

となって, 傾き m の値が変化すれば, この極限も変化するので, 一定の極限値には収束しない。よって, この極限は存在しない。

● 2 変数関数の連続性の定義はコレだ！

2 変数関数 $f(x, y)$ が点 (a, b) において連続となるための条件は，次の通りだ。

> **2 変数関数の連続性の条件**
>
> $\lim_{(x, y) \to (a, b)} f(x, y) = f(a, b)$ のとき，関数 $f(x, y)$ は点 A(a, b) で連続である。

これを，ε-δ 論法で厳密に書くと，次のようになる。この意味は説明しなくても大丈夫だね。

> **ε-δ 論法による連続性の条件**
>
> 2 点 P(x, y)，A(a, b) に対して，
>
> $^\forall \varepsilon > 0$, $^\exists \delta > 0$ s.t. $0 < |\overrightarrow{\mathrm{AP}}| < \delta \Rightarrow |f(\mathrm{P}) - f(\mathrm{A})| < \varepsilon$
>
> が成り立つとき，$\lim_{(x, y) \to (a, b)} f(x, y) = f(a, b)$ となって，関数 $f(x, y)$ は点 A(a, b) で連続である。

さっきの (1) $f(x, y) = \dfrac{x^3}{x^2 + y^2}$ を使って説明しよう。この関数では，$(x, y) = (0, 0)$ は分母が 0 となるので定義されていないが，これを $f(0, 0) = 0$ と新たに定義すれば，(1) の極限値より，$\lim_{(x, y) \to (0, 0)} f(x, y) = 0 = f(0, 0)$ となる。よって，この関数は点 $(0, 0)$ において連続な関数になる。

● 2 変数関数の 2 種類の偏微分係数を求めよう！

1 変数関数 $f(x)$ の微分係数 $f'(a)$ は定義式 $f'(a) = \lim_{x \to a} \dfrac{f(x) - f(a)}{x - a}$ で定

(もちろん，コレが，有限なある値に収束するとき，それを $f'(a)$ とおくんだよ。)

義され，これは曲線 $y = f(x)$ 上の点 $(a, f(a))$ における接線の傾きを表すんだったね。

これに対して，2 変数関数 $z = f(x, y)$ の微分係数をどのように定義するかが，今回のメインテーマになる。

2変数関数，すなわちxyz座標空間内の曲面$z=f(x, y)$上の，$(x, y)=(a, b)$に対応する点における微分係数は，xで微分するものと，yで微分するものの2通り存在する。

（I）図14-4に示すように，曲面$z=f(x, y)$を，平面$y=b$で切る。そのときできる曲線$z=f(x, b)$に$x=a$における接線が存在するとき，**xに関して偏微分可能**という。そして，その接線の傾きを$\dfrac{\partial f(a, b)}{\partial x}$または$f_x(a, b)$などと表し，これを"$x$に関する偏微分係数"と呼ぶんだよ。

図14-4 ● 偏微分係数$f_x(a, b)$の図形的な意味

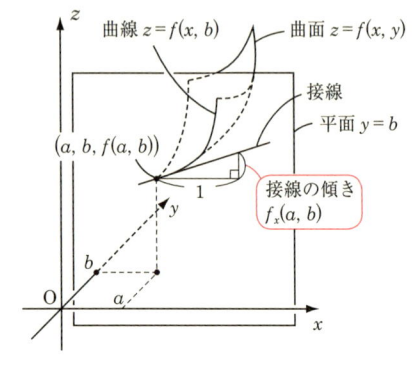

ここで，いくつか注意点を挙げておく。

"ラウンドx分のラウンド$f(a, b)$"と読む。

まず，2変数関数などの多変数関数の偏微分係数は，一般に$\dfrac{\partial f(a, b)}{\partial x}$などと表し，1変数関数のときのような$\dfrac{df(a, b)}{dx}$の形では表さない。

また，$\dfrac{\partial f(a, b)}{\partial x}$の意味だけど，関数$f(x, y)$の$x$と$y$にそれぞれ$a, b$を代入すると，$f(a, b)$は当然定数になるので，この定数を微分して$\dfrac{\partial f(a, b)}{\partial x}=0$だ！なんて，やっちゃいけない。あくまでも，$f(x, y)$を$x$で偏微分した"$x$に関する偏導関数"$\dfrac{\partial f(x, y)}{\partial x}$を求め，この$x$と$y$にそれぞれ$a, b$を代入したものを，偏微分係数$\dfrac{\partial f(a, b)}{\partial x}$または$f_x(a, b)$と表しているんだ。

もちろん，この偏微分係数は，関数の極限としても，次のように定義できる。

x に関する偏微分係数の定義

$$f_x(a, b) = \frac{\partial f(a, b)}{\partial x} = \lim_{x \to a} \frac{f(x, b) - f(a, b)}{x - a}$$

この右辺の極限が有限なある値に収束するとき，関数 $f(x, y)$ は点 (a, b) で x に関して偏微分可能という。またその極限値を x に関する偏微分係数と呼び，$f_x(a, b)$ や $\dfrac{\partial f(a, b)}{\partial x}$ などと表す。

言葉が抽象的で難しいって？ いいよ。こういうものは具体的に計算するのが一番だからね。

たとえば，$f(x, y) = x^2 y$ を例にとって，実際に x に関する偏微分係数を求めてみよう。定義式から

$$\begin{aligned}
\frac{\partial f(a, b)}{\partial x} &= \lim_{x \to a} \frac{f(x, b) - f(a, b)}{x - a} = \lim_{x \to a} \frac{x^2 b - a^2 b}{x - a} \\
&= \lim_{x \to a} \frac{b(x + a)(x - a)}{x - a} \quad \leftarrow \boxed{\tfrac{0}{0}\text{の要素が消えた！}} \\
&= \lim_{x \to a} b(x + a) = 2ab \quad \text{と計算できる。}
\end{aligned}$$

(途中の x に a を代入)

次に，この偏微分係数を x に関する偏導関数を使って求めてみよう。この計算法の方がより一般的だから，慣れるといいよ。

関数 $f(x, y) = \underline{y} \cdot x^2$ を x で偏微分する場合，変数 y は定数と考えて微
　　　　　　　　$\boxed{\text{コレを定数と考える！}}$
分するんだ。すると，この x に関する偏導関数は

$$\frac{\partial f(x, y)}{\partial x} = \frac{\partial (y \cdot x^2)}{\partial x} = y \cdot 2x = 2xy$$

この x, y にそれぞれ a, b を代入すれば，求める偏微分係数は $\dfrac{\partial f(a, b)}{\partial x} = 2ab$ となって，同じ結果が導けたね。

（Ⅱ）次に，y に関する偏微分係数についても解説する。図14-5 に示すように，曲面 $z=f(x, y)$ を平面 $x=a$ で切る。そのときできる曲線 $z=f(a, y)$ に $y=b$ における接線が存在するとき，**y に関して偏微分可能**という。そして，その傾きを $\dfrac{\partial f(a, b)}{\partial y}$ または，$f_y(a, b)$ などと表し，これを "y に関する偏微分係数" と呼ぶ。

この極限による定義式と，その解説を下に示しておく。$f_x(a, b)$ のときと同様だから，わかりやすいはずだ。

図14-5 ● 偏微分係数 $f_y(a, b)$ の図形的な意味

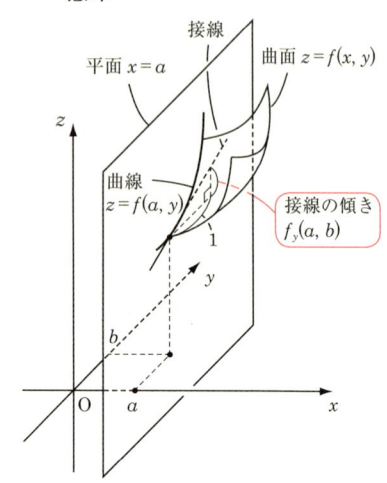

---

y に関する偏微分係数の定義

$$f_y(a, b) = \frac{\partial f(a, b)}{\partial y} = \lim_{y \to b} \frac{f(a, y) - f(a, b)}{y - b}$$

この右辺の極限が，有限なある値（これを有限確定値ともいう）に収束するとき，関数 $f(x, y)$ は点 (a, b) で y に関して偏微分可能という。またその極限値を y に関する偏微分係数と呼び，$f_y(a, b)$ や $\dfrac{\partial f(a, b)}{\partial y}$ などと表す。

これについても，さっき使った関数 $f(x, y) = x^2 y$ を例にとって，具体的に計算してみよう。

まず，極限の定義式から，y に関する偏微分係数 $\dfrac{\partial f(a, b)}{\partial y}$ を求めると，

$$\frac{\partial f(a, b)}{\partial y} = \lim_{y \to b} \frac{f(a, y) - f(a, b)}{y - b} = \lim_{y \to b} \frac{a^2 y - a^2 b}{y - b}$$

$$= \lim_{y \to b} \frac{a^2 (y - b)}{y - b} = a^2 \quad \text{となる。}$$

次に，これを y に関する偏導関数から求めてみよう。

関数 $f(x, y) = x^2 y$ を y で偏微分する場合，x^2 を定数と考えて計算すればいい。

$$\frac{\partial f(x, y)}{\partial y} = \frac{\partial (x^2 y)}{\partial y} = x^2 \cdot 1 = x^2$$

← コレが，y に関する偏導関数。

この x に，a を代入すれば，求める偏微分係数の値は $\frac{\partial f(a, b)}{\partial y} = a^2$ となって，同じ結果が導ける。

それぞれの偏導関数 $f_x(x, y)$，$f_y(x, y)$ の具体的な計算の仕方はこれまで書いた通りだけれど，これらの極限の定義式についても下にまとめておくので頭に入れておこう。

偏導関数の定義

(1) $\quad f_x(x, y) = \dfrac{\partial f(x, y)}{\partial x} = \lim_{h \to 0} \dfrac{f(x+h, y) - f(x, y)}{h}$

(2) $\quad f_y(x, y) = \dfrac{\partial f(x, y)}{\partial y} = \lim_{h \to 0} \dfrac{f(x, y+h) - f(x, y)}{h}$

$f(x, y) = x^2 y$ のとき，定義式から，$f_x(x, y)$，$f_y(x, y)$ を求めておく。

$$f_x(x, y) = \lim_{h \to 0} \frac{f(x+h, y) - f(x, y)}{h} = \lim_{h \to 0} \frac{(x+h)^2 y - x^2 y}{h}$$

$$= \lim_{h \to 0} \frac{y(2xh + h^2)}{h} = \lim_{h \to 0} y(2x + \overset{0}{h}) = 2xy$$

$$f_y(x, y) = \lim_{h \to 0} \frac{f(x, y+h) - f(x, y)}{h} = \lim_{h \to 0} \frac{x^2(y+h) - x^2 y}{h}$$

$$= \lim_{h \to 0} \frac{x^2 h}{h} = \lim_{h \to 0} x^2 = x^2$$

と計算することができる。

演習問題 14-1

(1) 関数 $f(x, y) = (x+1)^2 \cdot \sin 2y$ について,偏微分係数 $f_x\left(1, \dfrac{\pi}{4}\right)$ を求めよ。

(2) 関数 $g(x, y) = \dfrac{\ln x}{y^2 + 1}$ $(x > 0)$ について,偏微分係数 $g_y(e, 1)$ を求めよ。

ヒント! 特に,"定義にしたがって" という言葉がないので,偏導関数を求めて,それから偏微分係数を求めることにする。

解答 & 解説

(1) 関数 $f(x, y)$ の x に関する偏導関数は,

$$f_x(x, y) = \frac{\partial}{\partial x}\{(x+1)^2 \cdot \sin 2y\}$$

一般に数学は頭でっかちを好まないので,$\dfrac{\partial\{(x+1)^2 \cdot \sin 2y\}}{\partial x}$ をこのように書く!

$\sin 2y$ を定数と考えて,$(x+1)^2$ を x で微分する。

$$= 2(x + 1)\sin 2y$$

よって,求める偏微分係数 $f_x\left(1, \dfrac{\pi}{4}\right)$ は,

$$f_x\left(1, \frac{\pi}{4}\right) = 2 \cdot (1+1) \cdot \sin\left(2 \cdot \frac{\pi}{4}\right) = 4 \cdot \sin \frac{\pi}{2} = 4 \quad \cdots\cdots(\text{答})$$

(2) 関数 $g(x, y) = (y^2 + 1)^{-1} \cdot \ln x$ $(x > 0)$ の y に関する偏導関数は,

$$g_y(x, y) = \frac{\partial}{\partial y}\{(y^2 + 1)^{-1} \cdot \ln x\}$$

$\ln x$ を定数と考えて,$(y^2 + 1)^{-1}$ を y で微分する。

$$= -1(y^2 + 1)^{-2} \cdot 2y \cdot \ln x = -\frac{2y \cdot \ln x}{(y^2 + 1)^2}$$

よって,求める偏微分係数 $g_y(e, 1)$ は,

$$g_y(e, 1) = -\frac{2 \cdot 1 \cdot \ln e}{(1^2 + 1)^2} = -\frac{2}{4} = -\frac{1}{2} \quad \cdots\cdots(\text{答})$$

実習問題 14-1

(1) 関数 $f(x, y) = e^{2x} \cdot \cos y$ について，偏微分係数 $f_x(0, \pi)$ を求めよ。

(2) 関数 $g(x, y) = x^2 \cdot \tan^{-1} 2y$ について，偏微分係数 $g_y(5, 1)$ を求めよ。

ヒント! (1) の $f_x(x, y)$ については，y を定数と考えて x で微分し，(2) の $g_y(x, y)$ では，x を定数と考えて y で微分する。

解答＆解説

(1) 関数 $f(x, y)$ の x に関する偏導関数は，

$$f_x(x, y) = \frac{\partial}{\partial x}(e^{2x} \cdot \cos y)$$

（$\cos y$ を定数と考えて e^{2x} を x で微分する。）

$$= \boxed{(a)}$$

よって，求める偏微分係数 $f_x(0, \pi)$ は，

$$f_x(0, \pi) = \boxed{(b)} \quad \cdots\cdots(答)$$

(2) 関数 $g(x, y)$ の y に関する偏導関数は，

$$g_y(x, y) = \frac{\partial}{\partial y}(x^2 \cdot \tan^{-1} 2y)$$

（x^2 を定数と考えて $\tan^{-1} 2y$ を y で微分する。）

$$= \boxed{(c)}$$

よって，求める偏微分係数 $g_y(5, 1)$ は，

$$g_y(5, 1) = \boxed{(d)} \quad \cdots\cdots(答)$$

(a) $2 \cdot e^{2x} \cdot \cos y$ (b) $2 \cdot e^0 \cdot \cos \pi = -2$ (c) $x^2 \cdot \dfrac{2}{1+(2y)^2} = \dfrac{2x^2}{1+4y^2}$

(d) $\dfrac{2 \cdot 5^2}{1 + 4 \cdot 1^2} = \dfrac{50}{5} = 10$

講義 LECTURE 15 偏微分の計算

前回は 2 変数関数 $f(x, y)$ の偏微分係数,偏導関数の定義式と,簡単な計算法について勉強した。また,xyz 座標空間上における偏微分係数の図形的な意味もわかって面白かったはずだ。

今回は偏導関数について,さらに深めていくつもりだ。まず,偏微分公式や合成関数の偏微分などをマスターすることにより,より複雑な 2 変数関数の偏微分ができるようになる。また,2 階以上の高階導関数についても解説する。

● まず,偏微分公式をマスターしよう！

2 つの 2 変数関数 $f(x, y)$ と $g(x, y)$ を,簡単のために f, g と略記するよ。これらの関数を実数係数倍したもの,および,これらの和・差・積・商の偏導関数を求めるための偏微分公式を下に示す。

偏微分公式

f, g が共に偏微分可能のとき,次の公式が成り立つ。

(1) $(kf)_x = kf_x$ 　　　　　$(kf)_y = kf_y$ 　（k：実数定数）

(2) $(f \pm g)_x = f_x \pm g_x$ 　　$(f \pm g)_y = f_y \pm g_y$ 　（複号同順）

　　　　　〔2 つの関数の和・差の偏微分公式〕

(3) $(f \cdot g)_x = f_x \cdot g + f \cdot g_x$ 　　$(f \cdot g)_y = f_y \cdot g + f \cdot g_y$

　　　　　〔2 つの関数の積の偏微分公式〕

(4) $\left(\dfrac{f}{g}\right)_x = \dfrac{f_x \cdot g - f \cdot g_x}{g^2}$ 　　$\left(\dfrac{f}{g}\right)_y = \dfrac{f_y \cdot g - f \cdot g_y}{g^2}$

　　　　　〔2 つの関数の商の偏微分公式〕

これらの公式は，形式的にはすべて1変数関数の場合と変わらないので，覚えやすいはずだ。念のために，(3)の公式 $(f \cdot g)_x = f_x \cdot g + f \cdot g_x$ について，その証明をする。

(3)の証明

$$(f \cdot g)_x = \frac{\partial (f \cdot g)}{\partial x} = \lim_{h \to 0} \frac{f(x+h, y) \cdot g(x+h, y) - f(x, y) \cdot g(x, y)}{h}$$

$$= \lim_{h \to 0} \left[\frac{\{f(x+h, y) \cdot g(x+h, y) - f(x, y) \cdot g(x+h, y)\}}{h} \right.$$

（同じものを引いて足す。）

$$\left. + \frac{\{f(x, y) \cdot g(x+h, y) - f(x, y) \cdot g(x, y)\}}{h} \right]$$

$$= \lim_{h \to 0} \left\{ \underbrace{\frac{f(x+h, y) - f(x, y)}{h}}_{f_x(x, y)} \cdot g(x+h, y) + f(x, y) \cdot \underbrace{\frac{g(x+h, y) - g(x, y)}{h}}_{g_x(x, y)} \right\}$$

$$= f_x(x, y) \cdot g(x, y) + f(x, y) \cdot g_x(x, y)$$

$$= f_x \cdot g + f \cdot g_x$$

となって，かなり長ーい式が出てきたけど，(3)の公式 $(f \cdot g)_x = f_x \cdot g + f \cdot g_x$ が導けたんだね。

　それでは，例題をやっておこう。

(1) $h(x, y) = \underbrace{(x^2 + y)}_{f} \cdot \underbrace{\sin^{-1} x}_{g}$ の，x に関する偏導関数 $h_x(x, y)$ を求める。

$$h_x(x, y) = (x^2 + y)_x \cdot \sin^{-1} x + (x^2 + y) \cdot (\sin^{-1} x)_x$$

公式：$(f \cdot g)_x = f_x \cdot g + f \cdot g_x$ を使った！

$$= 2x \cdot \sin^{-1} x + (x^2 + y) \cdot \frac{1}{\sqrt{1 - x^2}}$$

(2) $F(x, y) = \dfrac{\overbrace{xy}^{f}}{\underbrace{x^2 + y}_{g}}$ の，y に関する偏導関数 $F_y(x, y)$ を求める。

$$F_y(x, y) = \frac{(xy)_y \cdot (x^2 + y) - xy \cdot (x^2 + y)_y}{(x^2 + y)^2}$$

公式：$\left(\dfrac{f}{g}\right)_y = \dfrac{f_y \cdot g - f \cdot g_y}{g^2}$ を使った！

$$= \frac{x \cdot (x^2 + y) - xy \cdot 1}{(x^2 + y)^2} = \frac{x^3}{(x^2 + y)^2}$$

●合成関数の偏微分公式で，計算の幅がグッと拡がる！

たとえば，偏微分可能な 2 変数関数 $z=f(x, y)=\sin(\overset{u}{xy})$ の x に関する偏導関数 $\frac{\partial z}{\partial x}$ を求めよう。そのためには，まず，$xy=u$ と置き換えて，

$\frac{\partial z}{\partial x} = \frac{dz}{du} \cdot \frac{\partial u}{\partial x} = \frac{d(\sin u)}{du} \cdot \frac{\partial(xy)}{\partial x} = \cos\underset{=}{u} \cdot y = y \cdot \cos xy$ と計算できるん

（y を定数と考えて x で微分。）
（$\underset{=}{u} = xy$）

だよ。これも，1 変数関数のときの合成関数の微分と同様に，2 変数関数でも次の合成関数の偏微分公式が成り立つからなんだ。

合成関数の偏微分公式

2 変数関数 $z=f(x, y)$ が偏微分可能な関数 $u=l(x, y)$ と微分可能な $z=g(u)$ の合成関数，すなわち $z=f(x, y)=g(u)=g(l(x, y))$ と表されるとき，

(1) $\frac{\partial z}{\partial x} = \frac{dz}{du} \cdot \frac{\partial u}{\partial x}$　　(2) $\frac{\partial z}{\partial y} = \frac{dz}{du} \cdot \frac{\partial u}{\partial y}$

が成り立つ。

この証明も，試験に出るかもしれないので，(1) についてのみ示しておくよ。(2) は同様だから，自分でやってみるといい。

$\frac{\partial z}{\partial x} = \frac{\partial f(x, y)}{\partial x} = \lim_{h \to 0} \frac{\overset{g(l(x+h, y))}{\overparen{f(x+h, y)}} - \overset{g(l(x, y))}{\overparen{f(x, y)}}}{h}$

$= \lim_{h \to 0} \frac{g(l(x+h, y)) - g(l(x, y))}{h}$ ……①

ここで，

$l(x+h, y) = l(x, y) + k$ ……②

とおくと，

$k = l(x+h, y) - l(x, y)$ ……③

となるので，$h \to 0$ のとき，$k \to 0$ となるのはいいね。

②を①に代入して,

$$\frac{\partial z}{\partial x} = \lim_{h \to 0} \frac{g(l(x,y)+k) - g(l(x,y))}{h}$$

$$= \lim_{h \to 0} \frac{g(\overset{u}{l(x,y)}+k) - g(\overset{u}{l(x,y)})}{k} \cdot \frac{k}{h} \quad \text{となる。}$$

この分子の k に③を代入して, $h \to 0$ のとき, $k \to 0$ より,

$$\frac{\partial z}{\partial x} = \lim_{\substack{h \to 0 \\ k \to 0}} \boxed{\frac{g(u+k) - g(u)}{k}} \cdot \boxed{\frac{l(x+h,y) - l(x,y)}{h}}$$

$$\boxed{\frac{\mathrm{d}g(u)}{\mathrm{d}u} = \frac{\mathrm{d}z}{\mathrm{d}u}} \qquad \boxed{\frac{\partial l(x,y)}{\partial x} = \frac{\partial u}{\partial x}}$$

(z は u の1変数関数より, d を使う!)　(u は x, y の2変数関数より, ∂ を使う!)

$$= \frac{\mathrm{d}z}{\mathrm{d}u} \cdot \frac{\partial u}{\partial x} \quad \text{となって, (1)の合成関数の偏微分公式が導けるん}$$

だね。これは, 見かけ上 $\frac{\partial z}{\partial x}$ を, $\mathrm{d}u$ で割った分, ∂u をかけた形になっているので, 覚えやすいはずだ。

　それでは, 例題をやっておこう。

(1) $z = e^{-x^2 \cdot y}$ について, $\frac{\partial z}{\partial x}$ を求める。$-x^2 \cdot y = u$ とおくと,

$$\frac{\partial z}{\partial x} = \frac{\mathrm{d}z}{\mathrm{d}u} \cdot \frac{\partial u}{\partial x} = \frac{\mathrm{d}e^u}{\mathrm{d}u} \cdot \frac{\partial(-x^2 \cdot y)}{\partial x} = e^u \cdot (-2x \cdot y)$$

$$= -2xy e^{-x^2 y}$$

(2) $z = \sin^{-1} \frac{x}{y}$ ($-y < x < y$, $y > 0$) について, $\frac{\partial z}{\partial y}$ を求める。ここで $\frac{x}{y} = u$ とおくと, 合成関数の偏微分公式より

$$\frac{\partial z}{\partial y} = \frac{\mathrm{d}z}{\mathrm{d}u} \cdot \frac{\partial u}{\partial y} = \frac{\mathrm{d}(\sin^{-1} u)}{\mathrm{d}u} \cdot \frac{\partial(x \cdot y^{-1})}{\partial y}$$

$$= \frac{1}{\sqrt{1-u^2}} \cdot (-x \cdot y^{-2}) = \frac{1}{\sqrt{1-\left(\frac{x}{y}\right)^2}} \cdot \left(-\frac{x}{y^2}\right) = -\frac{x}{y\sqrt{y^2-x^2}}$$

●高階偏導関数にもチャレンジしよう！

2変数関数 $z = f(x, y)$ が偏微分可能のとき，x, y それぞれに関する偏導関数を略記して，$\dfrac{\partial f}{\partial x} = f_x$，$\dfrac{\partial f}{\partial y} = f_y$ と表す。ここで，この偏導関数も偏微分可能ならば，さらに偏微分することができるんだ。

たとえば，$\dfrac{\partial f}{\partial x}$ をさらに x に関して偏微分するとき，$\dfrac{\partial}{\partial x}\left(\dfrac{\partial f}{\partial x}\right) = \dfrac{\partial^2 f}{\partial x^2}$

（$\dfrac{\partial f}{\partial x}$ を x で偏微分するという意味。）

$= f_{xx}$ などと表す。これ以外の2階の偏導関数をまとめて以下に示す。

2階（2次）の偏導関数

(1) $\dfrac{\partial}{\partial x}\left(\dfrac{\partial f}{\partial x}\right) = \dfrac{\partial^2 f}{\partial x^2} = f_{xx}$

(2) $\dfrac{\partial}{\partial y}\left(\dfrac{\partial f}{\partial x}\right) = \dfrac{\partial^2 f}{\partial y \partial x} = f_{xy}$

（f を x で微分したあと，y で微分する。）
（y での微分があと！　x での微分が先！）

(3) $\dfrac{\partial}{\partial x}\left(\dfrac{\partial f}{\partial y}\right) = \dfrac{\partial^2 f}{\partial x \partial y} = f_{yx}$

（f を y で微分したあと，x で微分する。）
（先　あと）

(4) $\dfrac{\partial}{\partial y}\left(\dfrac{\partial f}{\partial y}\right) = \dfrac{\partial^2 f}{\partial y^2} = f_{yy}$

f_{xy} は，f を x で偏微分したあとに，y で偏微分することを表しているんだよ。以上より，3階（3次）の導関数 f_{xxy}, f_{xyy} がそれぞれ

$$f_{xxy} = \dfrac{\partial^3 f}{\partial y \cdot \partial x^2} = \dfrac{\partial}{\partial y}\left(\dfrac{\partial^2 f}{\partial x^2}\right), \quad f_{xyy} = \dfrac{\partial^3 f}{\partial y^2 \cdot \partial x} = \dfrac{\partial^2}{\partial y^2}\left(\dfrac{\partial f}{\partial x}\right)$$

を表していることも理解できるね。

ここで，2階の偏導関数 f_{xy} と f_{yx} の関係については証明を省くけれど，次の"シュワルツの定理"が成り立つことも覚えておくといいよ。

シュワルツの定理

f_{xy} と f_{yx} が共に連続ならば，$f_{xy}=f_{yx}$ が成り立つ。

それでは，例題を2つ。次の2階の偏導関数を求めてみよう。

(1) $f(x, y) = x^2 + 4xy + 2y^2$ のとき

$$f_x = 2x + 4y \qquad f_y = 4x + 4y$$
$$f_{xx} = 2, \qquad f_{xy} = 4, \qquad f_{yx} = 4, \qquad f_{yy} = 4$$

(2) $g(x, y) = \cos(xy)$ のとき，$xy = u$ とおくと， (u とおく。)

$$g_x = \frac{\partial g}{\partial x} = \frac{dg}{du} \cdot \frac{\partial u}{\partial x} = \frac{d(\cos u)}{du} \cdot \frac{\partial (xy)}{\partial x} = -\sin u \cdot y = -y \cdot \sin xy$$

同様に

$$g_y = -\sin u \cdot x = -x \cdot \sin xy$$

よって (定数扱い) (合成関数の偏微分)

$$g_{xx} = \frac{\partial(g_x)}{\partial x} = \frac{\partial(-y \cdot \sin xy)}{\partial x} = -y \cdot (\cos xy) \cdot y$$

$$= -y^2 \cdot \cos xy$$

(u とおく。)

$$g_{xy} = \frac{\partial(g_x)}{\partial y} = \frac{\partial(-y \cdot \sin xy)}{\partial y}$$

$$= -1 \cdot \sin xy - y \cdot (\cos xy) \cdot x \quad \text{公式：}(f \cdot g)_y = f_y \cdot g + f \cdot g_y \text{ を使った！}$$

(合成関数の偏微分)

$$= -\sin xy - xy \cdot \cos xy$$

同様に

$$g_{yx} = \frac{\partial(g_y)}{\partial x} = -1 \cdot \sin xy - x \cdot (\cos xy) \cdot y = -\sin xy - xy \cos xy$$

$$g_{yy} = \frac{\partial(g_y)}{\partial y} = -x \cdot (\cos xy) \cdot x = -x^2 \cos xy$$

演習問題 15-1

次の関数の偏導関数 f_x と f_y を求めよ。

(1) $f(x, y) = \sqrt{x^2 + y^2}$ (2) $f(x, y) = xy \cdot \tan xy$

ヒント! (1) では $u = x^2 + y^2$ とおくと、合成関数の偏微分の公式が使える。
(2) は2つの関数の積の偏微分公式と合成関数の偏微分の融合問題になっている。頑張れ！

解答 & 解説

(1) $z = f(x, y) = \sqrt{x^2 + y^2}$ について、$u = x^2 + y^2$ とおくと、$z = u^{\frac{1}{2}}$ となる。
よって、合成関数の偏微分公式を用いて、

$$f_x = \frac{\partial z}{\partial x} = \frac{dz}{du} \cdot \frac{\partial u}{\partial x} = \frac{d(u^{\frac{1}{2}})}{du} \cdot \frac{\partial(x^2+y^2)}{\partial x}$$

$$= \frac{1}{2} \cdot (x^2 + y^2)^{-\frac{1}{2}} \cdot 2x = \frac{x}{\sqrt{x^2+y^2}} \quad \cdots\cdots(答)$$

同様に

$$f_y = \frac{\partial z}{\partial y} = \frac{1}{2}(x^2+y^2)^{-\frac{1}{2}} \cdot 2y = \frac{y}{\sqrt{x^2+y^2}} \quad \cdots\cdots(答)$$

(2) $f(x, y) = xy \cdot \tan xy$ について

$$f_x = \frac{\partial(xy)}{\partial x} \cdot \tan xy + xy \cdot \frac{\partial(\tan xy)}{\partial x}$$

公式: $(g \cdot h)_x = g_x \cdot h + g \cdot h_x$ を使った！

$$= y \cdot \tan xy + xy \cdot \frac{1}{\cos^2 xy} \cdot y$$

合成関数の偏微分

$$= y \cdot \left(\tan xy + \frac{xy}{\cos^2 xy} \right) \quad \cdots\cdots(答)$$

同様に

$$f_y = x \cdot \tan xy + xy \cdot \frac{1}{\cos^2 xy} \cdot x$$

$$= x \cdot \left(\tan xy + \frac{xy}{\cos^2 xy} \right) \quad \cdots\cdots(答)$$

実習問題 15-1

次の関数の偏導関数 f_x と f_y を求めよ。

(1) $f(x, y) = \ln(x^2 + y^2)$ (2) $f(x, y) = xy \cdot e^{-xy}$

ヒント! (1) は合成関数の偏微分の問題で，(2) は積の偏微分と合成関数の偏微分との融合問題だね。

解答 & 解説

(1) $z = f(x, y) = \ln(x^2 + y^2)$ について，$u = x^2 + y^2$ とおくと，$z = \ln u$ となる。よって，合成関数の偏微分公式を用いて，

$$f_x = \frac{\partial z}{\partial x} = \frac{dz}{du} \cdot \frac{\partial u}{\partial x} = \frac{d(\ln u)}{du} \cdot \frac{\partial (x^2 + y^2)}{\partial x}$$

$$= \boxed{(a)} \quad \cdots\cdots (答)$$

同様に

$$f_y = \frac{\partial z}{\partial y} = \boxed{(b)} \quad \cdots\cdots (答)$$

(2) $f(x, y) = xy \cdot e^{-xy}$ について

$$f_x = \frac{\partial(xy)}{\partial x} \cdot e^{-xy} + xy \cdot \frac{\partial(e^{-xy})}{\partial x}$$

$$= y \cdot e^{-xy} + xy \cdot e^{-xy} \cdot (-y)$$

$$= \boxed{(c)} \quad \cdots\cdots (答)$$

同様に

$$f_y = x \cdot e^{-xy} + xy \cdot e^{-xy} \cdot (-x)$$

$$= \boxed{(d)} \quad \cdots\cdots (答)$$

(a) $\dfrac{1}{x^2 + y^2} \cdot 2x = \dfrac{2x}{x^2 + y^2}$ (b) $\dfrac{1}{x^2 + y^2} \cdot 2y = \dfrac{2y}{x^2 + y^2}$ (c) $y \cdot (1 - xy) \cdot e^{-xy}$

(d) $x \cdot (1 - xy) \cdot e^{-xy}$

> **演習問題 15-2**
> 関数 $f(x, y) = \tan^{-1} xy$ の 2 階の偏導関数 $f_{xx}, f_{xy}, f_{yx}, f_{yy}$ を求めよ。

ヒント! まず，$u = xy$ とおいて合成関数の形にして，f_x, f_y を求め，これをさらに偏微分すればいい。

解答 & 解説

$f(x, y) = \tan^{-1} \underbrace{xy}_{u \text{ とおく。}}$ について，まず，f_x, f_y を求めると

$$f_x = \underbrace{\frac{1}{1+(xy)^2} \cdot y}_{\frac{dz}{du} \cdot \frac{\partial u}{\partial x} \text{ (合成関数の偏微分)}} = \frac{y}{1+x^2y^2} = y \cdot (1+x^2y^2)^{-1}$$

$$f_y = \frac{1}{1+(xy)^2} \cdot x = \frac{x}{1+x^2y^2} = x \cdot (1+x^2y^2)^{-1}$$

以上より，求める 2 階の偏導関数は

$$f_{xx} = (f_x)_x = \{\underbrace{y}_{\text{定数扱い}} \cdot (1+\underbrace{x^2y^2}_{v \text{ とおく。}})^{-1}\}_x$$

$$= y \cdot (-1) \cdot (1+x^2y^2)^{-2} \cdot 2x \cdot y^2 = -\frac{2xy^3}{(1+x^2y^2)^2} \quad \cdots\cdots (\text{答})$$

$$f_{xy} = (f_x)_y = \{y \cdot (1+x^2y^2)^{-1}\}_y$$

$$= 1 \cdot (1+x^2y^2)^{-1} + y \cdot (-1) \cdot (1+x^2y^2)^{-2} \cdot x^2 \cdot 2y$$

$$= \frac{1+x^2y^2 - 2x^2y^2}{(1+x^2y^2)^2} = \frac{1-x^2y^2}{(1+x^2y^2)^2} \quad \cdots\cdots (\text{答})$$

$$f_{yx} = (f_y)_x = \{x \cdot (1+x^2y^2)^{-1}\}_x$$

$$= 1 \cdot (1+x^2y^2)^{-1} + x \cdot (-1) \cdot (1+x^2y^2)^{-2} \cdot 2x \cdot y^2$$

$$= \frac{1+x^2y^2 - 2x^2y^2}{(1+x^2y^2)^2} = \frac{1-x^2y^2}{(1+x^2y^2)^2} \quad \cdots\cdots (\text{答})$$

$$f_{yy} = (f_y)_y = \{x \cdot (1+x^2y^2)^{-1}\}_y$$

$$= x \cdot (-1) \cdot (1+x^2y^2)^{-2} \cdot x^2 \cdot 2y = -\frac{2x^3y}{(1+x^2y^2)^2} \quad \cdots\cdots (\text{答})$$

実習問題 15-2

関数 $f(x,y)=e^{-x^2-y^2}$ の2階の偏導関数 $f_{xx}, f_{xy}, f_{yx}, f_{yy}$ を求めよ。

ヒント! まず，$u=-x^2-y^2$ とおいて，合成関数の形にする。今回の問題でも，$f_{xy}=f_{yx}$ となることを確認してほしい。

解答 & 解説

$f(x,y)=e^{\overbrace{-x^2-y^2}^{u とおく。}}$ について，まず，f_x, f_y を求めると

$$f_x = \underline{e^{-x^2-y^2}\cdot(-2x)} = -2x\cdot e^{-x^2-y^2}$$

$\dfrac{dz}{du}\cdot\dfrac{\partial u}{\partial x}$ (合成関数の偏微分)

$$f_y = e^{-x^2-y^2}\cdot(-2y) = -2y\cdot e^{-x^2-y^2}$$

以上より，求める2階の偏導関数は

$$f_{xx}=(f_x)_x=(-2x\cdot e^{-x^2-y^2})_x$$
$$=-2\cdot e^{-x^2-y^2}-2x\cdot \underline{e^{-x^2-y^2}\cdot(-2x)}$$

公式：$(g\cdot h)_x = g_x\cdot h + g\cdot h_x$ を使った！

合成関数の偏微分

$$= \boxed{(a)} \quad\cdots\cdots(答)$$

$$f_{xy}=(f_x)_y=(-2x\cdot e^{-x^2-y^2})_y = -2x\cdot e^{-x^2-y^2}\cdot(-2y)$$
$$= \boxed{(b)} \quad\cdots\cdots(答)$$

$$f_{yx}=(f_y)_x=(-2y\cdot e^{-x^2-y^2})_x = -2y\cdot e^{-x^2-y^2}\cdot(-2x)$$
$$= \boxed{(c)} \quad\cdots\cdots(答)$$

$$f_{yy}=(f_y)_y=(-2y\cdot e^{-x^2-y^2})_y = -2\cdot e^{-x^2-y^2}-2y\cdot e^{-x^2-y^2}\cdot(-2y)$$
$$= \boxed{(d)} \quad\cdots\cdots(答)$$

(a) $2(2x^2-1)e^{-x^2-y^2}$ (b) $4xye^{-x^2-y^2}$ (c) $4xye^{-x^2-y^2}$ (d) $2(2y^2-1)e^{-x^2-y^2}$

講義 16 接平面と全微分

これまで、"空間座標"や"偏微分"について、よく勉強してきたね。これでようやく準備が整ったので、いよいよ曲面 $z = f(x, y)$ 上の点 (x_1, y_1, z_1) における接平面の方程式を求めることにしよう。また、これと関連して、"全微分可能"や"全微分"についても解説していくつもりだ。

● まず、接平面の考え方の概略をつかもう！

講義 13 で、平面の方程式について、次のことを勉強したね。
平面 α が点 $A(x_1, y_1, z_1)$ を通り、

(i) 平面 α と平面 $y = y_1$ との交線 l_1 の方程式が

$z = m_1 x + n_1$, $y = y_1$ であり、

(ii) 平面 α と平面 $x = x_1$ との交線 l_2 の方程式が

$z = m_2 y + n_2$, $x = x_1$ であるとき、

平面 α の方程式は、次式で表せる。

$$z - z_1 = m_1(x - x_1) + m_2(y - y_1) \quad \cdots\cdots ①$$

さらに、講義 14 で、偏微分可能な曲面 $z = f(x, y)$ の点 (x_1, y_1) における 2 つの偏微分係数 $f_x(x_1, y_1)$ と $f_y(x_1, y_1)$ は図 16-1 に示すように、①の方程式の 2 つの傾き m_1 と m_2 に対応することも勉強したね。

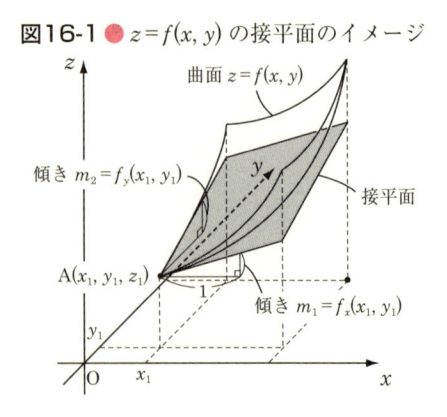

図 16-1 ● $z = f(x, y)$ の接平面のイメージ

よって，

$$m_1 = f_x(x_1, y_1) \quad \cdots\cdots ② \qquad m_2 = f_y(x_1, y_1) \quad \cdots\cdots ③$$

以上より，偏微分可能なある領域内の点 (x_1, y_1) に対して，曲面 $z = f(x, y)$ 上の点 $A(x_1, y_1, z_1)$ における接平面の方程式は，②，③を①に代入して形式的に次の方程式で表される。

$$z - z_1 = f_x(x_1, y_1)(x - x_1) + f_y(x_1, y_1)(y - y_1)$$

ここで「形式的に」と限定したのは，偏微分係数 $f_x(x_1, y_1)$，$f_y(x_1, y_1)$ がたとえ存在しても，接平面が存在するとは限らないからなんだ。偏微分係数は軸に平行な方向の微分係数にすぎないので，ほかの方向についても，すべて微分可能かどうかのチェックが必要なんだね。そのために，"全微分可能" という考え方が出てくるんだよ。これについてはこれから詳しく話す。

●全微分可能のとき，接平面が存在する！

1変数関数 $y = f(x)$ の微分可能な点，微分不能な点のイメージを図 16-2 に示しておいた。微分可能な点においては，その曲線の接線が引けるけれど，微分不能な点では，とんがっているため，この点において，接線を定めることはできないね。

これに対して，2変数関数 $z = f(x, y)$ 上の点において，接平面が定まる場合と定まらない場合のイメージを，それぞれ図 16-3 の(ⅰ), (ⅱ)に示した。このイメージからわかるように，もし偏微分係数 $f_x(x_1, y_1)$ と $f_y(x_1, y_1)$ が存在したとしても，点 (x_1, y_1, z_1) における接平面が存在するとは限らないんだ。

図16-2 ● 1変数関数 $y = f(x)$ の微分可能と不能

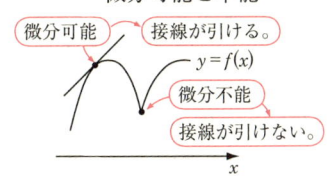

図16-3 ● 2変数関数について
(ⅰ) 接平面が定まる場合

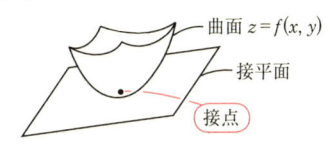

(ⅱ) 接平面が定まらない場合

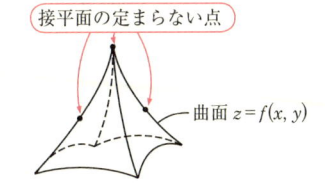

この接平面が存在するための条件が"全微分可能"ということになる。これを図16-4を使って解説しよう。

図16-4 "全微分可能"の模式図

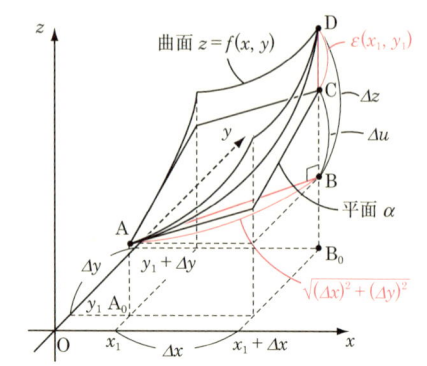

曲面 $z = f(x, y)$ ……① 上の点 $A(x_1, y_1, z_1)$ を通る平面 α を，
$$\alpha : z - z_1 = f_x(x_1, y_1) \cdot (x - x_1)$$
$$+ f_y(x_1, y_1)(y - y_1) \quad \cdots\cdots ②$$

> コレは，現時点では接平面とはいえない。コレが接平面といえるための条件を今考えてるからだ。

とおく。

ここで，$(x, y) = (x_1, y_1)$ のとき，①の z 座標は
$$z_1 = f(x_1, y_1) \quad \leftarrow \text{点A，点Bの}z\text{座標}$$

$(x, y) = (x_1 + \underline{\Delta x}, y_1 + \underline{\Delta y})$ のときの，平面 α と曲面の z 座標をそれぞれ z_2，

（xの増分のコト）（yの増分のコト）

z_3 とおくと
$$z_3 = f(x_1 + \Delta x, y_1 + \Delta y) \quad \leftarrow \text{点D の}z\text{座標}$$
$$\boxed{z_2} - z_1 = f_x(x_1, y_1)(x_1 + \Delta x - x_1) + f_y(x_1, y_1)(y_1 + \Delta y - y_1)$$
$$= \Delta x \cdot f_x(x_1, y_1) + \Delta y \cdot f_y(x_1, y_1)$$

点Cのz座標

ここで，図16-4の3点 B, C, D の z 座標は，それぞれ z_1, z_2, z_3 なので，図より
$$\overline{BD} = \overline{BC} + \overline{CD} \quad \cdots\cdots ③$$
$$\overline{BD} = \underline{\Delta z} = z_3 - z_1 = f(x_1 + \Delta x, y_1 + \Delta y) - f(x_1, y_1) \quad \cdots\cdots ④$$
$$\overline{BC} = \Delta u = z_2 - z_1 = \underline{\Delta x \cdot f_x(x_1, y_1) + \Delta y \cdot f_y(x_1, y_1)} \quad \cdots\cdots ⑤$$

となる。

また，$CD = \varepsilon(x_1, y_1) \quad \cdots\cdots ⑥$ とおき，④⑤⑥を③に代入すると，
$$\underline{\underline{\Delta z}} = \underline{\Delta x \cdot f_x(x_1, y_1) + \Delta y \cdot f_y(x_1, y_1)} + \varepsilon(x_1, y_1) \quad \cdots\cdots ⑦$$

図 16-5 に示すように, 点 (x_1, y_1) から点 $(x_1+\Delta x, y_1+\Delta y)$ まで変化したときの関数 $z=f(x, y)$ の z の変化分 (増分) を Δz とおく。これを平面 α の z 座標を使って近似した増分を Δu とおくと, $\varepsilon(x_1, y_1)$ はこの Δz と Δu の間の誤差を表すことになる。

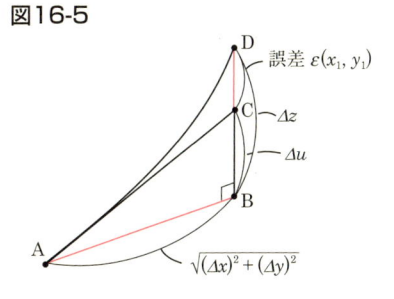

図16-5

ここで $(\Delta x, \Delta y) \to (0, 0)$ に近づけていったとき, $\dfrac{\varepsilon(x_1, y_1)}{\sqrt{(\Delta x)^2+(\Delta y)^2}} \to 0$
となれば, "全微分可能" という。

これをまとめて, 以下に示す。

全微分可能の定義

関数 $z=f(x, y)$ が, 点 (x_1, y_1) で偏微分可能で,
$\Delta z = \Delta x \cdot f_x(x_1, y_1) + \Delta y \cdot f_y(x_1, y_1) + \varepsilon(x_1, y_1)$ に対して
$$\lim_{(\Delta x, \Delta y) \to (0, 0)} \frac{\varepsilon(x_1, y_1)}{\sqrt{(\Delta x)^2+(\Delta y)^2}} \to 0$$
が成り立つとき, 関数 $f(x, y)$ は点 (x_1, y_1) において "全微分可能" という。

これは, $(\Delta x, \Delta y) \to (0, 0)$ にしたとき, 関数 $z=f(x, y)$ が, 平面 α でキレイに近似できることを示している。しかも, これは偏微分のときと違って Δx, Δy の 0 への近づき方は, その正・負も含めて多彩だから, どの方向から, $A_0(x_1, y_1, 0)$ に近づいても, 関数 $z=f(x, y)$ は平面 α で近似できることを示している。すなわち, 平面 α は, 曲面 $z=f(x, y)$ 上の点 $A(x_1, y_1, z_1)$ における接平面といえるんだ。

接平面の定義

関数 $z=f(x, y)$ が点 (x_1, y_1) で全微分可能のとき,
$$z - z_1 = f_x(x_1, y_1) \cdot (x - x_1) + f_y(x_1, y_1) \cdot (y - y_1)$$
は $z=f(x, y)$ 上の点 (x_1, y_1, z_1) における "接平面" である。

●全微分の定義もおさえよう！

増分 Δx について，これを極限的に 0 に近づけたものを微分 dx と表し，同様に増分 Δy, Δz も，その微分をそれぞれ dy, dz で表すんだったね。

ここで，$\Delta z = f_x(x_1, y_1) \cdot \Delta x + f_y(x_1, y_1) \cdot \Delta y + \varepsilon(x_1, y_1)$ について，$z = f(x, y)$ が (x_1, y_1) で全微分可能の場合，

$(\Delta x, \Delta y) \to (0, 0)$ のとき，$\dfrac{\varepsilon(x_1, y_1)}{\sqrt{(\Delta x)^2 + (\Delta y)^2}} \to 0$ なので，

$$\sqrt{\left\{1 + \left(\dfrac{\Delta y}{\Delta x}\right)^2\right\}(\Delta x)^2} = \sqrt{\left\{1 + \left(\dfrac{\Delta y}{\Delta x}\right)^2\right\}}|\Delta x|$$

この分母は $\sqrt{1 + \left(\dfrac{dy}{dx}\right)^2} \cdot |dx| \to 0$ となるが，分子の $\varepsilon(x_1, y_1)$ はこれよりもさらに早く 0 に収束する。

よって，$(\Delta x, \Delta y) \to (0, 0)$ のとき，Δx, Δy, Δz は，それぞれ dx, dy, dz と表されて，しかも $\varepsilon(x_1, y_1) \to 0$ となる。

以上より，全微分可能のとき，⑦は極限的に

$$dz = f_x(x_1, y_1)dx + f_y(x_1, y_1)dy$$

と表される。これを "全微分" というんだ。

全微分の定義

関数 $z = f(x, y)$ が点 (x_1, y_1) で全微分可能のとき，

$$dz = f_x(x_1, y_1)dx + f_y(x_1, y_1)dy$$

を，点 (x_1, y_1) における $z = f(x, y)$ の "全微分" という。

関数 $z = f(x, y)$ が (x_1, y_1) で全微分可能のとき，当然，偏微分係数 $f_x(x_1, y_1)$, $f_y(x_1, y_1)$ は存在する。

また，この全微分は，次のように表すこともあるよ。

$$dz = \dfrac{\partial f(x_1, y_1)}{\partial x}dx + \dfrac{\partial f(x_1, y_1)}{\partial y}dy, \quad dz = \dfrac{\partial z}{\partial x}dx + \dfrac{\partial z}{\partial y}dy$$

$dz = f_x \cdot dx + f_y \cdot dy$, $df = f_x \cdot dx + f_y \cdot dy$ など。

ここで，この全微分の１つの応用例として，xy 座標と，極（円筒）座標の変換公式：$x = r \cdot \cos\theta$, $y = r \cdot \sin\theta$ についても触れておく。

$x = f(r, \theta) = r\cos\theta$ と考えると，x は r と θ の 2 変数関数なので，この全微分は，$dx = \dfrac{\partial \overset{r\cos\theta}{\widehat{x}}}{\partial r}dr + \dfrac{\partial \overset{r\cos\theta}{\widehat{x}}}{\partial \theta}d\theta = \cos\theta\, dr - r\sin\theta\, d\theta$ となる。

同様に，$dy = \dfrac{\partial \overset{r\sin\theta}{\widehat{y}}}{\partial r}dr + \dfrac{\partial \overset{r\sin\theta}{\widehat{y}}}{\partial \theta}d\theta = \sin\theta\, dr + r\cos\theta\, d\theta$ だね。

これは，重積分のところでまた出てくるので，記憶にとめておこう。

●変数の変換公式も重要だ！

全微分可能な関数 $z = f(x, y)$ の「(I) x と y が共に t の関数の場合」や，「(II) x と y が共に u と v の関数の場合」の変数の変換公式についても下に示す。

> ### (I) $x = x(t)$, $y = y(t)$ の場合
>
> 全微分可能な関数 $z = f(x, y)$ について，$x = x(t)$, $y = y(t)$ で，x も y も t で微分可能のとき
>
> $$\dfrac{dz}{dt} = \dfrac{\partial z}{\partial x} \cdot \dfrac{dx}{dt} + \dfrac{\partial z}{\partial y} \cdot \dfrac{dy}{dt} \quad \text{が成り立つ。}$$
>
> この証明は略すが，形式的には，全微分 $dz = \dfrac{\partial z}{\partial x}dx + \dfrac{\partial z}{\partial y}dy$ の両辺を dt で割っただけだから，覚えやすいハズだ！

> ### (II) $x = x(u, v)$, $y = y(u, v)$ の場合
>
> 全微分可能な関数 $z = f(x, y)$ について，$x = x(u, v)$, $y = y(u, v)$ で，x, y が共に u, v で偏微分可能のとき
>
> $$\dfrac{\partial z}{\partial u} = \dfrac{\partial z}{\partial x} \cdot \dfrac{\partial x}{\partial u} + \dfrac{\partial z}{\partial y} \cdot \dfrac{\partial y}{\partial u}$$
>
> $$\dfrac{\partial z}{\partial v} = \dfrac{\partial z}{\partial x} \cdot \dfrac{\partial x}{\partial v} + \dfrac{\partial z}{\partial y} \cdot \dfrac{\partial y}{\partial v} \quad \text{が成り立つ。}$$
>
> 形式的には，どちらも全微分 dz の両辺を $\partial u, \partial v$ で割っただけだ。ここで x は u, v の 2 変数関数なので，$\dfrac{dx}{du}$ の代わりに $\dfrac{\partial x}{\partial u}$ を用いた。$\dfrac{\partial y}{\partial u}, \dfrac{\partial x}{\partial v}, \dfrac{\partial y}{\partial v}$ および $\dfrac{\partial z}{\partial u}, \dfrac{\partial z}{\partial v}$ についても同様だね。

演習問題 16-1

全微分可能な関数 $z = x^2 + y^2$ について，
(1) 点 $A_0(1, 1, 0)$ における全微分を求めよ。
(2) 点 $A(1, 1, 2)$ における接平面の方程式を求めよ。

ヒント! (1), (2) 共に，点 A_0 における偏微分係数 f_x, f_y をまず求め，全微分と接平面の公式を使えばいいんだね。

解答 & 解説

$z = f(x, y) = x^2 + y^2$ について，A_0 における偏微分係数を求める。

$$f_x(x, y) = 2x, \quad f_y(x, y) = 2y$$

$$\therefore f_x(1, 1) = \underline{2}, \quad f_y(1, 1) = \underline{2}$$

(1) よって，点 $A_0(1, 1, 0)$ における全微分 dz は

$$dz = \underline{\underline{f_x}} \cdot dx + \underline{\underline{f_y}} \cdot dy$$
$$= \underline{2} dx + \underline{2} dy \quad \cdots\cdots(答)$$

← 全微分の公式通りだ！

(2) 曲面 $z = f(x, y) = x^2 + y^2$ 上の点 $A(\overset{x_1}{①}, \overset{y_1}{①}, \overset{z_1}{②})$ における接平面の方程式は，

$$f_x(1, 1) = \overset{m_1}{②}, \quad f_y(1, 1) = \overset{m_2}{②} \text{ より}$$

接平面の公式：
$z - z_1 = m_1(x - x_1) + m_2(y - y_1)$ を使った！

$$z - \overset{z_1}{②} = \overset{m_1}{②}(x - \overset{x_1}{①}) + \overset{m_2}{②}(y - \overset{y_1}{①})$$

コレは，$2(x-1) + 2(y-1) - 1(z-2) = 0$ と変形すれば点 $A(1, 1, 2)$ を通り，法線ベクトル $\boldsymbol{h} = (2, 2, -1)$ の平面になっている（講義 13 参照）。

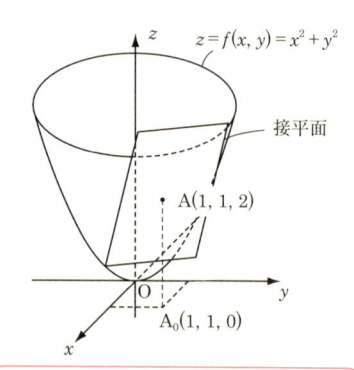

放物面 $z = f(x, y)$ のような，なめらかな曲面上の点は，すべて接平面が存在する。

$$\therefore 2x + 2y - z - 2 = 0 \quad \cdots\cdots(答)$$

実習問題 16-1

全微分可能な関数 $z = e^{-x^2-y^2}$ について，
(1) 点 $A_0(1, -1, 0)$ における全微分を求めよ。
(2) 点 $A(1, -1, e^{-2})$ における接平面の方程式を求めよ。

ヒント！ これも，まず，点 A_0 における2つの偏微分係数 f_x, f_y を求めて，全微分，接平面の公式を用いる。

解答 & 解説　(u とおいて，合成関数で考える。)

$z = f(x, y) = e^{-x^2-y^2}$ について，A_0 における偏微分係数を求める。

$$f_x(x, y) = e^{-x^2-y^2} \cdot (-2x) = -2x \cdot e^{-x^2-y^2}$$

$$f_y(x, y) = e^{-x^2-y^2} \cdot (-2y) = -2y \cdot e^{-x^2-y^2}$$

$\therefore f_x(1, -1) = \boxed{(a)}$, $f_y(1, -1) = \boxed{(b)}$

(1) よって，点 $A_0(1, -1, 0)$ における全微分 dz は

$$dz = f_x \cdot dx + f_y \cdot dy$$
$$= \boxed{(c)} \quad \cdots\cdots (答)$$

(2) 曲面 $z = f(x, y) = e^{-x^2-y^2}$ 上の点 $A(1, -1, e^{-2})$ における接平面の方程式は，

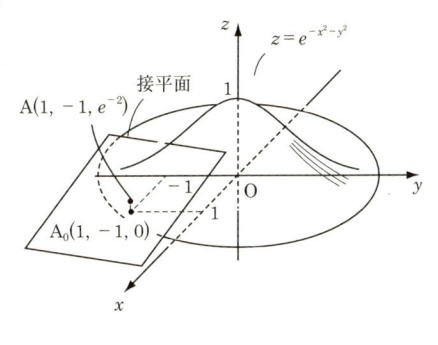

$$f_x(1, -1) = -2e^{-2} ,$$
$$f_y(1, -1) = 2e^{-2} \quad \text{より}$$

$z - e^{-2} = \boxed{(d)}$

これをまとめて

$\boxed{(e)} = 0 \quad \cdots\cdots (答)$

(a) $-2e^{-2}$　(b) $2e^{-2}$　(c) $-2e^{-2}dx + 2e^{-2}dy$　(d) $-2e^{-2}(x-1) + 2e^{-2}(y+1)$
(e) $2x - 2y + e^2 z - 5$

演習問題 16-2

全微分可能な関数 $z = \sin xy$ について，

(1) $x = t^2 + 1$, $y = 2t - 1$ のとき，$\dfrac{dz}{dt}$ を求めよ。

(2) $x = u + v$, $y = uv$ のとき，$\dfrac{\partial z}{\partial u}$, $\dfrac{\partial z}{\partial v}$ を求めよ。

ヒント! (1) x, y が共に t の関数より，公式 $\dfrac{dz}{dt} = \dfrac{\partial z}{\partial x} \cdot \dfrac{dx}{dt} + \dfrac{\partial z}{\partial y} \cdot \dfrac{dy}{dt}$ を使う。

(2) は x, y が u, v の 2 変数関数になっている場合だ。

解答 & 解説 (u とおいて，合成関数の偏微分にもちこむ。)

$z = \sin xy$ について，偏導関数を求める。

$$\dfrac{\partial z}{\partial x} = \cos xy \cdot y = y \cdot \cos xy, \quad \dfrac{\partial z}{\partial y} = \cos xy \cdot x = x \cdot \cos xy$$

(1) $x = t^2 + 1$, $y = 2t - 1$ より，$\dfrac{dx}{dt} = 2t$, $\dfrac{dy}{dt} = 2$

公式：$\dfrac{dz}{dt} = \dfrac{\partial z}{\partial x} \cdot \dfrac{dx}{dt} + \dfrac{\partial z}{\partial y} \cdot \dfrac{dy}{dt}$

$\therefore \dfrac{dz}{dt} = \dfrac{\partial z}{\partial x} \cdot \dfrac{dx}{dt} + \dfrac{\partial z}{\partial y} \cdot \dfrac{dy}{dt} = y \cdot \cos xy \cdot 2t + x \cdot \cos xy \cdot 2$

$= 2(yt + x)\cos xy = 2\{t(2t - 1) + t^2 + 1\} \cos \{(t^2 + 1)(2t - 1)\}$

$= 2(3t^2 - t + 1) \cos \{(t^2 + 1)(2t - 1)\}$

$= 2(3t^2 - t + 1) \cos (2t^3 - t^2 + 2t - 1)$ ……(答)

(2) $x = u + v$, $y = uv$ より，$\dfrac{\partial x}{\partial u} = 1$, $\dfrac{\partial y}{\partial u} = v$, $\dfrac{\partial x}{\partial v} = 1$, $\dfrac{\partial y}{\partial v} = u$

公式：$\dfrac{\partial z}{\partial u} = \dfrac{\partial z}{\partial x} \cdot \dfrac{\partial x}{\partial u} + \dfrac{\partial z}{\partial y} \cdot \dfrac{\partial y}{\partial u}$

$\therefore \dfrac{\partial z}{\partial u} = \dfrac{\partial z}{\partial x} \cdot \boxed{\dfrac{\partial x}{\partial u}}^{1} + \dfrac{\partial z}{\partial y} \cdot \boxed{\dfrac{\partial y}{\partial u}}^{v} = y \cdot \cos xy \cdot 1 + x \cdot \cos xy \cdot v$

$= (y + xv) \cos xy = \{uv + (u + v)v\} \cos \{(u + v)uv\}$

$= v(2u + v) \cos \{uv(u + v)\}$ ……(答)

公式：$\dfrac{\partial z}{\partial v} = \dfrac{\partial z}{\partial x} \cdot \dfrac{\partial x}{\partial v} + \dfrac{\partial z}{\partial y} \cdot \dfrac{\partial y}{\partial v}$

$\dfrac{\partial z}{\partial v} = \dfrac{\partial z}{\partial x} \cdot \boxed{\dfrac{\partial x}{\partial v}}^{1} + \dfrac{\partial z}{\partial y} \cdot \boxed{\dfrac{\partial y}{\partial v}}^{u} = y \cdot \cos xy \cdot 1 + x \cdot \cos xy \cdot u$

$= (y + xu) \cos xy = \{uv + (u + v)u\} \cos \{(u + v)uv\}$

$= u(u + 2v) \cos \{uv(u + v)\}$ ……(答)

実習問題 16-2

全微分可能な関数 $z=x^2-y^2$ について，

(1) $x=\cos t$, $y=\sin 2t$ のとき，$\dfrac{dz}{dt}$ を求めよ。

(2) $x=r\cos\theta$, $y=r\sin\theta$ のとき，$\dfrac{\partial z}{\partial r}$, $\dfrac{\partial z}{\partial \theta}$ を求めよ。

> **ヒント!** (2) は変数変換の公式 $\dfrac{\partial z}{\partial r}=\dfrac{\partial z}{\partial x}\cdot\dfrac{\partial x}{\partial r}+\dfrac{\partial z}{\partial y}\cdot\dfrac{\partial y}{\partial r}$, $\dfrac{\partial z}{\partial \theta}=\dfrac{\partial z}{\partial x}\cdot\dfrac{\partial x}{\partial \theta}+\dfrac{\partial z}{\partial y}\cdot\dfrac{\partial y}{\partial \theta}$ を使うといいんだね。頑張れ！

解答 & 解説

$z=x^2-y^2$ について，偏導関数を求める。

$$\dfrac{\partial z}{\partial x}=2x, \quad \dfrac{\partial z}{\partial y}=-2y$$

(1) $x=\cos t$, $y=\sin 2t$ より，$\dfrac{dx}{dt}=-\sin t$, $\dfrac{dy}{dt}=2\cos 2t$

$\therefore \dfrac{dz}{dt}=\dfrac{\partial z}{\partial x}\cdot\dfrac{dx}{dt}+\dfrac{\partial z}{\partial y}\cdot\dfrac{dy}{dt}=2x\cdot(-\sin t)-2y\cdot 2\cos 2t$

$=-2(x\sin t+2y\cos 2t)=-2(\sin t\cos t+2\sin 2t\cos 2t)$

$=\boxed{(a)}$ ……(答)

(2) $x=r\cos\theta$, $y=r\sin\theta$ より，

$\dfrac{\partial x}{\partial r}=\cos\theta$, $\dfrac{\partial y}{\partial r}=\sin\theta$, $\dfrac{\partial x}{\partial \theta}=-r\sin\theta$, $\dfrac{\partial y}{\partial \theta}=r\cos\theta$

$\therefore \dfrac{\partial z}{\partial r}=\dfrac{\partial z}{\partial x}\cdot\underbrace{\dfrac{\partial x}{\partial r}}_{\cos\theta}+\dfrac{\partial z}{\partial y}\cdot\underbrace{\dfrac{\partial y}{\partial r}}_{\sin\theta}=2x\cdot\cos\theta-2y\sin\theta$

$=2(x\cos\theta-y\sin\theta)=2(r\cos^2\theta-r\sin^2\theta)$

$=2r(\cos^2\theta-\sin^2\theta)=\boxed{(b)}$ ……(答)

$\dfrac{\partial z}{\partial \theta}=\dfrac{\partial z}{\partial x}\cdot\underbrace{\dfrac{\partial x}{\partial \theta}}_{-r\sin\theta}+\dfrac{\partial z}{\partial y}\cdot\underbrace{\dfrac{\partial y}{\partial \theta}}_{r\cos\theta}=2x\cdot(-r\sin\theta)-2y\cdot r\cos\theta$

$=-2r(x\sin\theta+y\cos\theta)=-2r(r\cos\theta\sin\theta+r\sin\theta\cos\theta)$

$=-2r\cdot 2r\sin\theta\cos\theta=\boxed{(c)}$ ……(答)

(a) $-(\sin 2t+2\sin 4t)$ (b) $2r\cos 2\theta$ (c) $-2r^2\sin 2\theta$

講義 LECTURE 17 極点の決定

微分法の応用として，最後に2変数関数 $z=f(x, y)$ の極大値，極小値の解説に入る。この極値をとる極大点，極小点を求めるには，2階の偏導関数まで考えないといけない。複雑になるので，厳密な解説はここではしないけれど，そのエッセンスを教えるから，計算の要領をシッカリつかんでくれたらいいんだよ。

● まず，極大と極小の定義をおさえよう！

1変数関数 $y=f(x)$ の極大点，極小点について，そのイメージを図17-1に示す。ここで，$f'(x)=0$ をみたす点だからといって，必ずしも極点(極大点と極小点の総称)ではないことに注意しておこう。

同様に，2変数関数 $z=f(x, y)$ について，極大点，極小点，鞍点のイメージを図17-2(a), (b)に示す。図のA, Cが極大点，D, Fが極小点，そして，B, Eは極点ではない鞍点と呼ばれる点である。ここで，極大，極小についての定義を次に示しておくよ。

図17-1 ● 1変数関数の極値

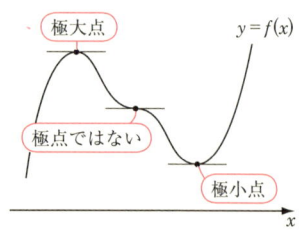

図17-2 ● 2変数関数の極値
(a)
(b)

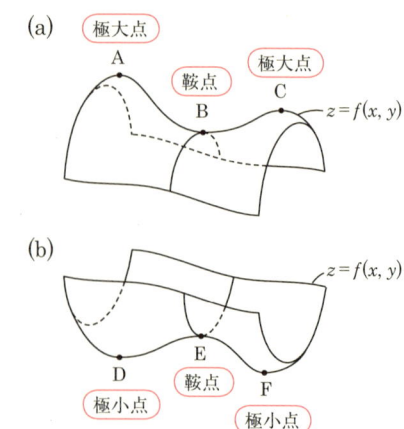

極点と極値の定義

2変数関数 $z=f(x, y)$ 上の点 $A(a, b)$ の十分近くにとった任意の点 $P(x, y)$ に対して，

(ⅰ) $f(a, b)>f(x, y)$ であるとき，$z=f(x, y)$ は点 $A(a, b)$ で極大であるという。また点 $(a, b, f(a, b))$ を極大点と呼び，$f(a, b)$ を極大値という。

(ⅱ) $f(a, b)<f(x, y)$ であるとき，$z=f(x, y)$ は点 $A(a, b)$ で極小であるという。また点 $(a, b, f(a, b))$ を極小点と呼び，$f(a, b)$ を極小値という。

ここで，全微分可能な関数 $z=f(x, y)$ が点 (a, b) で極値(極大値と極小値の総称)をとるならば，$f_x(a, b)=0$ かつ $f_y(a, b)=0$ となる。

しかし，この逆は成り立つとは限らない。図17-2(a), (b)で示したような鞍点の場合も考えられるからなんだ。

$f_x(a, b)=0$, $f_y(a, b)=0$ はみたすが，極点ではない点のコト。

よって，2つの連立方程式 $f_x(x, y)=0$, $f_y(x, y)=0$ を解いて得られた解が $(x, y)=(a, b)$ のとき，この (a, b) で極値をとる可能性があるとしかいえない。これをさらに踏み込んで，点 (a, b) で極値をとることを示すには，次の手順を踏めばいい。

極値の決定

全微分可能な関数 $z=f(x, y)$ について，$f_x(a, b)=0$, $f_y(a, b)=0$ であるとする。

ここで，$A=f_{xx}(a, b)$, $B=f_{xy}(a, b)$, $C=f_{yy}(a, b)$ とおくと，

(Ⅰ) $B^2-AC<0$ の場合
 (ⅰ) $A<0$ ならば，点 (a, b) で極大となる。
 (ⅱ) $A>0$ ならば，点 (a, b) で極小となる。

(Ⅱ) $B^2-AC>0$ の場合，点 (a, b) で極値をとらない。

(Ⅲ) $B^2-AC=0$ の場合，これだけでは，点 (a, b) で極値をとるかどうか判断できない。

これを証明するには，2変数関数 $f(x, y)$ のテイラー展開が必要となるが，ここではその概略の説明をしておくので，大体のイメージをつかんでくれたらいいと思う。

$x = a + h$, $y = b + k$ ($h \neq 0$, $k \neq 0$) とおくと，$f(x, y)$ のテイラー展開から，近似的に次式が成り立つ。

$$f(x, y) - f(a, b) = \frac{1}{2}(Ah^2 + 2Bhk + Ck^2)$$

$$= \frac{k^2}{2}\left\{A\left(\frac{h}{k}\right)^2 + 2B\frac{h}{k} + C\right\}$$

ここで，$f(x, y) - f(a, b) = Y$, $\dfrac{h}{k} = X$ とおくと

$$Y = g(X) = \underbrace{\frac{k^2}{2}}_{\text{正の数}}(AX^2 + 2BX + C)$$

図17-3
（Ⅰ）-（ⅰ） $B^2 - AC < 0$ かつ $A < 0$

（Ⅰ）-（ⅱ） $B^2 - AC < 0$ かつ $A > 0$

となる。よって図17-3より明らかに

（Ⅰ）-（ⅰ） $B^2 - AC < 0$ かつ $A < 0$ のとき，

$$Y = f(x, y) - f(a, b) < 0$$

すなわち，$f(x, y) < f(a, b)$ となるので，(a, b) で極大となる。

（Ⅰ）-（ⅱ） $B^2 - AC < 0$ かつ $A > 0$ のとき，

$$Y = f(x, y) - f(a, b) > 0$$

すなわち，$f(x, y) > f(a, b)$ となるので，(a, b) で極小となる。

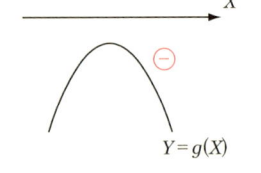

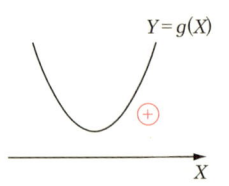

これに，（Ⅱ） $B^2 - AC > 0$ ならば極点ではなく，（Ⅲ） $B^2 - AC = 0$ ならば判定不能，を追加して覚えておけばいいんだよ。

それでは次の例題を解くことによって，極値をとるかどうかの判定について，具体的に勉強しよう。

例題 $f(x, y) = x^3 + y^3 - 3xy$ の極値を求めよ。

まず，この偏導関数を求めるよ。

$$f_x(x, y) = 3x^2 - 3y \qquad f_y(x, y) = 3y^2 - 3x$$

極値をとるための必要条件から
$$f_x(x, y) = 0 \quad かつ \quad f_y(x, y) = 0$$
よって，$x^2 - y = 0$ ……① かつ $y^2 - x = 0$ ……②

①－②より，$x^2 - y^2 + x - y = 0$ $(x+y)(x-y) + (x-y) = 0$

$(x-y)(x+y+1) = 0$

よって，（i）$y = x$ または （ii）$y = -x - 1$

（i）$y = x$ のとき，①に代入して，$x^2 - x = 0$ $x(x-1) = 0$

∴ $x = 0$ または 1 より

$(x, y) = (0, 0)$ または $(1, 1)$ ← これで，極値をとるときの点 (x, y) の候補がわかった！

（ii）$y = -x - 1$ のとき，①に代入すると，$x^2 + x + 1 = 0$ となって，解は存在しない。

次に，2階の偏導関数を求める。
$$f_{xx}(x, y) = 6x, \quad f_{xy}(x, y) = -3, \quad f_{yy}(x, y) = 6y$$

（ア）$(x, y) = (0, 0)$ のとき

$A = f_{xx}(0, 0) = 0, \quad B = f_{xy}(0, 0) = -3, \quad C = f_{yy}(0, 0) = 0$

$B^2 - AC = (-3)^2 - 0 \cdot 0 = 9 > 0$

つまり，$Y = g(X) = \boxed{-3k^2} X$ となって，

負の数

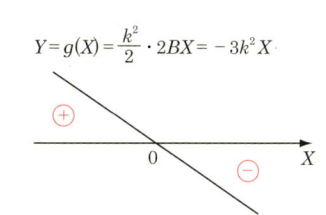

$Y = f(x, y) - f(a, b)$ は右図より正・負の値をとるので，$f(x, y)$ は $(0, 0)$ で極値をとらない。

$Y = g(X) = \dfrac{k^2}{2} \cdot 2BX = -3k^2 X$

（イ）$(x, y) = (1, 1)$ のとき

$A = f_{xx}(1, 1) = 6, \quad B = f_{xy}(1, 1) = -3, \quad C = f_{yy}(1, 1) = 6$

$\begin{cases} B^2 - AC = (-3)^2 - 6 \cdot 6 = 9 - 36 = -27 < 0 \\ A = 6 > 0 \end{cases}$

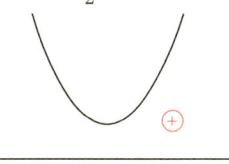

$Y = g(X) = \dfrac{k^2}{2}(AX^2 + BX + C)$

よって $Y = f(x, y) - f(1, 1) > 0$ より，

$z = f(x, y)$ は，$(x, y) = (1, 1)$ で極小になる。

以上より，極小値 $z = f(1, 1) = 1^3 + 1^3 - 3 \cdot 1 \cdot 1 = -1$ である。

演習問題 17-1

2変数関数 $f(x, y) = x^2 + 2y^3 - 9y^2 + 12y$ の極値を求めよ。

ヒント! まず, $f_x = 0$, $f_y = 0$ をみたす点 (a, b) を求める。次に, $A = f_{xx}(a, b)$, $B = f_{xy}(a, b)$, $C = f_{yy}(a, b)$ を求め, $B^2 - AC < 0$ となることを確認し, A の正・負で極小・極大を決定していくんだね。

解答 & 解説

$z = f(x, y) = x^2 + 2y^3 - 9y^2 + 12y$ の 1 階の偏導関数を求めると

$$f_x(x, y) = 2x, \quad f_y(x, y) = 6y^2 - 18y + 12 = 6(y^2 - 3y + 2)$$

ここで, $f_x(x, y) = 0$ かつ, $f_y(x, y) = 0$ のとき,

$$x = 0 \text{ かつ}, (y-1)(y-2) = 0 \text{ より},$$

$$x = 0 \text{ かつ}, y = 1 \text{ または } 2$$

∴ 点 $(0, 1)$, $(0, 2)$ で極値をとる可能性がある。

次に, 2階の偏導関数を求めると

$$f_{xx}(x, y) = 2, \quad f_{xy}(x, y) = 0, \quad f_{yy}(x, y) = 12y - 18$$

(ⅰ) 点 $(x, y) = (0, 1)$ のとき

$A = f_{xx}(0, 1) = 2, \quad B = f_{xy}(0, 1) = 0$
$C = f_{yy}(0, 1) = 12 \cdot 1 - 18 = -6$ とおくと,

$$B^2 - AC = 0^2 - 2 \times (-6) = 12 > 0$$

より, $z = f(x, y)$ は点 $(0, 1)$ では極値をとらない。

> 極値をもつ条件は,
> $B^2 - AC < 0$ で, かつ
> (ⅰ) $A > 0$ ならば, 極小になり
> (ⅱ) $A < 0$ ならば, 極大になる!

$z = f(x, y)$ は点 $(0, 1)$ で鞍点をとる。

(ⅱ) 点 $(x, y) = (0, 2)$ のとき

$A = f_{xx}(0, 2) = 2, \quad B = f_{xy}(0, 2) = 0, \quad C = f_{yy}(0, 2) = 12 \cdot 2 - 18 = 6$

とおくと,

$$B^2 - AC = 0^2 - 2 \times 6 = -12 < 0 \text{ かつ } A = 2 > 0$$

より, $z = f(x, y)$ は点 $(0, 2)$ で極小値をとる。

以上 (ⅰ)(ⅱ) より, $(x, y) = (0, 2)$ のとき, $z = f(x, y)$ は極小値をとる。

∴ 極小値 $f(0, 2) = 0^2 + 2 \cdot 2^3 - 9 \cdot 2^2 + 12 \cdot 2 = 4$ ……(答)

> **実習問題 17-1**
> 2変数関数 $f(x, y) = \dfrac{1}{x} + \dfrac{1}{y} - xy$ $(x \neq 0, y \neq 0)$ の極値を求めよ。

ヒント! 極値を求める手順は前問とまったく同じで，まず $f_x = 0$，$f_y = 0$ から極値をとる可能性のある点 (a, b) をさがし，その点で2階の偏微分係数を求めて，極値をとるかどうか判定すればいいんだ。

解答 & 解説

$z = f(x, y) = x^{-1} + y^{-1} - xy$ の1階の偏導関数を求めると，

$$f_x(x, y) = \boxed{\text{(a)}}, \quad f_y(x, y) = \boxed{\text{(b)}}$$

ここで，$f_x(x, y) = 0$ かつ $f_y(x, y) = 0$ のとき

$$-\frac{1}{x^2} = y \quad \text{かつ} \quad -\frac{1}{y^2} = x$$

$$x^2 y = -1 \quad \cdots\cdots ① \quad \text{かつ} \quad xy^2 = -1 \quad \cdots\cdots ②$$

① $-$ ② より，$xy(x - y) = 0$

$$x \neq 0, \, y \neq 0 \text{ より}, \, y = x \quad \cdots\cdots ③$$

③ を①に代入して，$x^3 = -1$ $\therefore x = -1$　③より，$y = -1$

$\therefore$ 点 ($\boxed{\text{(c)}}$) で極値をとる可能性がある。

次に，2階の偏導関数を求めると

$$f_{xx}(x, y) = 2x^{-3}, \quad f_{xy}(x, y) = -1, \quad f_{yy}(x, y) = 2y^{-3}$$

点 $(x, y) = (-1, -1)$ のとき

$A = f_{xx}(-1, -1) = \boxed{\text{(d)}}$，$B = f_{xy}(-1, -1) = -1$，

$C = f_{yy}(-1, -1) = \boxed{\text{(e)}}$　とおくと

$B^2 - AC = \boxed{\text{(f)}} < 0$ かつ $A = -2 < 0$

より，$z = f(x, y)$ は点 $(-1, -1)$ で極大値をとる。

$\therefore$ 極大値 $f(-1, -1) = (-1)^{-1} + (-1)^{-1} - (-1) \cdot (-1) = \boxed{\text{(g)}}$　……(答)

(a) $-x^{-2} - y$　(b) $-y^{-2} - x$　(c) $-1, -1$　(d) $2 \cdot (-1)^{-3} = -2$
(e) $2 \cdot (-1)^{-3} = -2$　(f) $(-1)^2 - (-2) \cdot (-2) = -3$　(g) -3

講義 LECTURE 18 重積分

　これまで，2変数関数 $z=f(x,y)$ の偏微分や全微分について詳しく勉強してきたので，いよいよ2変数関数の積分，すなわち重積分の解説に入るよ。これは体積計算と密接に関係しているんだ。積分計算のテクニックそのものは，1変数関数で勉強したものと変わらないけれど，x と y での2重の積分となるので，積分の順序や積分区間に工夫が必要になるんだよ。

●重積分もリーマン和で定義できる！

　1変数関数 $y=f(x)$ の積分の解説では，不定積分と定積分に分けて解説したね。でも，2変数関数 $z=f(x,y)$ の積分，すなわち重積分では，不定積分は考えないので，ある xy 平面上の領域 D に対する定積分だけを考えればいい。

　図18-1に，この $z=f(x,y)$ の重積分で求める体積のイメージを示す。また，xy 平面上の領域 D をおおう格子状の小さな長方形を ΔD_{ij} とおき，その面積を ΔS_{ij} とおくと，
$$\Delta S_{ij} = \Delta x_i \Delta y_j = (x_i - x_{i-1})(y_j - y_{j-1})$$
となる（図18-2参照）。

　この小領域 ΔD_{ij} 上の点 (x,y) に対する $z=f(x,y)$ の最大値を ΔM_{ij}，最

図18-1 ●重積分のイメージ

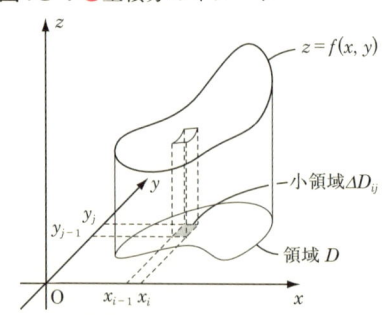

図18-2 ●領域 D と小領域 ΔD_{ij}

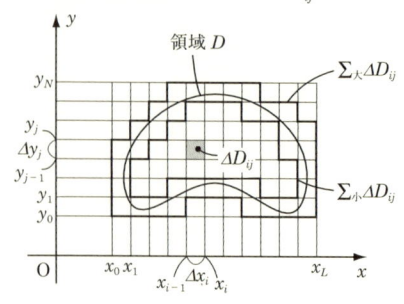

小値を m_{ij} とおく。また，領域 D に完全に含まれるすべての ΔD_{ij} の総和に記号 $\sum_{小}$ を用い，領域 D と共有点をもつすべての ΔD_{ij} の総和に記号 $\sum_{大}$ を用いることにする。さらに，小領域 ΔD_{ij} 上のある点を (t_{ij}, u_{ij}) とおくと，次式が成り立つことがわかるはずだ。

$$\sum_{小} m_{ij} \Delta S_{ij} < \underbrace{\sum_{小または大} f(t_{ij}, u_{ij}) \Delta S_{ij}}_{V_{LN}（リーマン和）} < \sum_{大} M_{ij} \Delta S_{ij} \quad \cdots\cdots ①$$

この中辺を $\sum_{小または大} f(t_{ij}, u_{ij}) \Delta S_{ij} = V_{LN}$ とおいて，これを"リーマン和"という。ここで，$\Delta x_1, \Delta x_2, \cdots, \Delta x_L$ と $\Delta y_1, \Delta y_2, \cdots, \Delta y_N$ の最大値を 0 に近づける，すなわち $(\Delta x_i$ の最大値 $|\Delta_1|) \to 0$，$(\Delta y_j$ の最大値 $|\Delta_2|) \to 0$ のとき，①の左右両辺が $\lim_{\substack{|\Delta_1| \to 0 \\ |\Delta_2| \to 0}} \sum_{小} m_{ij} \Delta S_{ij} = \lim_{\substack{|\Delta_1| \to 0 \\ |\Delta_2| \to 0}} \sum_{大} M_{ij} \Delta S_{ij} = V$ と，同じ V に収束するとき，はさみ打ちの原理より，V_{LN} も V に収束する。

この極限値 V を，2変数関数 $f(x, y)$ の領域 D における重積分（2重積分）と定義し，$\iint_D f(x, y) dx\,dy$ または $\iint_D f(x, y) dS$ で表す。以上をまとめて，下に示しておくよ。

領域 D 上での重積分の定義

xy 平面上の有界な領域 D において連続な2変数関数 $f(x, y)$ について（これは負でもかまわない。）

$$\lim_{\substack{|\Delta_1| \to 0 \\ |\Delta_2| \to 0}} \sum_{小または大} f(t_{ij}, u_{ij}) \Delta S_{ij} = V \text{（収束）} \quad \begin{pmatrix} |\Delta_1| : \Delta x_i \text{の最大値} \\ |\Delta_2| : \Delta y_j \text{の最大値} \end{pmatrix}$$

のとき，2重積分を次のように表して定義する。

$$\iint_D f(x, y) dx\,dy = V$$

$$\left[\text{または} \iint_D f(x, y) dS = V \quad (dS = dx \cdot dy) \right]$$

（これを，面積要素という。）

領域 D 上の任意の点 (x, y) に対して，$f(x, y) \geqq 0$ のとき，この重積分 $\iint_D f(x, y) dx dy$ は，図 18-1 に示したように，xy 平面上の領域 D と曲面 $z = f(x, y)$ とではさまれる立体の体積を表す。この体積を V とおいたとき，逆に，その体積を重積分と定義すると考えてもいい。すなわち，体積 $V = \iint_D f(x, y) dx$ となるんだね。

しかし，重積分の定義そのものは，$f(x, y) \leqq 0$ でもかまわない。この場合，重積分を行えば，ある負の体積も出てくる。

ところで，どのような 2 変数関数 $f(x, y)$ が重積分可能かというと，領域 D 上のすべての (x, y) に対して，連続かつ有界な関数であればいいんだよ。そして，もし $f(x, y)$ が有界ではあるが不連続な関数の場合や，領域 D そのものが有界でない場合には，1 変数関数のときと同様に，"広義積分" や "無限積分" を考えて，極限をとって計算していけばいいんだよ。

●重積分の性質を覚えよう！

それでは，重積分の性質について以下に示しておくよ。

重積分の性質 I

(1) $\iint_D k f(x, y) dx dy = k \iint_D f(x, y) dx dy$ 　（k：実数）

(2) $\iint_D \{k f(x, y) \pm l g(x, y)\} dx dy$

$= k \iint_D f(x, y) dx dy \pm l \iint_D g(x, y) dx dy$ 　（k, l：実数）

(3) 領域 D を D_1, D_2 に分割した場合

$\iint_D f(x, y) dx dy$

$= \iint_{D_1} f(x, y) dx dy + \iint_{D_2} f(x, y) dx dy$

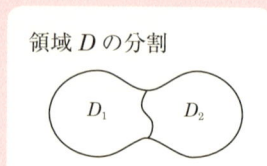

領域 D の分割

これらは，1変数関数の定積分の性質と同様なので，特に証明はいらないと思う。さらに，重積分の性質として，次の不等式も覚えておくといいんだよ。

重積分の性質II

(1) 領域 D 上のすべての点 (x, y) に対して，$f(x, y) \geqq g(x, y)$ ならば

$$\iint_D f(x, y) dx dy \geqq \iint_D g(x, y) dx dy$$

$$\left[特に，f(x, y) \geqq 0 \text{ ならば，} \iint_D f(x, y) dx dy \geqq 0 \right]$$

(2) $\quad \iint_D f(x, y) dx dy \leqq \left| \iint_D f(x, y) dx dy \right| \leqq \iint_D |f(x, y)| dx dy$

●累次積分で具体的に積分できる！

以上で重積分についての基本の説明が終わったので，いよいよ具体的な重積分の計算に入るよ。実際に重積分を行うには，"累次積分"という手法を使う。これは，x と y の変数に順序をつけて積分するもので，次の2通りがある。

（i）まず y で積分したあとで，x で積分する。
（ii）まず x で積分したあとで，y で積分する。
この累次積分の公式を以下に示す。

累次積分

（I） $D = \{(x, y) \mid a \leqq x \leqq b,\ g_1(x) \leqq y \leqq g_2(x)\}$ のとき

$$\iint_D f(x, y) dx dy = \underline{\int_a^b \left\{ \int_{g_1(x)}^{g_2(x)} f(x, y) dy \right\} dx}$$

（まず y で積分したあとで，x で積分する！）

（II） $D = \{(x, y) \mid c \leqq y \leqq d,\ h_1(y) \leqq x \leqq h_2(y)\}$ のとき

$$\iint_D f(x, y) dx dy = \int_c^d \left\{ \int_{h_1(y)}^{h_2(y)} f(x, y) dx \right\} dy$$

（まず x で積分したあとで，y で積分する！）

エッ? 難しいって? いいよ，わかりやすく解説するからね。まず，重積分 (2 重積分) が体積計算と密接に関係していることは既に話したね。そして，体積計算であれば，高校で勉強して知っている人もいるよね。

図 18-3 に示すようなある立体の体積 V を求めたかったら，まず，軸 (x 軸) を設定して，立体の存在する範囲 $a \leq x \leq b$ をおさえる。

図18-3 ●断面積 $S(x)$ の積分による体積計算

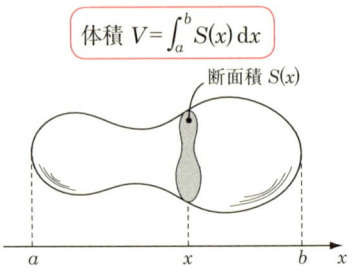

体積 $V = \int_a^b S(x)\,dx$

次に，この x 軸に垂直な平面で切ったときの切り口の断面積を x の関数 $S(x)$ で表すことができれば，これを積分区間 $[a, b]$ で積分して体積 V を求められるんだったね。すなわち，

$$体積\ V = \int_a^b S(x)\,dx$$

となる。

図18-4 ●累次積分 (I)

累次積分 (I) も，上の説明とまったく同じなんだよ。図 18-4 のような領域 D が与えられたとき，まず，$f(x, y)$ の x を固定して (定数と考えて)，y で積分区間 $[g_1(x), g_2(x)]$ で積分して，断面積 $S(x)$ を

$$S(x) = \int_{g_1(x)}^{g_2(x)} f(x, y)\,dy$$

で求める。（コレは，x の関数となる!）

これをさらに，x で積分区間 $[a, b]$ で積分すれば，重積分の値，すなわち体積 V が計算できるんだね。すなわち，

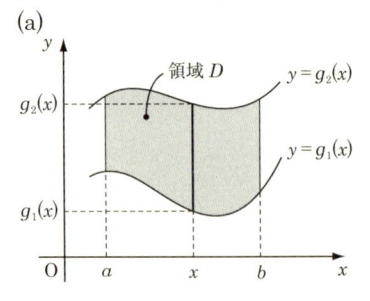

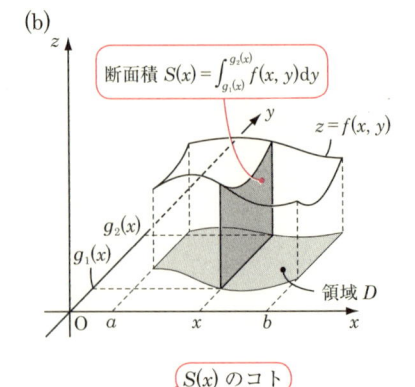

$$V = \iint_D f(x, y)\,dx\,dy = \int_a^b \left\{ \int_{g_1(x)}^{g_2(x)} f(x, y)\,dy \right\} dx$$

となる。

累次積分（Ⅱ）についても，図18-5にそのイメージを示す。求める立体を y 軸に垂直な平面で切った切り口の断面積を $S(y)$ とおくと，

$$S(y) = \int_{h_1(y)}^{h_2(y)} f(x, y) dx$$

となる。

これをさらに，積分区間 $[c, d]$ で y について積分したものが，累次積分（Ⅱ），すなわち求める立体の体積 V だったんだ。

$$V = \iint_D f(x, y) \, dx \, dy$$

$$= \int_c^d \left\{ \int_{h_1(y)}^{h_2(y)} f(x, y) dx \right\} dy$$

（まず x で積分したあとで，y で積分するパターン）

図18-5 ●累次積分（Ⅱ）

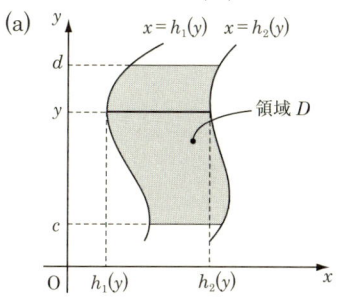

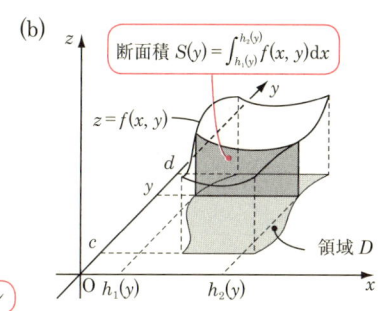

それでは，この累次積分を使って，実際に重積分の計算をしてみよう。

領域 $D = \{(x, y) \mid 0 \leq x \leq 1, 0 \leq y \leq x\}$ のとき，$f(x, y) = x + 2y$ の重積分 $\iint_D f(x, y) \, dx \, dy$ を（Ⅰ）（Ⅱ）の方法で求めてみよう。

（Ⅰ）図18-6より x 軸に垂直な平面で切った立体の切り口の断面積 $S(x)$ は，

$$S(x) = \int_0^x (x + 2y) \, dy \quad \text{（定数扱い）（y で積分）}$$

$$= \left[xy + y^2 \right]_0^x = 2x^2$$

∴ 求める重積分 V は

$$V = \iint_D f(x, y) dx \, dy$$

$$= \int_0^1 \left\{ \int_0^x (x + 2y) dy \right\} dx \quad \text{（$S(x) = 2x^2$）（累次積分）}$$

$$= \int_0^1 2x^2 \, dx = \frac{2}{3} \left[x^3 \right]_0^1 = \frac{2}{3} \quad \cdots\cdots\text{（答）}$$

図18-6 ●累次積分

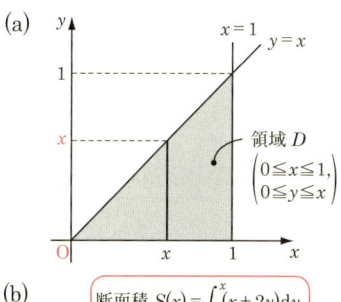

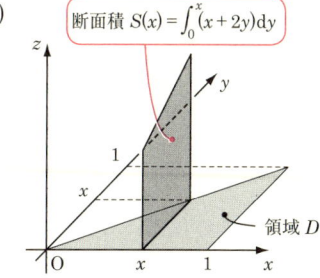

講義18 ●重積分

（Ⅱ）始めに x で積分する形の累次積分では，積分区間が $[y, 1]$ になることに注意してくれ。今回は，図 18-7 を見ながら，アッサリ解くよ。

図18-7● 累次積分

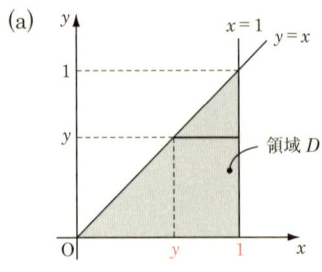

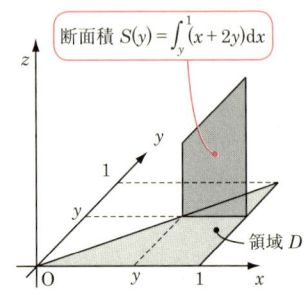

(a) [図: 領域 D、$x=1$、$y=x$ の直線で囲まれた領域]

$\iint_D f(x, y) \, dx \, dy$

$= \int_0^1 \left\{ \underbrace{\int_y^1 (x + 2\underbrace{y}_{\text{定数扱い}}) \, dx}_{S(y)} \right\} dy$

まず x で積分したあとで，y で積分する！

$= \int_0^1 \left[\frac{1}{2}x^2 + 2yx \right]_y^1 dy$

$\frac{1}{2} + 2y - \frac{1}{2}y^2 - 2y^2 = -\frac{5}{2}y^2 + 2y + \frac{1}{2}$

(b) [図: 3次元 断面積 $S(y) = \int_y^1 (x + 2y) dx$、領域 D]

$= \int_0^1 \left(-\frac{5}{2}y^2 + 2y + \frac{1}{2} \right) dy$

$= \left[-\frac{5}{6}y^3 + y^2 + \frac{1}{2}y \right]_0^1 = -\frac{5}{6} + 1 + \frac{1}{2} = \frac{2}{3}$ ……(答)

どう？（Ⅰ），（Ⅱ）で同じ結果が出てきたけど，（Ⅰ）の方が計算は楽だったね。それでは，より本格的な重積分の計算をやっておこう。

領域 $D = \{(x, y) \mid 0 \le x, 0 \le y, x^2 + y^2 \le 1\}$ のとき，$f(x, y) = x^2 + y^2$ の重積分 $\iint_D f(x, y) \, dx \, dy$ を求める。

図 18-8 に示すように，（Ⅰ）の形の累次積分の公式を使うと，

図18-8● 累次積分

(a) [図: 領域 D、$x^2+y^2=1$、$y=\sqrt{1-x^2}$]

$\iint_D f(x, y) \, dx \, dy$

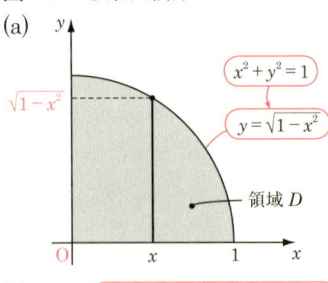

$= \int_0^1 \left\{ \int_0^{\sqrt{1-x^2}} (\underbrace{x^2}_{\text{定数扱い}} + y^2) \, dy \right\} dx$

y で積分したあとで，x で積分

$= \int_0^1 \left[x^2 y + \frac{1}{3}y^3 \right]_0^{\sqrt{1-x^2}} dx$

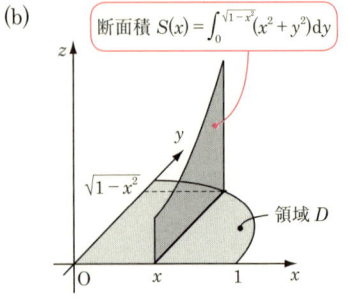

(b) [図: 3次元 断面積 $S(x) = \int_0^{\sqrt{1-x^2}}(x^2+y^2)dy$、領域 D]

188

$$= \int_0^1 \left\{ x^2\sqrt{1-x^2} + \frac{1}{3}(1-x^2)\sqrt{1-x^2} \right\} dx$$

$$= \frac{1}{3}\int_0^1 (3x^2 + 1 - x^2) \cdot \sqrt{1-x^2}\, dx$$

$$= \frac{1}{3}\int_0^1 (2x^2 + 1) \cdot \sqrt{1-x^2}\, dx$$

> $\int \sqrt{a^2 - x^2}\, dx$ などの積分では $x = a\sin\theta$ と置換する！

ここで，$x = \sin\theta$ とおくと

$$\begin{cases} x : 0 \to 1 \text{ のとき} \\ \theta : 0 \to \dfrac{\pi}{2} \end{cases}$$

また，$dx = \cos\theta\, d\theta$

以上より，

$$\iint_D f(x,y)\,dx\,dy = \frac{1}{3}\int_0^{\frac{\pi}{2}} (2\sin^2\theta + 1) \cdot \sqrt{1-\sin^2\theta} \cdot \cos\theta\, d\theta$$

> $\sqrt{\cos^2\theta} = |\cos\theta| = \cos\theta$
> $\left(\because 0 \leq \theta \leq \dfrac{\pi}{2}\right)$

$(1 - \cos^2\theta)$

$$= \frac{1}{3}\int_0^{\frac{\pi}{2}} (2\,\boxed{\sin^2\theta} + 1) \cdot \cos^2\theta\, d\theta$$

$$= \frac{1}{3}\int_0^{\frac{\pi}{2}} (3\cos^2\theta - 2\cos^4\theta)\, d\theta$$

$I_4 = \dfrac{3}{4}\cdot\dfrac{1}{2}\cdot I_0 = \dfrac{3}{4}\cdot\dfrac{1}{2}\cdot\dfrac{\pi}{2}$

$$= \boxed{\int_0^{\frac{\pi}{2}} \cos^2\theta\, d\theta} - \frac{2}{3}\boxed{\int_0^{\frac{\pi}{2}} \cos^4\theta\, d\theta}$$

$I_2 = \dfrac{1}{2}\cdot I_0 = \dfrac{1}{2}\cdot\dfrac{\pi}{2}$

> 積分公式：
> $I_n = \int_0^{\frac{\pi}{2}} \cos^n x\, dx$ のとき
> $I_n = \dfrac{n-1}{n} I_{n-2}$ $(n = 2, 3, \cdots)$
> を使った。
> また，
> $I_0 = \int_0^{\frac{\pi}{2}} 1\, dx = [x]_0^{\frac{\pi}{2}} = \dfrac{\pi}{2}$ だね。

$$= \frac{\pi}{4} - \frac{2}{\cancel{3}}\cdot\frac{\cancel{3}}{4}\cdot\frac{\pi}{4}$$

$$= \frac{\pi}{4} - \frac{\pi}{8}$$

$$= \frac{\pi}{8} \quad \cdots\cdots(\text{答})$$

　かなり複雑な重積分だったね。でも，これは積分変数をウマク変換すると，アッサリ解けるんだ。それについては次の講義で詳しく解説するよ。

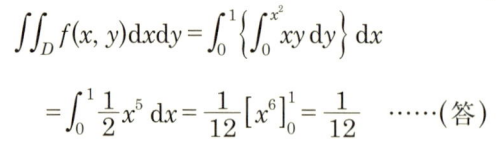

演習問題 18-1

領域 $D=\{(x, y) \mid 0\leq x\leq 1,\ 0\leq y\leq x^2\}$ のとき $f(x, y)=xy$ の重積分 $\iint_D f(x, y)\,dxdy$ を，$\int\left\{\int f(x, y)dy\right\}dx$ の形の累次積分で求めよ。

ヒント！

累次積分では，始めに行う積分の積分区間を正確に求めることがポイントになる。今回は，領域 D を描き，x を固定したときの y の取り得る範囲がこの積分区間だ。

解答 & 解説

始めに y で積分するときの積分区間は $[0, x^2]$ より，この立体を x 軸に垂直な平面で切ったときの切り口の断面積 $S(x)$ は，

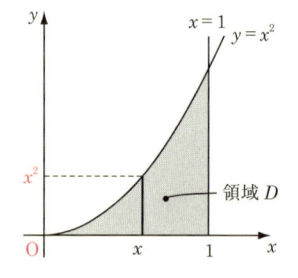

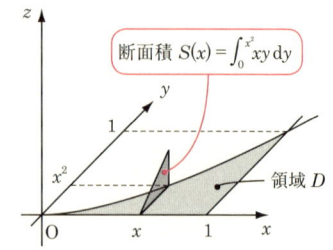

$$S(x)=\int_0^{x^2} xy\,dy \quad \text{（定数扱い）}$$

$$=\left[\frac{1}{2}x\cdot y^2\right]_0^{x^2}$$

$$=\frac{1}{2}x^5$$

以上より，求める立体の体積，すなわち重積分の値は

$$\iint_D f(x, y)dxdy=\int_0^1\left\{\int_0^{x^2} xy\,dy\right\}dx$$

$$=\int_0^1 \frac{1}{2}x^5\,dx=\frac{1}{12}\left[x^6\right]_0^1=\frac{1}{12} \quad \cdots\cdots\text{(答)}$$

> **実習問題 18-1**
>
> 領域 $D=\{(x, y) \mid 0 \leq y \leq 1, \sqrt{y} \leq x \leq 1\}$ のとき，$f(x, y)=xy$ の重積分 $\iint_D f(x, y)\,dx\,dy$ を，$\int\left\{\int f(x, y)\,dx\right\}dy$ の形の累次積分で求めよ。

ヒント! 領域 D の表し方を変えただけで，前問と同じ問題だ。まず x で先に積分して，y で積分する形にもちこむんだよ。

解答 & 解説

始めに，x で積分するときの積分区間は (a) より，この立体を y 軸に垂直な平面で切ったときの切り口の断面積 $S(y)$ は

$$S(y) = \int_{\sqrt{y}}^{1} xy\,dx$$

$$= \left[y \cdot \frac{1}{2}x^2\right]_{\sqrt{y}}^{1} = \boxed{(b)}$$

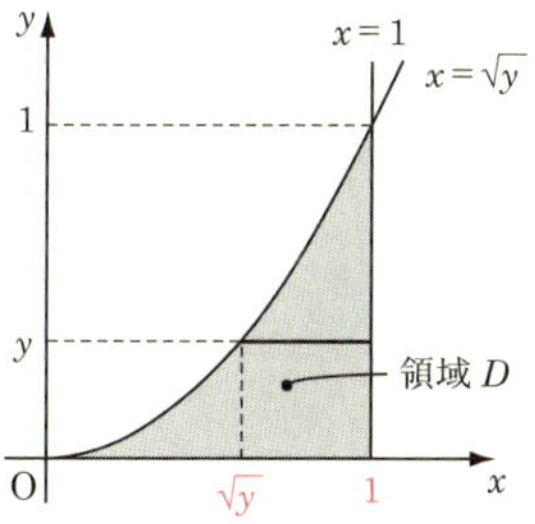

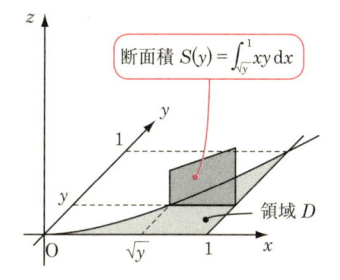

以上より，求める立体の体積，すなわち重積分の値は，

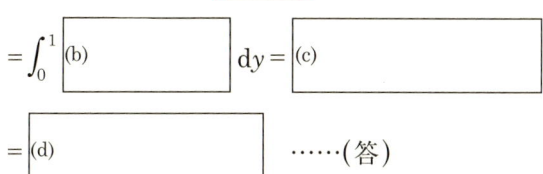

$$\iint_D f(x, y)\,dx\,dy = \int_0^1 \underbrace{\left\{\int_{\sqrt{y}}^{1} xy\,dx\right\}}_{S(y)} dy$$

$$= \int_0^1 \boxed{(b)}\,dy = \boxed{(c)}$$

$$= \boxed{(d)} \quad \cdots\cdots(答)$$

(a) $[\sqrt{y},\ 1]$ (b) $\dfrac{1}{2}(y-y^2)$ (c) $\dfrac{1}{2}\left[\dfrac{1}{2}y^2 - \dfrac{1}{3}y^3\right]_0^1$ (d) $\dfrac{1}{2}\left(\dfrac{1}{2}-\dfrac{1}{3}\right) = \dfrac{1}{12}$

演習問題 18-2

領域 $D = \{(x, y) \mid 0 \leq y \leq 1,\ 0 \leq x \leq y\}$ のとき，$f(x, y) = x\sqrt{1-y^3}$ の重積分 $\iint_D f(x, y)\,dx\,dy$ を求めよ。

ヒント！ xy 平面上に領域 D を描いて，どのように累次積分にもちこむかを考えるといい。積分区間に要注意だ。

解答 & 解説

領域 D を右図に示す。

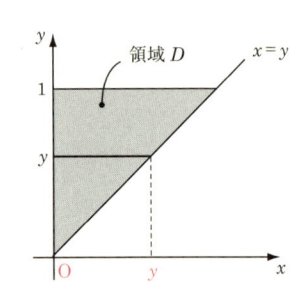

これから，領域 D における $f(x, y) = x\sqrt{1-y^3}$ の重積分は，

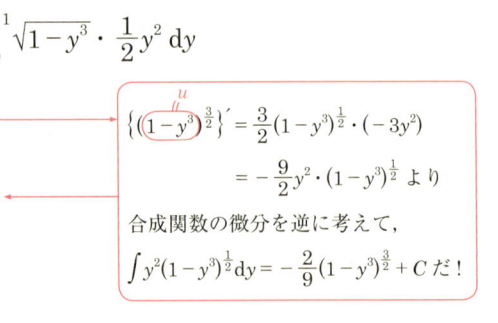

$$\iint_D f(x, y)\,dx\,dy$$

（まず，定数扱い）

$$= \int_0^1 \left\{ \int_0^y x\sqrt{1-y^3}\,dx \right\} dy$$

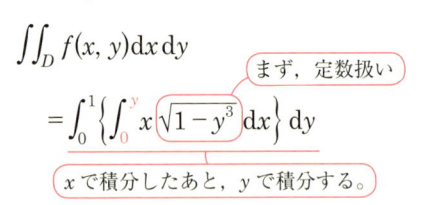

（x で積分したあと，y で積分する。）

$$= \int_0^1 \sqrt{1-y^3}\left[\frac{1}{2}x^2\right]_0^y dy = \int_0^1 \sqrt{1-y^3} \cdot \frac{1}{2}y^2\,dy$$

$$= \frac{1}{2}\int_0^1 y^2 \cdot (1-y^3)^{\frac{1}{2}}\,dy$$

$$= \frac{1}{2}\left(-\frac{2}{9}\right) \cdot \left[(1-y^3)^{\frac{3}{2}}\right]_0^1$$

$$= -\frac{1}{9}(0-1)$$

$$= \frac{1}{9} \quad \cdots\cdots(答)$$

$\left\{(1-y^3)^{\frac{3}{2}}\right\}' = \frac{3}{2}(1-y^3)^{\frac{1}{2}} \cdot (-3y^2)$
$= -\frac{9}{2}y^2 \cdot (1-y^3)^{\frac{1}{2}}$ より

合成関数の微分を逆に考えて，
$\int y^2 (1-y^3)^{\frac{1}{2}}\,dy = -\frac{2}{9}(1-y^3)^{\frac{3}{2}} + C$ だ！

> **実習問題 18-2**
>
> 領域 $D = \{(x, y) \mid 0 \leq x \leq \frac{\pi}{2},\ 0 \leq y \leq \frac{\pi}{2} - x\}$ のとき, $f(x, y) = \sin(x+y)$ の重積分 $\iint_D f(x, y) \, dx \, dy$ を求めよ。

> **ヒント!** 今回も, まず領域 D を xy 平面上に描いて, 重積分を累次積分の形にして計算すればいいんだね。

解答 & 解説

領域 D を右図に示す。

これから, 領域 D における $f(x, y) = \sin(x+y)$ の重積分は,

$\iint_D f(x, y) \, dx \, dy$

$= \int_0^{\boxed{(a)}} \left\{ \int_0^{\boxed{(b)}} \sin(x+y) \, dy \right\} dx$

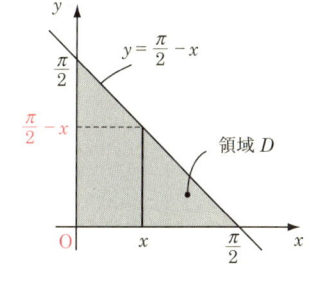

（まず, 定数扱い）
（y で積分したあとで, x で積分する。）

$= \int_0^{\boxed{(a)}} \left[-\cos(x+y) \right]_0^{\boxed{(b)}} dx = \int_0^{\boxed{(a)}} \left(-\cos\frac{\pi}{2} + \cos x \right) dx$

$= \int_0^{\boxed{(a)}} \cos x \, dx = \left[\boxed{(c)} \right]_0^{\boxed{(a)}} = \boxed{(d)}$ ……(答)

> これは, $\iint_D f(x, y) \, dx \, dy = \int_0^{\frac{\pi}{2}} \left\{ \int_0^{\frac{\pi}{2}-y} \sin(x+y) \, dx \right\} dy$ として解いても同様の結果が得られる。

....

(a) $\dfrac{\pi}{2}$　(b) $\dfrac{\pi}{2} - x$　(c) $\sin x$　(d) 1

演習問題 18-3

領域 $D = \{(x, y) \mid x^2 - 2x + y^2 \leq 0\}$ のとき，$f(x, y) = \sqrt{x}\, y^2$ の重積分 $\iint_D f(x, y)\, dx\, dy$ を求めよ。

ヒント! 今回も，重積分を累次積分にもちこんで解く問題だけど，計算は少しメンドウだよ。頑張れ！

解答 & 解説

領域 D : $(x^2 - 2x + 1) + y^2 \leq 1$

$(x-1)^2 + y^2 \leq 1$

$\left(\begin{array}{l} \text{ここで，} x^2 - 2x + y^2 = 0 \\ \quad y^2 = -x^2 + 2x \\ \therefore \quad y = \pm\sqrt{2x - x^2} \end{array} \right)$

領域 D における関数 $f(x, y) = \sqrt{x}\, y^2$ の重積分は，

$$\iint_D \sqrt{x}\, y^2\, dx\, dy = \int_0^2 \left\{ \int_{-\sqrt{2x-x^2}}^{\sqrt{2x-x^2}} \sqrt{x}\, y^2\, dy \right\} dx$$

（まず，定数扱い／累次積分／y で積分したあと，x で積分する！）

$= \int_0^2 \sqrt{x} \left[\dfrac{1}{3} y^3 \right]_{-\sqrt{2x-x^2}}^{\sqrt{2x-x^2}} dx$

$= \dfrac{1}{3} \int_0^2 \sqrt{x} \left\{ \left(\sqrt{2x - x^2}\right)^3 - \left(-\sqrt{2x - x^2}\right)^3 \right\} dx$

$= \dfrac{1}{3} \int_0^2 \sqrt{x} \cdot 2(2x - x^2) \cdot \sqrt{2x - x^2}\, dx$

（$\sqrt{x} \cdot \sqrt{2-x}$）

$= \dfrac{2}{3} \int_0^2 x \cdot (2x - x^2) \cdot \sqrt{2-x}\, dx$

$= \dfrac{2}{3} \int_0^2 x^2 (2 - x) \cdot \sqrt{2-x}\, dx$

（t とおく。）

ここで，$2-x=t$ とおくと，$[x=2-t]$

$$\begin{cases} x: 0 \to 2 \\ t: 2 \to 0 \end{cases}$$

$-dx = dt$ より $dx = (-1)dt$

以上より，

$$\text{与式} = \frac{2}{3}\int_2^0 (2-t)^2 \cdot t \cdot \sqrt{t}(-1)\,dt$$

$$= \frac{2}{3}\int_0^2 (4-4t+t^2) \cdot t^{\frac{3}{2}}\,dt$$

$$= \frac{2}{3}\int_0^2 \left(4t^{\frac{3}{2}} - 4t^{\frac{5}{2}} + t^{\frac{7}{2}}\right)dt$$

$$= \frac{2}{3}\left[\frac{8}{5}t^{\frac{5}{2}} - \frac{8}{7}t^{\frac{7}{2}} + \frac{2}{9}t^{\frac{9}{2}}\right]_0^2$$

$$= \frac{2}{3}\left(\frac{8}{5} \cdot 4\sqrt{2} - \frac{8}{7} \cdot 8\sqrt{2} + \frac{2}{9} \cdot 16\sqrt{2}\right)$$

$$= \frac{2}{3} \cdot 32\sqrt{2}\left(\frac{1}{5} - \frac{2}{7} + \frac{1}{9}\right)$$

$$= \frac{64\sqrt{2}}{3} \cdot \frac{63 - 90 + 35}{5 \times 7 \times 9}$$

$$= \frac{64\sqrt{2}}{3} \cdot \frac{8}{315}$$

$$= \frac{512\sqrt{2}}{945} \quad \cdots\cdots(答)$$

講義 LECTURE 19 重積分と変数変換

　前回は，重積分のさまざまな問題を解いたね。実際に計算をしていく上で，かなりメンドウなものもあった。しかし，2変数関数の独立変数 x と y を別の変数で変換することにより，重積分の計算が非常に楽になる場合もあるんだ。今回は，この重積分の変数変換について，詳しく解説するよ。さァ，いよいよ最後の講義だ。頑張れ！

● 極座標による変数変換！

　2変数関数 $f(x, y)$ の重積分 $\iint_D f(x, y) \, dx \, dy$ の変数変換として，よく使われるのは極座標（円筒座標）による変換なので，これについてまず解説するよ。極座標の変換公式は，

$$\begin{cases} x = r \cos \theta \\ y = r \sin \theta \end{cases}$$

なので，変数 (x, y) を変数 (r, θ) に変換することになる。ここで，重積分 $\iint_D f(x, y) \, dx \, dy$ の被積分関数 $f(x, y)$ を $f(r \cos \theta, r \sin \theta)$ と書き換えたとき，面積要素 $dS = dx \, dy$ がどのようになるかを，図19-1(b)に示す。

　これは，2つの非常に細い扇形の面積の差として表すことができる。これを近似的に，たて dr，横 $r \cdot d\theta$ の長方形と見ることができる。よって，このときの面積要素 dS は $dS = r \cdot dr \, d\theta$ となる。

図19-1 ● 面積要素
(a) xy 平面：$dS = dx \, dy$

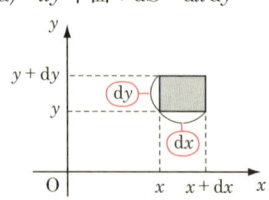

(b) 極座標平面：$dS = r \cdot dr \, d\theta$

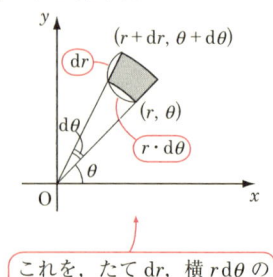

これを，たて dr，横 $r \, d\theta$ の微小な長方形と見る！

以上より，与えられた xy 座標での重積分は，極座標では，次のように書き換えられる。

> ### 重積分の極座標変換
>
> $x = r\cos\theta$，$y = r\sin\theta$ $(r \geq 0)$ の座標変換により，重積分は次のように変形できる。
>
> $$\iint_D f(x, y)\,dx\,dy = \iint_{D'} f(r\cos\theta, r\sin\theta)\, r\, dr\, d\theta$$
>
> (D'：極座標上の重積分の領域)

前回の講義で，重積分の例として，領域 $D = \{(x, y) \mid 0 \leq x,\ 0 \leq y,\ x^2 + y^2 \leq 1\}$ のとき，$f(x, y) = x^2 + y^2$ の重積分 $\iint_D f(x, y)\,dx\,dy$ を求めたけれど，この計算が意外とメンドウだったはずだ。

これを極座標で重積分しなおしてみると，$x = r\cos\theta$，$y = r\sin\theta$ より

$$f(x, y) = f(r\cos\theta, r\sin\theta)$$
$$= r^2\cos^2\theta + r^2\sin^2\theta = r^2$$

また，領域 D' は，

$$D': 0 \leq r \leq 1,\quad 0 \leq \theta \leq \frac{\pi}{2}$$

となる。

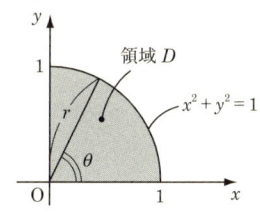

図19-2
(a) 領域 D

(b) 領域 D'

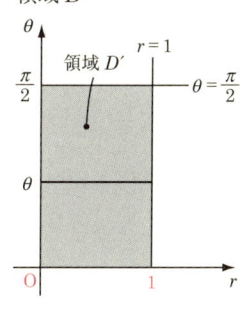

以上より，求める重積分は，

$$\iint_D f(x, y)\,dx\,dy$$

$$= \iint_{D'} \underbrace{f(r\cos\theta, r\sin\theta)}_{r^2}\underbrace{r\,dr\,d\theta}_{dS}$$

$$= \int_0^{\frac{\pi}{2}} \left(\int_0^1 r^2 \cdot r\,dr\right) d\theta = \int_0^{\frac{\pi}{2}} \left(\int_0^1 r^3\,dr\right) d\theta$$

$$= \int_0^{\frac{\pi}{2}} \left[\frac{1}{4}r^4\right]_0^1 d\theta = \frac{1}{4}\int_0^{\frac{\pi}{2}} 1\,d\theta = \frac{1}{4}\left[\theta\right]_0^{\frac{\pi}{2}} = \frac{1}{4} \cdot \frac{\pi}{2} = \frac{\pi}{8}$$

とアッサリ同じ結果が求まってしまうんだね。

次の例題は少しレベルが高いけど，極座標による重積分の重要問題としてよく試験に出るので，解説しておくよ。その重要問題とは，1変数関数の積分 $\int_{-\infty}^{\infty} e^{-x^2} dx$ ……① を求めるものなんだ。もちろん，これは無限積分として $\lim_{c \to \infty} \int_{-c}^{c} e^{-x^2} dx$ と表してもいい。いずれにせよ，この①の積分は，次のように，重積分の極座標変換から求めることができるんだよ。

まず，領域 $D = \{(x, y) \mid x^2 + y^2 \leq a^2 \ (a > 0)\}$ における，$f(x, y) = e^{-x^2 - y^2}$ の重積分 $\iint_D f(x, y) dx dy$ を求める。

$$\iint_D f(x, y) dx dy = \iint_D e^{-(x^2 + y^2)} dx dy \quad \cdots\cdots ②$$

これを，$x = r\cos\theta$, $y = r\sin\theta$ を使って，r と θ の積分に変換すると，その領域 D' は，$0 \leq r \leq a$, $0 \leq \theta \leq 2\pi$, また，$x^2 + y^2 = r^2$, $dx dy = r dr d\theta$ となる。よって

$(e^{-r^2})' = -2r \cdot e^{-r^2}$ から，積分がわかる！

$$\iint_D e^{-\underbrace{(x^2+y^2)}_{r^2}} \underbrace{dx dy}_{r dr d\theta} = \int_0^{2\pi} \left\{ \int_0^a e^{-r^2} \cdot r dr \right\} d\theta$$

θ から見たら，定数

$$= \int_0^{2\pi} \left[-\frac{1}{2} e^{-r^2} \right]_0^a d\theta = \int_0^{2\pi} \boxed{\frac{1}{2}\left(1 - e^{-a^2}\right)} d\theta$$

$$= \frac{1}{2}\left(1 - e^{-a^2}\right) [\theta]_0^{2\pi} = \frac{1}{2}\left(1 - e^{-a^2}\right) \cdot 2\pi$$

$$= \pi\left(1 - e^{-a^2}\right) \quad \cdots\cdots ③ \quad \text{となる。}$$

ここで，x, y の積分区間を $-\infty < x < \infty$，$-\infty < y < \infty$ とすることは $a \to \infty$ にすることに対応する。よって，②，③ より，

$$\int_{-\infty}^{\infty}\int_{-\infty}^{\infty} e^{-x^2-y^2} dx dy = \lim_{a \to \infty} \pi\left(1 - \underbrace{e^{-a^2}}_{0}\right) = \pi \quad \text{となる。}$$

> この積分は，$\int_{-\infty}^{\infty} e^{-x^2} dx \cdot \int_{-\infty}^{\infty} e^{-y^2} dy$ と変形できる。
> ここで，明らかに $\int_{-\infty}^{\infty} e^{-y^2} dy = \int_{-\infty}^{\infty} e^{-x^2} dx$ ← 文字は何でもいい！
> よって，この式は $\left(\int_{-\infty}^{\infty} e^{-x^2} dx\right)^2$ と変化できる。

よって，$\left(\int_{-\infty}^{\infty} e^{-x^2} dx\right)^2 = \pi$ より，

∴ $\int_{-\infty}^{\infty} e^{-x^2} dx = \sqrt{\pi}$ が導けた！ $\left(\because \int_{-\infty}^{\infty} e^{-x^2} dx > 0\right)$

この積分は，実は統計学の正規分布の基礎となる重要な積分なんだ。ぜひマスターしてくれ。

●一般の変数変換に挑戦だ！

ある領域 D における重積分 $\iint_D f(x, y) dx dy$ の変数 x, y がそれぞれ $x = g(u, v)$，$y = h(u, v)$ の形で表されるとき，この重積分を u, v での重積分に変換する一般的な公式を導いてみよう。ただし，ここでは，行列と1次変換など，線形代数の知識がいるので，この知識のない人は，結果だけを覚えてくれたらいいんだよ。

被積分関数 $f(x, y)$ は，$f(g(u, v), h(u, v))$ となるだけなので，今回のポイントは，面積要素 $dS = dx dy$ が du と dv を使ってどのように表現されるかなんだね。

ここで，x も y も u と v の2変数関数なので，全微分 dx, dy は次のように表される。

$$\begin{cases} dx = \dfrac{\partial x}{\partial u} du + \dfrac{\partial x}{\partial v} dv \\ dy = \dfrac{\partial y}{\partial u} du + \dfrac{\partial y}{\partial v} dv \end{cases} \quad \cdots\cdots ①$$

ここで，$(dx, dy) = (X, Y)$，$(du, dv) = (U, V)$，そして $\dfrac{\partial x}{\partial u} = a$, $\dfrac{\partial x}{\partial v} = b$, $\dfrac{\partial y}{\partial u} = c$, $\dfrac{\partial y}{\partial v} = d$ とおくと①は

$$\begin{cases} X = aU + bV \\ Y = cU + dV \end{cases}$$ となる。これを変形して，

$$\begin{pmatrix} X \\ Y \end{pmatrix} = \begin{pmatrix} a & b \\ c & d \end{pmatrix} \begin{pmatrix} U \\ V \end{pmatrix} \quad \cdots\cdots ②$$

> コレが，(U, V) から (X, Y) への1次変換の式だ！

ここで，図 19-3 に示すような UV 座標平面上で面積 $U \cdot V$ の領域が，XY 平面上のどんな領域に写されるかを調べてみよう。

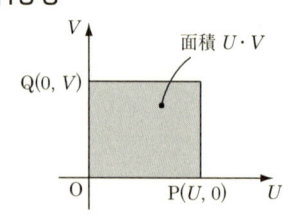

図 19-4(a) の $\overrightarrow{OP} = (U, 0)$ が，1 次変換によって，(b) の XY 平面上の $\overrightarrow{OP'} = (X_1, Y_1)$ に写ったとすると，②より

$$\begin{pmatrix} X_1 \\ Y_1 \end{pmatrix} = \begin{pmatrix} a & b \\ c & d \end{pmatrix} \begin{pmatrix} U \\ 0 \end{pmatrix} = \begin{pmatrix} aU \\ cU \end{pmatrix} \quad \cdots\cdots ③$$

同様に，$\overrightarrow{OQ} = (0, V)$ が，(b) の $\overrightarrow{OQ'} = (X_2, Y_2)$ に写ったとすると，

$$\begin{pmatrix} X_2 \\ Y_2 \end{pmatrix} = \begin{pmatrix} a & b \\ c & d \end{pmatrix} \begin{pmatrix} 0 \\ V \end{pmatrix} = \begin{pmatrix} bV \\ dV \end{pmatrix} \quad \cdots\cdots ④$$

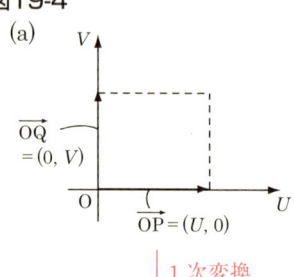

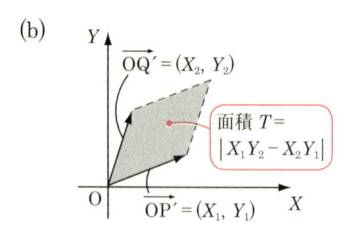

よって，図 19-3 の UV 平面上の面積 $U \cdot V$ の領域は，図 19-4(b) の XY 平面上の面積 $T = |\underbrace{X_1}_{aU} \underbrace{Y_2}_{dV} - \underbrace{X_2}_{bV} \underbrace{Y_1}_{cU}|$ の領域に写される。したがって，この領域の面積 T が，XY 平面における面積要素 $dS = dx\,dy$ になる。③，④より

$$T = |aU \cdot dV - bV \cdot cU| = |ad - bc|UV$$

コレは，行列 $A = \begin{pmatrix} a & b \\ c & d \end{pmatrix}$ の行列式 $\det A$ と呼ばれるもので，$\begin{vmatrix} a & b \\ c & d \end{vmatrix}$ とも書く。

また，UV 平面における面積要素は $U \cdot V = du\,dv$ で，行列式 $\det A$ は

$$\begin{vmatrix} a & b \\ c & d \end{vmatrix} = \begin{vmatrix} \dfrac{\partial x}{\partial u} & \dfrac{\partial x}{\partial v} \\ \dfrac{\partial y}{\partial u} & \dfrac{\partial y}{\partial v} \end{vmatrix} = \dfrac{\partial x}{\partial u} \cdot \dfrac{\partial y}{\partial v} - \dfrac{\partial x}{\partial v} \cdot \dfrac{\partial y}{\partial u}$$

と表される。

以上より，$dS = \left| dx\,dy = \left| \dfrac{\partial x}{\partial u} \cdot \dfrac{\partial y}{\partial v} - \dfrac{\partial x}{\partial v} \cdot \dfrac{\partial y}{\partial u} \right| du\,dv \right.$ が導ける。

ここで，この絶対値の中身を $J = \begin{vmatrix} \dfrac{\partial x}{\partial u} & \dfrac{\partial x}{\partial v} \\ \dfrac{\partial y}{\partial u} & \dfrac{\partial y}{\partial v} \end{vmatrix}$ と書いて，"ヤコビアン"

または"ヤコビの行列式"と呼ぶ。これから，面積要素 dS は，$dS = dx\,dy = |J|du\,dv$ と表されるんだ。

以上より，2 変数関数 $f(x, y)$ の重積分は，次のように u, v で変数変換を行うことができる。

重積分の変数変換

$x = g(u, v)$，$y = h(u, v)$ と表されるとき，

$$\iint_D f(x, y)\underbrace{dx\,dy}_{dS} = \iint_{D'} f(g(u, v), h(u, v))\underbrace{|J|du\,dv}_{dS}$$

(D'：uv 座標平面上での領域，J：ヤコビアン)

実際に極座標への変換にこの公式を使ってみると，$x = g(r, \theta) = r\cos\theta$，$y = h(r, \theta) = r\sin\theta$ より ← 今回は u, v が r, θ だね。

$$\dfrac{\partial x}{\partial r} = \cos\theta, \quad \dfrac{\partial x}{\partial \theta} = -r\sin\theta, \quad \dfrac{\partial y}{\partial r} = \sin\theta, \quad \dfrac{\partial y}{\partial \theta} = r\cos\theta$$

よって，ヤコビアン $J = \begin{vmatrix} \cos\theta & -r\sin\theta \\ \sin\theta & r\cos\theta \end{vmatrix} = r\cos^2\theta + r\sin^2\theta = r \;(\geqq 0)$

$\therefore \iint_D f(x, y)dx\,dy = \iint_{D'} f(r\cos\theta, r\sin\theta)\underbrace{r}_{|J|のコト} \cdot dr\,d\theta$

と，前に近似的に導いた公式と同じ式が出てくるんだね。

演習問題 19-1

領域 $D=\{(x, y) \mid 1 \leq x^2+y^2 \leq e^2\}$ のとき, $f(x, y)=\ln(x^2+y^2)$ の重積分 $\iint_D f(x, y)\,dx\,dy$ を $x=e^u\cos v$, $y=e^u\sin v$ と変換することにより求めよ。

ヒント! 領域 D は, 円環となるので, 新たな変数 u, v の取り得る値の範囲は, $0 \leq u \leq 1$, $0 \leq v \leq 2\pi$ となる。あとは, $\dfrac{\partial x}{\partial u}$, $\dfrac{\partial x}{\partial v}$, $\dfrac{\partial y}{\partial u}$, $\dfrac{\partial y}{\partial v}$ を求めて, ヤコビアン J を計算し, x, y から u, v への重積分に変換して求めればいいんだね。極座標による別解も示す。

解答 & 解説

xy 平面上での領域 $D : 1 \leq x^2+y^2 \leq e^2$ を右図に示す。

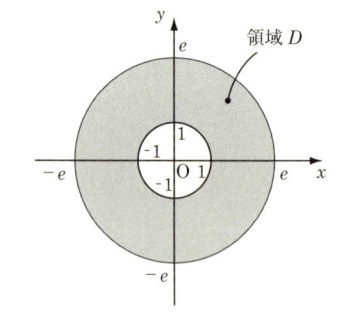

ここで, $\begin{cases} x=e^u\cos v \\ y=e^u\sin v \end{cases}$ と, 変数 u, v

を用いると, 半径 r にあたる e^u は,

$\underset{e^0}{1} \leq e^u \leq \underset{e^1}{e}$ ∴ $0 \leq u \leq 1$

また, 偏角にあたる v は, $0 \leq v \leq 2\pi$ とすればよい。以上より, u, v 平面上の領域 D' を右に示す。

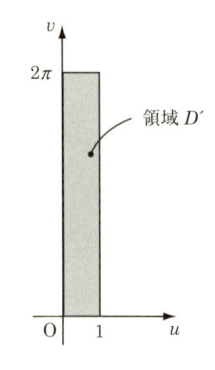

$f(x, y)=\ln(x^2+y^2)$ より

$f(e^u\cos v, e^u\sin v)$

$= \ln(\underbrace{e^{2u}\cos^2 v + e^{2u}\sin^2 v}_{e^{2u}(\cos^2 v + \sin^2 v)=e^{2u}})$

$= \ln e^{2u} = 2u$ ……① となる。

ここで, $\dfrac{\partial x}{\partial u}=e^u\cos v$, $\dfrac{\partial x}{\partial v}=-e^u\sin v$, $\dfrac{\partial y}{\partial u}=e^u\sin v$, $\dfrac{\partial y}{\partial v}=e^u\cos v$

より, ヤコビアン J は,

$$J = \begin{vmatrix} e^u \cos v & -e^u \sin v \\ e^u \sin v & e^u \cos v \end{vmatrix} = e^{2u}\cos^2 v + e^{2u}\sin^2 v = \underset{\oplus}{e^{2u}} \quad \cdots\cdots ②$$

（$\frac{\partial x}{\partial u}$, $\frac{\partial x}{\partial v}$, $\frac{\partial y}{\partial u}$, $\frac{\partial y}{\partial v}$）

以上より，求める重積分は

$$\iint_D f(x,y)\,dxdy = \iint_{D'} f(e^u \cos v, e^u \sin v)\,|J|\,dudv$$

（$2u$（①より），e^{2u}（②より））

①，②を，これに代入して

$$与式 = \int_0^{2\pi} \left\{ \int_0^1 2ue^{2u}\,du \right\} dv$$

$$= \int_0^{2\pi} \left\{ \int_0^1 u(e^{2u})'\,du \right\} dv$$

$$= \int_0^{2\pi} \left\{ \left[ue^{2u} \right]_0^1 - \int_0^1 1 \cdot e^{2u}\,du \right\} dv$$

（コレは部分積分）

$$= \int_0^{2\pi} \left\{ e^2 - \frac{1}{2}\left[e^{2u}\right]_0^1 \right\} dv = \int_0^{2\pi} \frac{1}{2}(e^2 + 1)\,dv$$

（定数）

$$= \frac{1}{2}(e^2 + 1) \cdot [v]_0^{2\pi} = \frac{1}{2}(e^2 + 1) \cdot 2\pi = \pi(e^2 + 1) \quad \cdots\cdots（答）$$

別解 $x = r\cos\theta$, $y = r\sin\theta$ とおいてもいいね。公式より，

$$\iint_D f(x,y)\,dxdy = \int_0^{2\pi} \left\{ \int_1^e \ln r^2 \cdot r\,dr \right\} d\theta$$

（$2\ln r$）
（$\ln(r^2\cos^2\theta + r^2\sin^2\theta)$）

$$= \int_0^{2\pi} \left\{ \int_1^e (r^2)' \cdot \ln r\,dr \right\} d\theta$$

（$\left[r^2 \cdot \ln r\right]_1^e - \int_1^e r^2 \cdot \frac{1}{r}\,dr = e^2 - \frac{1}{2}\left[r^2\right]_1^e = \frac{1}{2}(e^2+1)$）

$$= \frac{1}{2}(e^2+1) \cdot [\theta]_0^{2\pi} = \pi(e^2+1) \quad \cdots\cdots（答）$$

と，極座標の変数 r, θ に変換しても同じ結果が導ける。

実習問題 19-1

領域 $D=\{(x,y) \mid (x-1)^2+y^2 \leq 1, y\geq 0\}$ のとき, $f(x,y)=xy$ の重積分 $\iint_D f(x,y)dxdy$ を $x=r\cos\theta$, $y=r\sin\theta$ と変換することにより求めよ。

ヒント!

極座標への変換公式を用いて解く問題だ。公式より $\iint_{D'} f(r\cos\theta, r\sin\theta) \overset{|J|}{r} dr d\theta$ の形になる。r が, $|J|$ にあたるんだったね。今回のポイントは, $r\theta$ 平面上に変換された領域 D' が $0\leq\theta\leq\frac{\pi}{2}$, $0\leq r\leq 2\cos\theta$ となることだ。

解答 & 解説

xy 平面上での領域 D:
$(x-1)^2+y^2\leq 1$ ……①, $y\geq 0$ ……②
を右図に示す。

偏角 θ の取り得る値の範囲は図より明らかに $0\leq\theta\leq\frac{\pi}{2}$ ……③

ここで, xy から極座標に変換すると

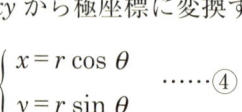

$$\begin{cases} x=r\cos\theta \\ y=r\sin\theta \end{cases} \quad \cdots\cdots ④$$

①より, $x^2-2x+1+y^2\leq 1$ $\quad \overset{r^2}{\underline{x^2+y^2}}\leq 2\overset{r\cos\theta}{\underline{x}}$ ……①′

④を①′に代入して

$r^2\leq 2r\cos\theta$

$r^2-2r\cos\theta\leq 0$

$r(r-2\cos\theta)\leq 0$

∴ $0\leq r\leq 2\cos\theta$ ……⑤

以上より, 極座標平面上の領域 D' を右図に示す。

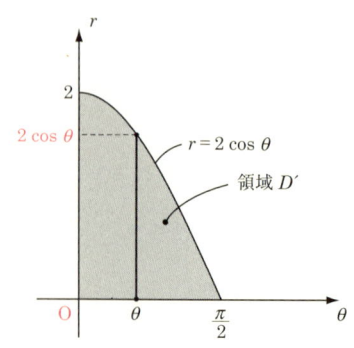

次に $f(x, y) = xy$ より

$$f(r\cos\theta, r\sin\theta) = r\cos\theta \cdot r\sin\theta = r^2\sin\theta\cdot\cos\theta \quad \cdots\cdots ⑦$$

以上より，与えられた重積分を，極座標の変数 r, θ に変換して求めると

$$\iint_D f(x,y)\,dxdy = \iint_{D'} \underbrace{f(r\cos\theta, r\sin\theta)}_{r^2\sin\theta\cos\theta\ (⑦より)} \cdot \underbrace{r}_{|J|のコト}\,drd\theta \quad \cdots\cdots ⑧$$

⑦を⑧に代入し，③, ⑤からまず θ を固定して，r について積分区間 $[0, 2\cos\theta]$ で積分すると，

$$\iint_D f(x,y)\,dxdy = \int_0^{\frac{\pi}{2}}\left\{\int_0^{2\cos\theta} r^2 \underbrace{\sin\theta\cos\theta}_{rでの積分では，コレは定数扱い！} r\,dr\right\}d\theta \quad \leftarrow 累次積分$$

$$= \int_0^{\frac{\pi}{2}}\left\{\sin\theta\cos\theta\left[\frac{1}{4}r^4\right]_0^{2\cos\theta}\right\}d\theta$$

$$= \int_0^{\frac{\pi}{2}}\sin\theta\cdot\cos\theta\cdot 4\cos^4\theta\,d\theta$$

$$= -4\int_0^{\frac{\pi}{2}}\underbrace{\cos^5\theta}_{f^5}\cdot\underbrace{(-\sin\theta)}_{f'}\,d\theta \quad \leftarrow 積分公式：\int f^5\cdot f'\,d\theta = \frac{1}{6}f^6 \text{ を使った！}$$

$$= -4\left[\frac{1}{6}\cos^6\theta\right]_0^{\frac{\pi}{2}}$$

$$= -\frac{2}{3}\left(\underbrace{\cos^6\frac{\pi}{2}}_{0} - \underbrace{\cos^6 0}_{1}\right) = \boxed{(a)} \quad \cdots\cdots(答)$$

(a) $\dfrac{2}{3}$

著者紹介

馬場 敬之(ばば けいし)

1984年 東京大学工学部博士課程修了
現 在　マセマ代表

NDC413　205p　21cm

単位が取れるシリーズ(たんい と)
単位が取れる微積ノート(たんい と びせき)

2002年　6月20日　第 1 刷発行
2024年　3月22日　第25刷発行

著　者　馬場　敬之(ばば けいし)
発行者　森田浩章
発行所　株式会社　講談社　　KODANSHA
　　　　〒112-8001　東京都文京区音羽 2-12-21
　　　　　　　販　売　(03)5395-4415
　　　　　　　業　務　(03)5395-3615
編　集　株式会社　講談社サイエンティフィク
　　　　代表　堀越俊一
　　　　〒162-0825　東京都新宿区神楽坂 2-14　ノービィビル
　　　　　　　編　集　(03)3235-3701
印刷所　株式会社双文社印刷・半七写真印刷工業株式会社
製本所　株式会社国宝社

落丁本・乱丁本は，購入書店名を明記のうえ，講談社業務宛にお送りください。送料小社負担にてお取り替えします。
なお，この本の内容についてのお問い合わせは講談社サイエンティフィク宛にお願いいたします。
定価はカバーに表示してあります。

©Keishi Baba, 2002

本書のコピー，スキャン，デジタル化等の無断複製は著作権法上での例外を除き禁じられています。本書を代行業者等の第三者に依頼してスキャンやデジタル化することはたとえ個人や家庭内の利用でも著作権法違反です。

[JCOPY] <(社) 出版者著作権管理機構　委託出版物>

複写される場合は，その都度事前に (社) 出版者著作権管理機構 (電話 03-5224-5088, FAX 03-5244-5089, e-mail : info@jcopy.or.jp) の許諾を得てください。

Printed in Japan
ISBN4-06-154452-7

講談社の自然科学書

単位が取れる 微積ノート	馬場敬之／著	定価 2,640 円
単位が取れる 線形代数ノート 改訂第2版	齋藤寛靖／著	定価 2,640 円
単位が取れる 微分方程式ノート	齋藤寛靖／著	定価 2,640 円
単位が取れる 統計ノート	西岡康夫／著	定価 2,640 円
単位が取れる 力学ノート	橋元淳一郎／著	定価 2,640 円
単位が取れる 熱力学ノート	橋元淳一郎／著	定価 2,640 円
単位が取れる 電磁気学ノート	橋元淳一郎／著	定価 2,860 円
単位が取れる 量子力学ノート	橋元淳一郎／著	定価 3,080 円
単位が取れる 解析力学ノート	橋元淳一郎／著	定価 2,640 円
単位が取れる 有機化学ノート	小川裕司／著	定価 2,860 円
単位が取れる 物理化学ノート	吉田隆弘／著	定価 2,640 円
単位が取れる 量子化学ノート	福間智人／著	定価 2,640 円
単位が取れる 流体力学ノート	武居昌宏／著	定価 3,080 円
単位が取れる 電気回路ノート	田原真人／著	定価 2,860 円
単位が取れる ミクロ経済学ノート	石川秀樹／著	定価 2,090 円
単位が取れる マクロ経済学ノート	石川秀樹／著	定価 2,090 円
ゼロから学ぶ微分積分	小島寛之／著	定価 2,750 円
ゼロから学ぶ統計解析	小寺平治／著	定価 2,750 円
ゼロから学ぶ線形代数	小島寛之／著	定価 2,750 円
微積分と集合 そのまま使える答えの書き方	飯高 茂／編・監修	定価 2,200 円
穴埋め式 微分積分らくらくワークブック	藤田岳彦・石村直之／著	定価 2,090 円
穴埋め式 統計数理らくらくワークブック	藤田岳彦／監修 黒住英司／著	定価 2,090 円
穴埋め式 確率・統計らくらくワークブック	藤田岳彦・高岡浩一郎／著	定価 2,090 円
穴埋め式 線形代数らくらくワークブック	藤田岳彦・石井昌宏／著	定価 2,090 円
スタンダード工学系の微分方程式	広川二郎・安岡康一／著	定価 1,870 円
スタンダード工学系の複素解析	安岡康一・広川二郎／著	定価 1,870 円
スタンダード工学系のベクトル解析	宮本智之・植之原裕行／著	定価 1,870 円
ライブ講義 大学1年生のための数学入門	奈佐原顕郎／著	定価 3,190 円
ライブ講義 大学生のための応用数学入門	奈佐原顕郎／著	定価 3,190 円
新しい微積分〈上〉 改訂第2版	長岡亮介ほか／著	定価 2,420 円
新しい微積分〈下〉 改訂第2版	長岡亮介ほか／著	定価 2,640 円

※表示価格には消費税（10%）が加算されています。

2024年1月現在

講談社サイエンティフィク　www.kspub.co.jp